中国地质调查成果CGS 2018-007
西北地区矿产资源潜力评价与综合（1212010881632）项目资助
西北地区矿产资源潜力评价系列丛书
丛书主编 李文渊 王永和

西北地区地球化学图集
Geochemical Atlas of Northwest China

张 晶　周 军　刘明义　任智斌　樊会民　李慧英　等编著

中国地质大学出版社
CHINA UNIVERSITY OF GEOSCIENCES PRESS

图书在版编目（CIP）数据

西北地区地球化学图集/张晶等编著. —武汉：
中国地质大学出版社，2018.11
（西北地区矿产资源潜力评价系列丛书）
ISBN 978-7-5625-4448-7

Ⅰ.①西…
Ⅱ.①张…
Ⅲ.①区域地球化学-中国-图集
Ⅳ.①P596.2-64

中国版本图书馆CIP数据核字(2018)第268907号
审图号：GS（2018）5207号

西北地区地球化学图集		张　晶　周　军　刘明义	等编著
		任智斌　樊会民　李慧英	
责任编辑：张旻玥	选题策划：毕克成　刘桂涛		责任校对：周　旭

出版发行：中国地质大学出版社（武汉市洪山区鲁磨路388号）		邮政编码：430074
电　　话：（027）67883511	传　　真：（027）67883580	E-mail:cbb @ cug.edu.cn
经　　销：全国新华书店		http://cugp.cug.edu.cn
开本：787毫米×1092毫米 1/8		字数：436千字　印张：17
版次：2018年11月第1版		印次：2018年11月第1次印刷
印刷：中煤地西安地图制印有限公司		

ISBN 978-7-5625-4448-7　　　　　　　　　　　　　　　　　　　　　　定价：298.00元

如有印装质量问题请与印刷厂联系调换

编辑委员会

科学顾问：谢学锦
主　　任：奚小环
副 主 任：李宝强　张　华　李　敏
编　　委：（按姓氏笔画排序）
　　　　　王会锋　刘元平　刘长征　庄道泽　许　光　李明喜
　　　　　李绪善　李新虎　杨万志　蔡分良

主　　编：张　晶
副 主 编：周　军
编写人员：刘明义　任智斌　樊会民　李慧英　刘养雄　吴　亮　李　惠

地图工艺：植忠红　张理学
地图制版：陈翠萍　吕　艳　张雪娇　万　波　董米茹　潘来坤

序

  自1978年起，30余年来，中国实施了多项地球化学填图计划，包括区域化探全国扫面计划、环境地球化学监控网络计划、西南及南方76种元素地球化学填图计划、多目标区域地球化学调查计划、全球地球化学填图计划等，为中国找矿勘探的重大突破做出了巨大贡献，使勘查地球化学成为中国为数不多、能够引领全球发展方向的学科之一。

  在勘查地球化学战略研究思想的引领下，坚持科学制订顶层战略设计，统一技术标准和实施方案，坚持科研指导生产、生产促进科研的双反馈机制，坚持野外采样和分析质量高标准、严要求的质量管理体系，保证了全国数据的可对比性。

  西北地区共完成面积150多万平方千米的区域地球化学勘查，获得1000多万个高质量地球化学数据，涵盖了39种元素和氧化物。本图集中包含了地球化学系列图件和地球化学图集的编制说明，是十分实用的基础资料，可供地球化学工作者、地质工作者参考使用。

  在西北地区，找矿勘查喜获丰收，发现了一批大型超大型矿床，在稀有稀土找矿发现中亦有突破，为西北地区找矿突破和经济发展做出了突出贡献。中青年地球化学工作者们将勘查地球化学的战略研究思想借助"新丝绸之路的契机"在中亚、西亚、南亚等国家继续传播和应用，取得了国内外专家的一致认可，值得祝贺。

  在《西北地区地球化学图集》出版之际，谨向西北地区广大中青年勘查地球化学工作者表示热烈的祝贺。预祝在未来的日子里，中青年勘查地球化学家们能够保持科学热情，继续探索若干重大科学问题，实现成果创新，向世界证明中国中青年地球化学家的全球科学视野和引领科学发展的能力，在勘查地球化学为解决国家重大需求的事业中取得更大的成就！

赵鹏大

2017年2月16日

前　言

本图集编图范围包括陕西、甘肃、宁夏、青海和新疆西北五省区，编图面积为196.5万km^2，其中1∶20万区域地球化学调查147.5万km^2，1∶50万水系沉积物测量总面积为49万km^2，编图区域包括了湿润半湿润中低山景观区、黄土覆盖景观区、高寒湖泊丘陵景观区、干旱半干旱高寒山区景观区、干旱荒漠戈壁残山景观区、湿润半湿润高寒山区景观区、草原丘陵景观区、高山峡谷景观区、冲积平原景观区和堆积戈壁、沙漠景观区等10种一级景观区。

西北地区的地球化学调查工作可分为两个阶段：1978—1998年为第一阶段，期间的调查工作主要由国土资源部管辖的各省地质矿产局组织实施；1999年至今为第二阶段，主要由中国地质调查局西安地质调查中心组织实施，并由西北五省区各地质调查院和物化探队具体承担。本次编图采用的数据起止时间为1978—2008年，共包括样品34.5万余件，分析测试元素39种。

区域地球化学调查在西北地区的找矿工作中发挥了举足轻重的作用。据不完全统计，区域化探工作在西天山、西昆仑、阿尔金、秦岭、祁连、北山及青南三江北段实施的项目共圈定综合异常1000多个，圈定找矿预测区200多个。通过三级异常查证，确认了一批矿致异常。1999—2008年期间，仅大调查开展的区域化探工作就在西天山、昆仑-阿尔金和青海三江北段先后发现了4个大型矿床、12个中小型矿床和30多个矿（化）点，成果显著，为西北地区特别是新疆维吾尔自治区、青海省等地区的找矿突破做出了重要贡献。

本图集以西北地区地球化学数据为基础，编制了地球化学系列图件，包括西北地区地球化学图、地球化学异常图、地球化学综合异常图、地球化学分区图和衬值地球化学系列图等。本图集中还详述了西北地区地球化学工作程度、主要地貌景观划分、编图方法技术和样品测试分析等，以期为在西北地区从事矿产勘查、找矿预测、基础地质研究等行业的地质人员提供参考。

本图集的编著得到了新疆维吾尔自治区地质调查院、青海省第五地质矿产勘查院、甘肃省地质调查院、西安地质调查中心、陕西省地质调查院和宁夏回族自治区地球物理地球化学勘查院等单位的化探工作者的大力支持，所采用的海量数据是千千万万化探工作者用辛劳换来的珍贵成果，在此表示衷心的感谢！

编著者

2017年2月18日

目 录

序图

西北地区政区图 2

地球化学分区图 3

地球化学景观图 4

地球化学图

金元素地球化学图 6

银元素地球化学图 7

砷元素地球化学图 8

锑元素地球化学图 9

汞元素地球化学图 10

铜元素地球化学图 11

铅元素地球化学图 12

锌元素地球化学图 13

钒元素地球化学图 14

钛元素地球化学图 15

铬元素地球化学图 16

钴元素地球化学图 17

镍元素地球化学图 18

三氧化二铁地球化学图 19

锰元素地球化学图 20

钨元素地球化学图 21

锡元素地球化学图 22

钼元素地球化学图 23

铋元素地球化学图 24

锂元素地球化学图 25

铍元素地球化学图 26

铌元素地球化学图 27

锆元素地球化学图 28

钇元素地球化学图 29

镧元素地球化学图 30

锶元素地球化学图 31

钡元素地球化学图 32

镉元素地球化学图 33

硼元素地球化学图 34

氟元素地球化学图 35

磷元素地球化学图 36

氧化钙地球化学图 37

氧化镁地球化学图 38

三氧化二铝地球化学图 39

二氧化硅地球化学图 40

氧化钾地球化学图 41

氧化钠地球化学图 42

衬值地球化学图

银元素衬值地球化学图 44

砷元素衬值地球化学图 45

金元素衬值地球化学图 46

硼元素衬值地球化学图 47

钡元素衬值地球化学图 48

铬元素衬值地球化学图 49

铜元素衬值地球化学图·················50
氟元素衬值地球化学图·················51
镧元素衬值地球化学图·················52
钼元素衬值地球化学图·················53
镍元素衬值地球化学图·················54
铅元素衬值地球化学图·················55
锑元素衬值地球化学图·················56
锡元素衬值地球化学图·················57
钨元素衬值地球化学图·················58
钇元素衬值地球化学图·················59
锌元素衬值地球化学图·················60
二氧化硅衬值地球化学图···············61
三氧化二铝衬值地球化学图·············62
三氧化二铁衬值地球化学图·············63
氧化镁衬值地球化学图·················64
氧化钙衬值地球化学图·················65
氧化钠衬值地球化学图·················66

衬值地球化学异常图
银元素衬值地球化学异常图·············68
砷元素衬值地球化学异常图·············69
金元素衬值地球化学异常图·············70
硼元素衬值地球化学异常图·············71
钡元素衬值地球化学异常图·············72
铬元素衬值地球化学异常图·············73
铜元素衬值地球化学异常图·············74
氟元素衬值地球化学异常图·············75
镧元素衬值地球化学异常图·············76
钼元素衬值地球化学异常图·············77
镍元素衬值地球化学异常图·············78
铅元素衬值地球化学异常图·············79

锑元素衬值地球化学异常图·············80
锡元素衬值地球化学异常图·············81
钨元素衬值地球化学异常图·············82
钇元素衬值地球化学异常图·············83
锌元素衬值地球化学异常图·············84
二氧化硅衬值地球化学异常图···········85
三氧化二铝衬值地球化学异常图·········86
三氧化二铁衬值地球化学异常图·········87
氧化镁衬值地球化学异常图·············88
氧化钙衬值地球化学异常图·············89
氧化钠衬值地球化学异常图·············90

累加衬值地球化学图
铬镍钴累加衬值地球化学图·············92
汞锑砷钡累加衬值地球化学图···········93
汞锑砷锂累加衬值地球化学图···········94
钠钾累加衬值地球化学图···············95
铅锌银镉累加衬值地球化学图···········96
钛磷锆累加衬值地球化学图·············97
钨钼氟铍硼累加衬值地球化学图·········98

累加衬值地球化学异常图
铬镍钴累加衬值地球化学异常图·········100
汞锑砷钡累加衬值地球化学异常图·······101
汞锑砷锂累加衬值地球化学异常图·······102
钠钾累加衬值地球化学异常图···········103
铅锌银镉累加衬值地球化学异常图·······104
钛磷锆累加衬值地球化学异常图·········105
钨钼氟铍硼累加衬值地球化学异常图·····106

编制说明·····························107

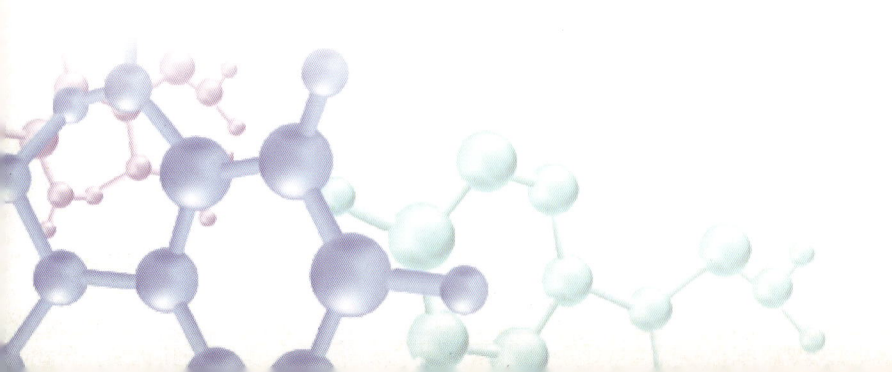

地理底图图例

⦿ **西宁市**	省级行政中心	——— 未定 ———	国界
◎ 海东市	地级行政中心	— - — - 未定 — - —	省级界
○ 共和县	自治州行政中心 地区、盟行政公署驻地	··············	地级界
▲ 各拉丹冬峰 6621	山峰及高程		常年河及湖泊
唐古拉山	山脉		

西北地区政区图

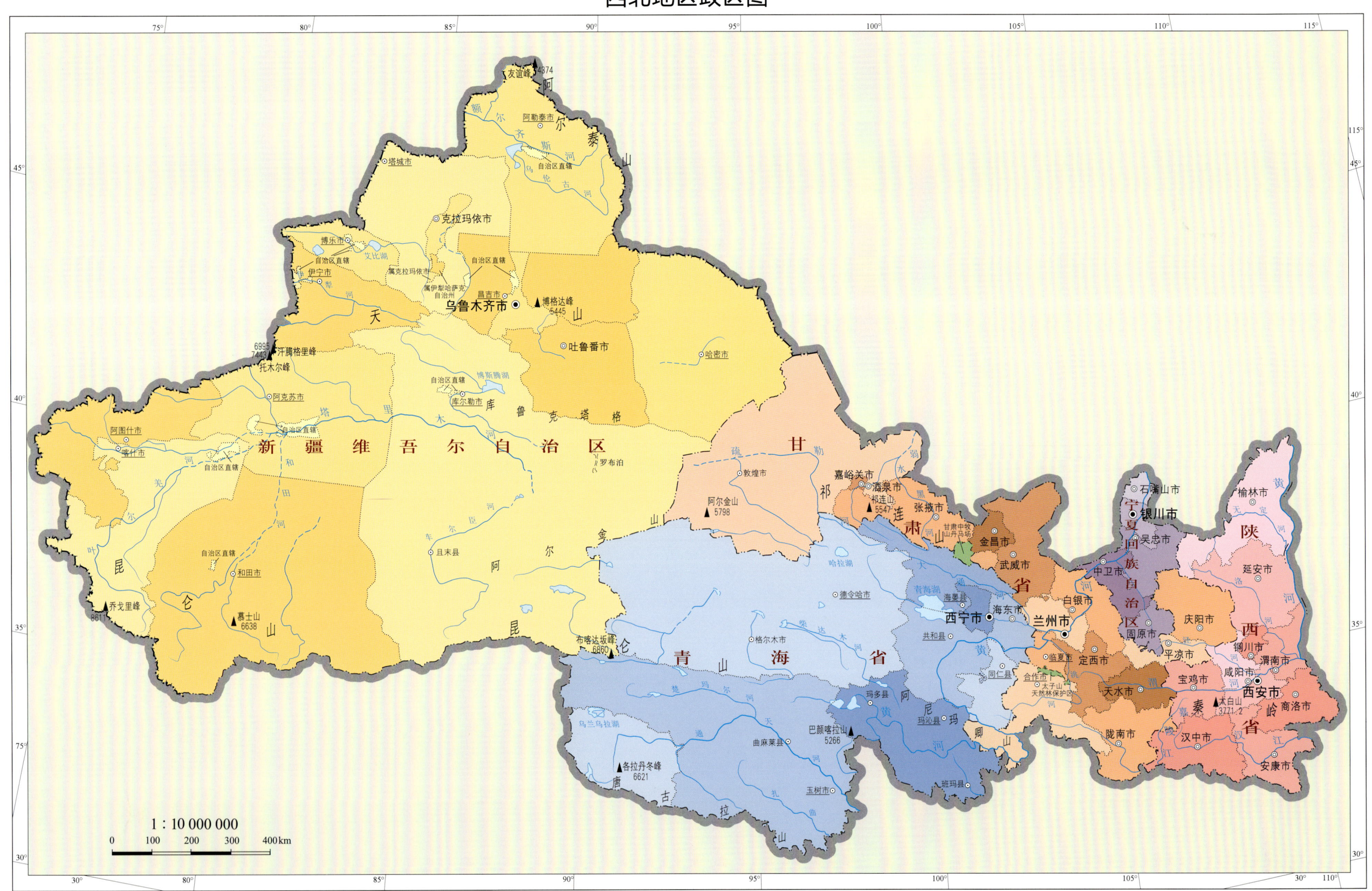

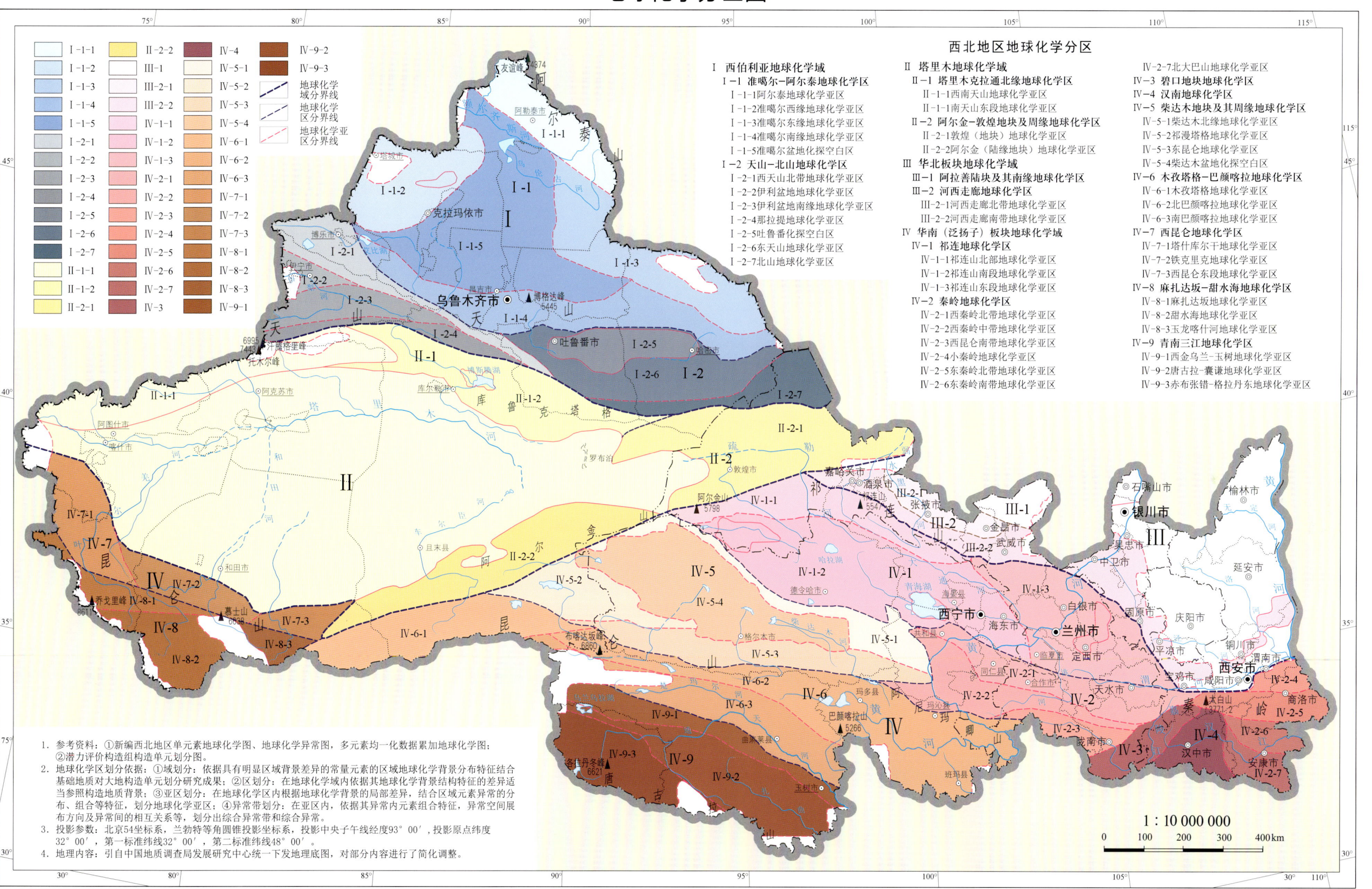

地球化学景观图

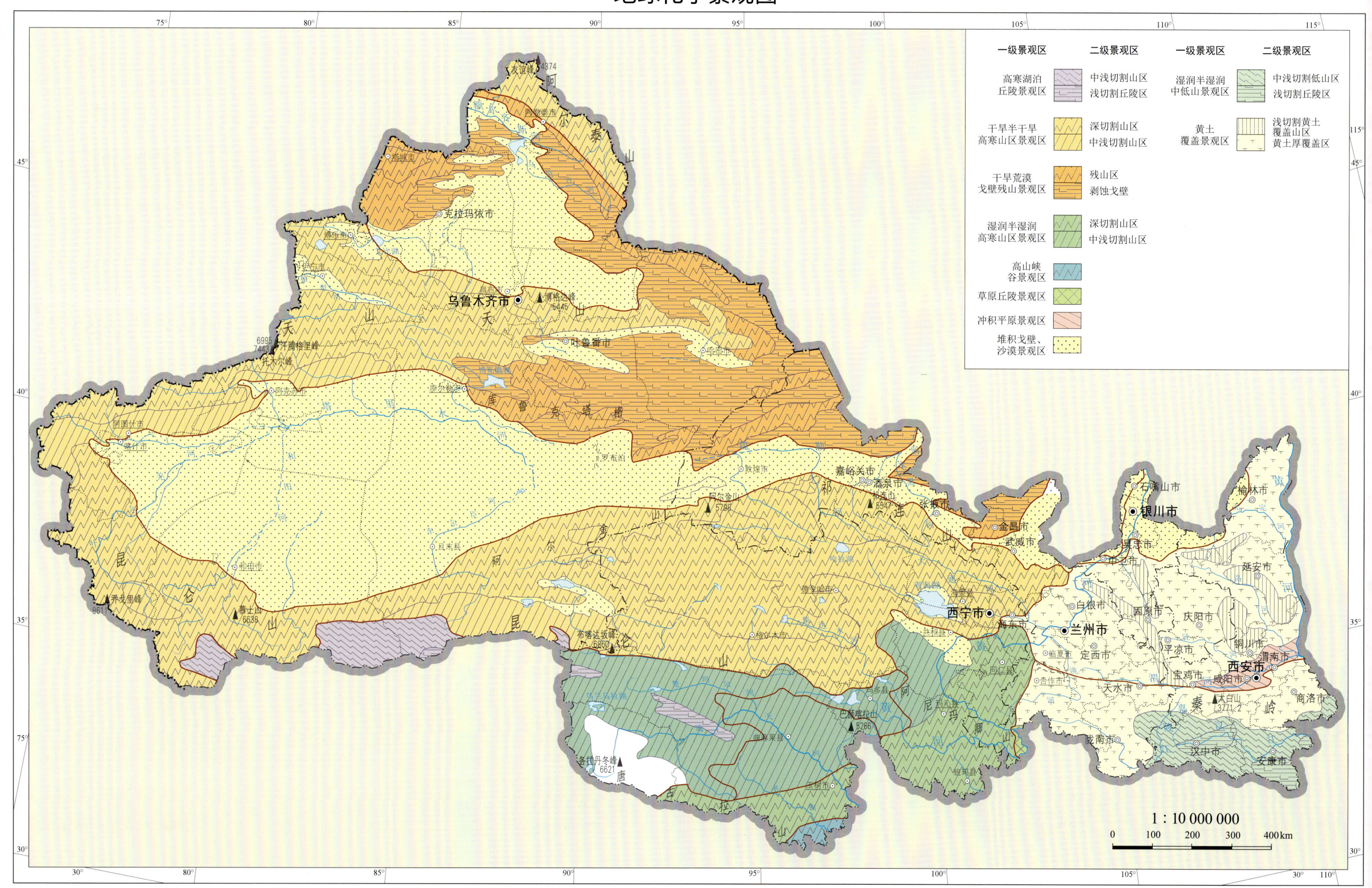

地球化学图

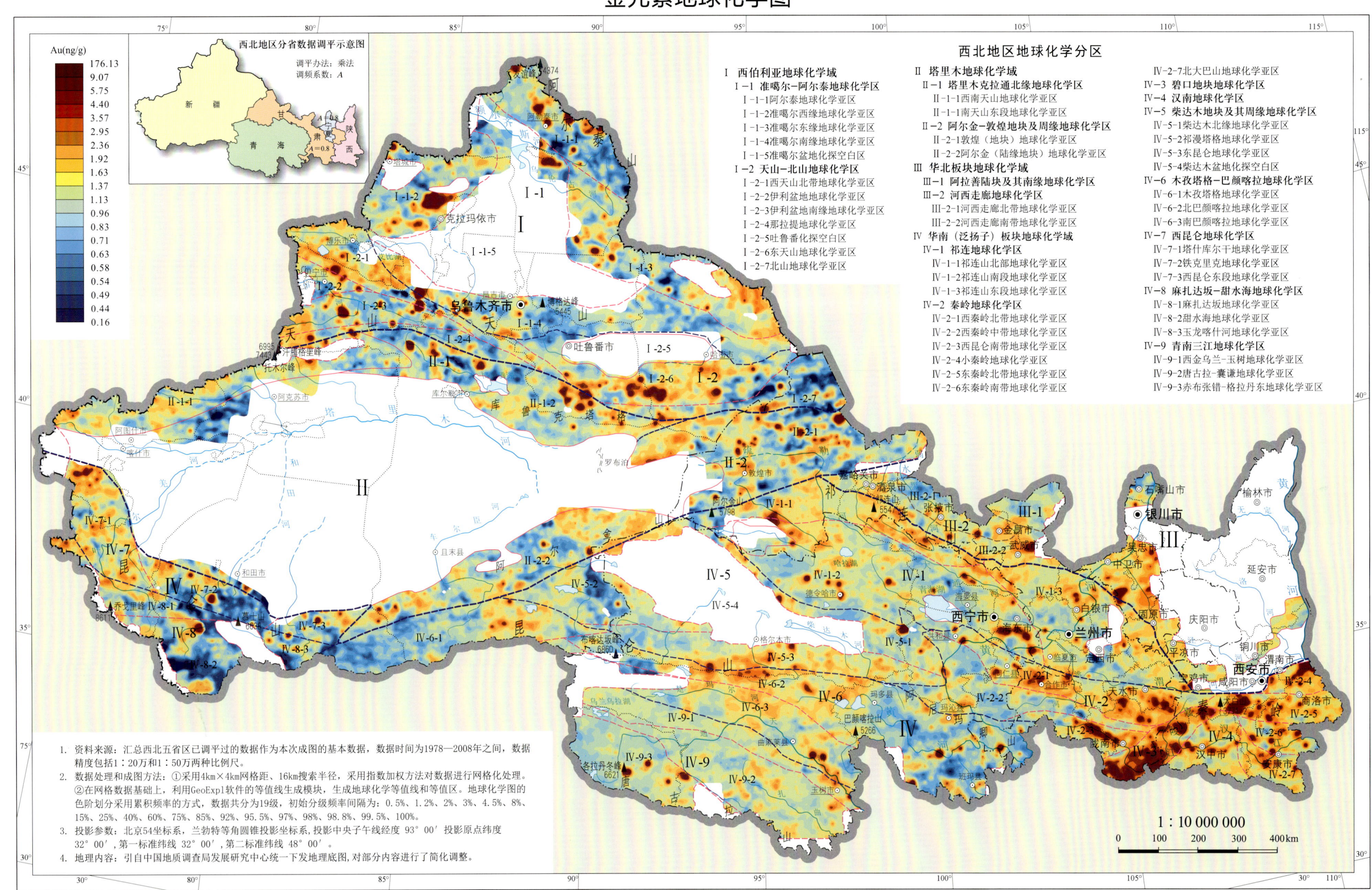

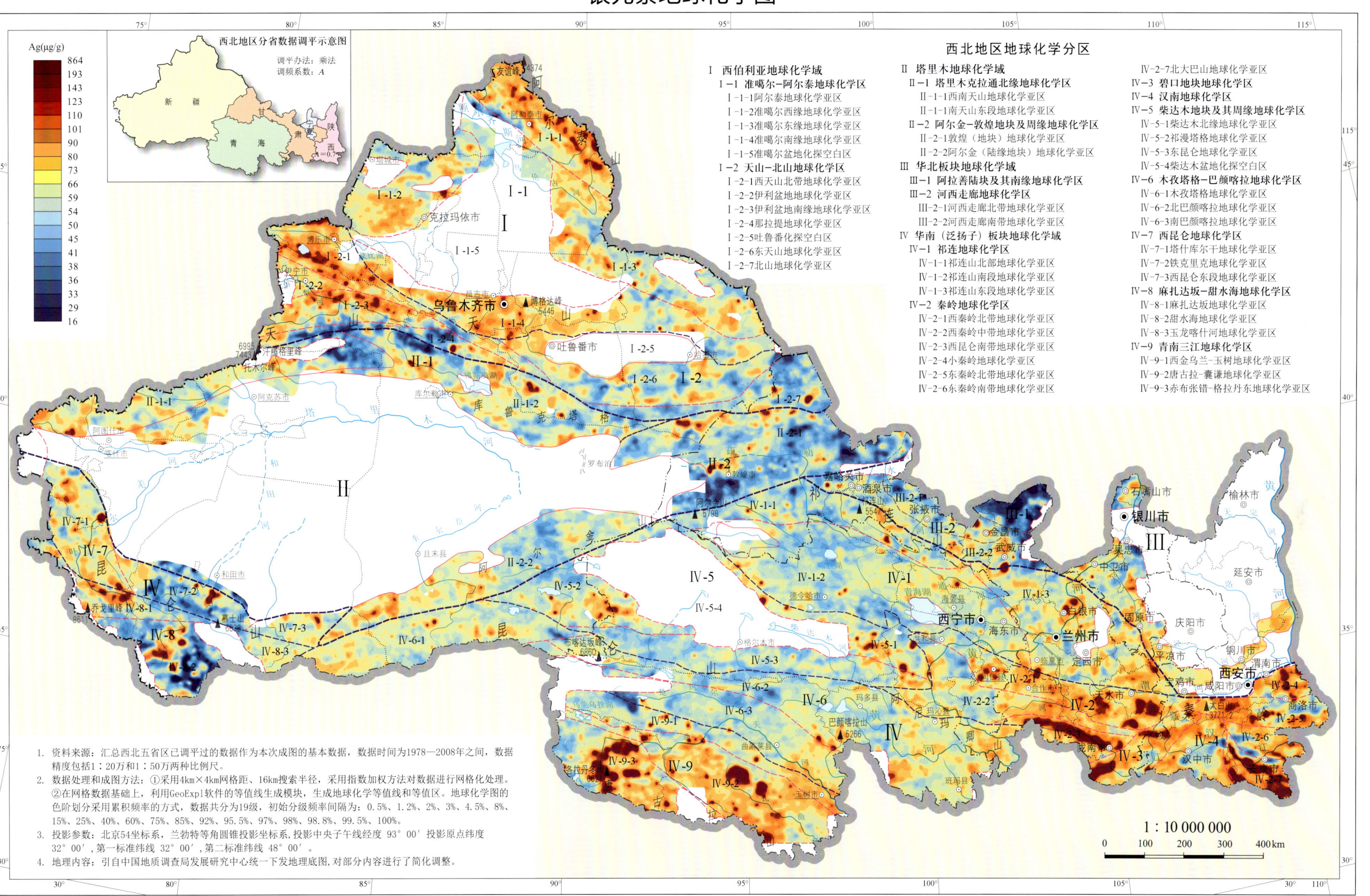

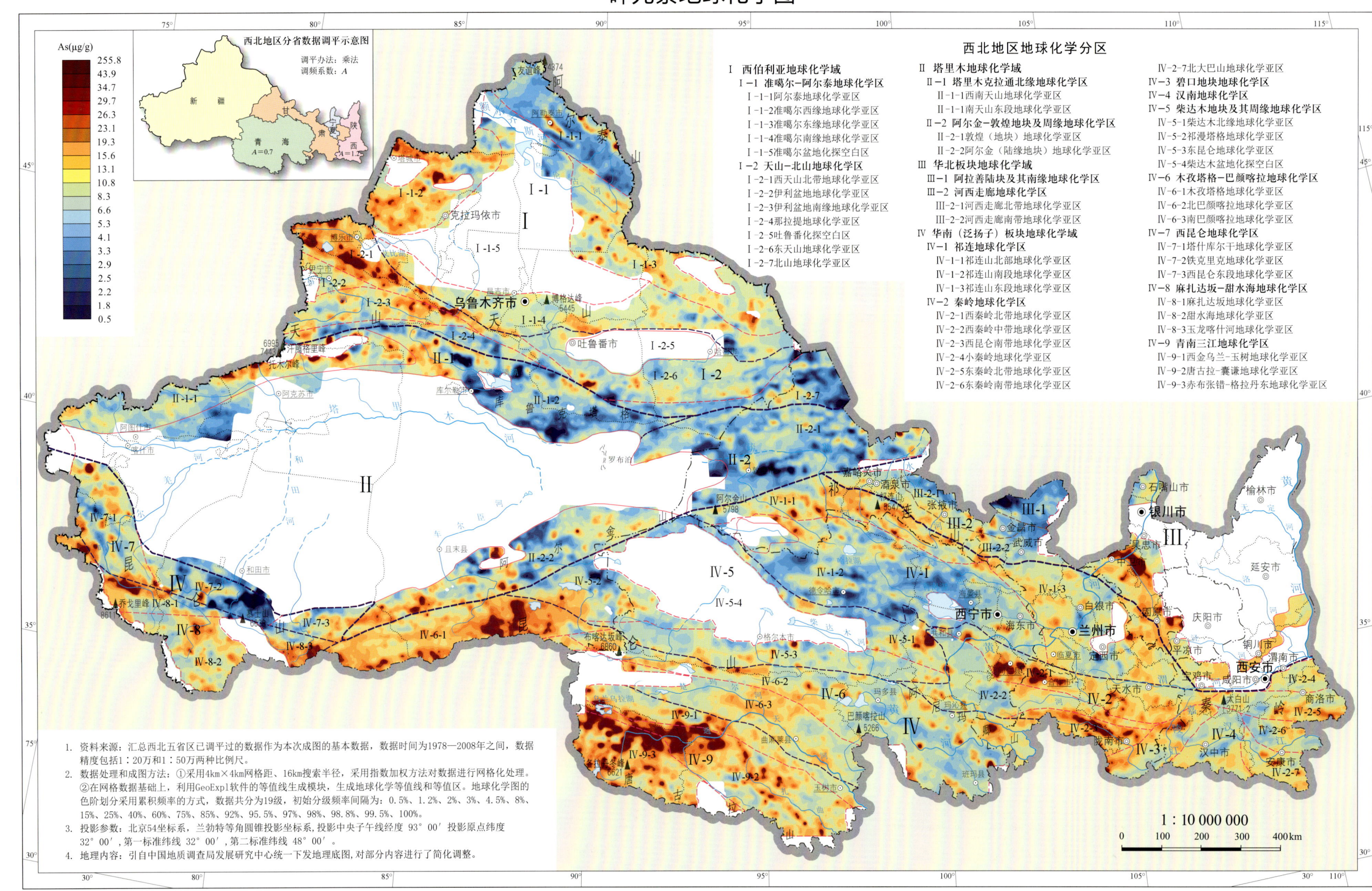

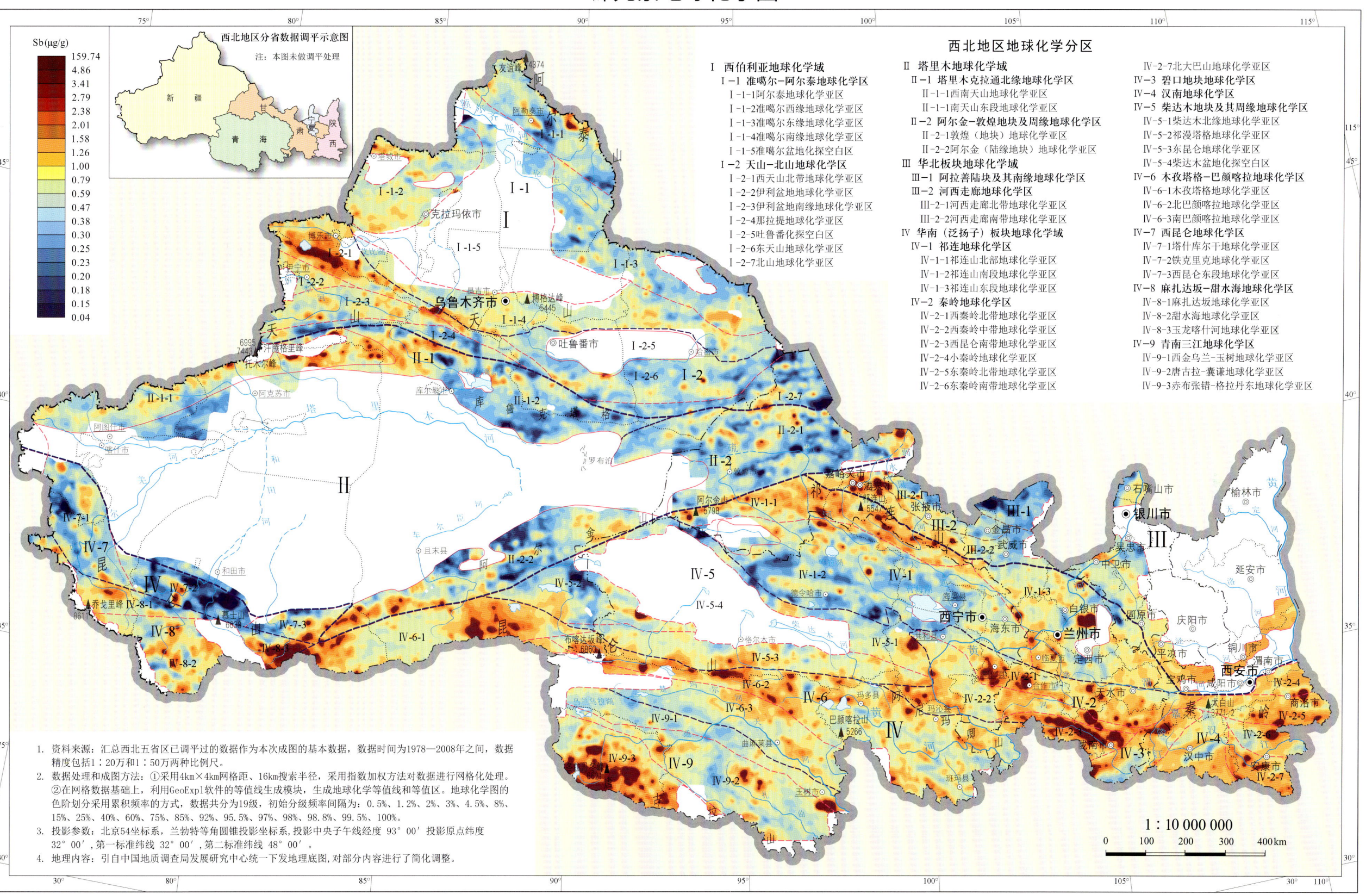

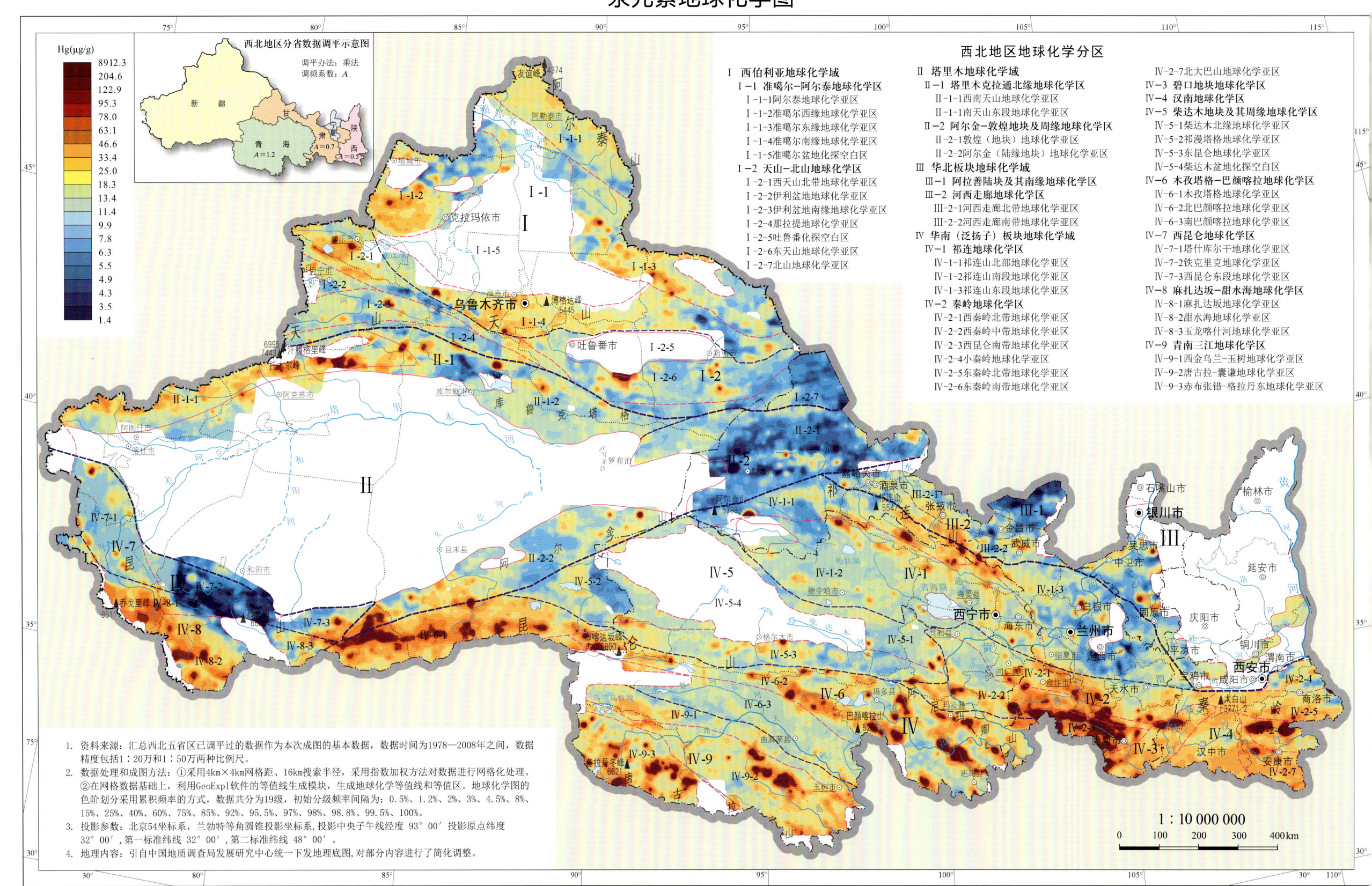

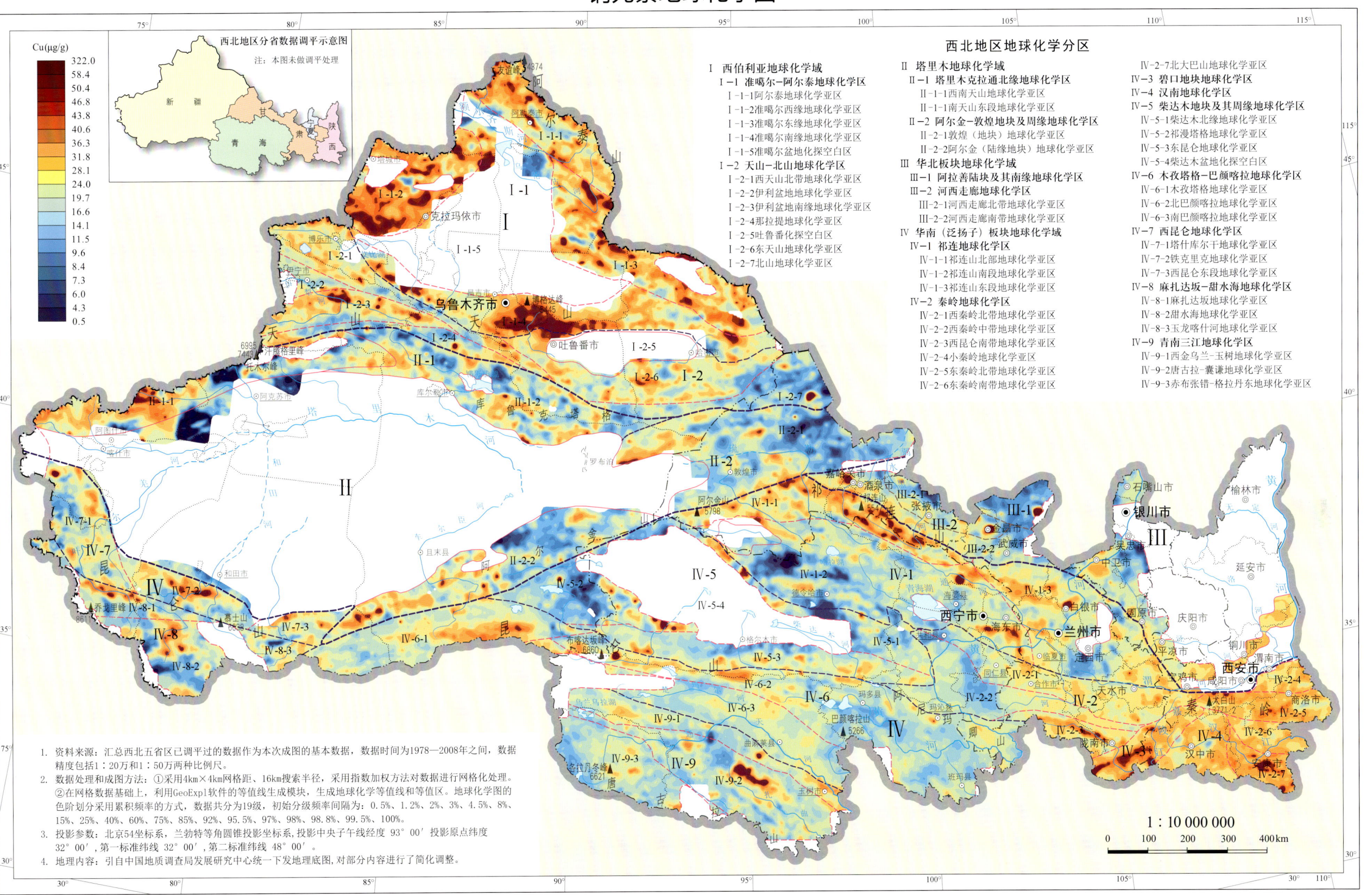

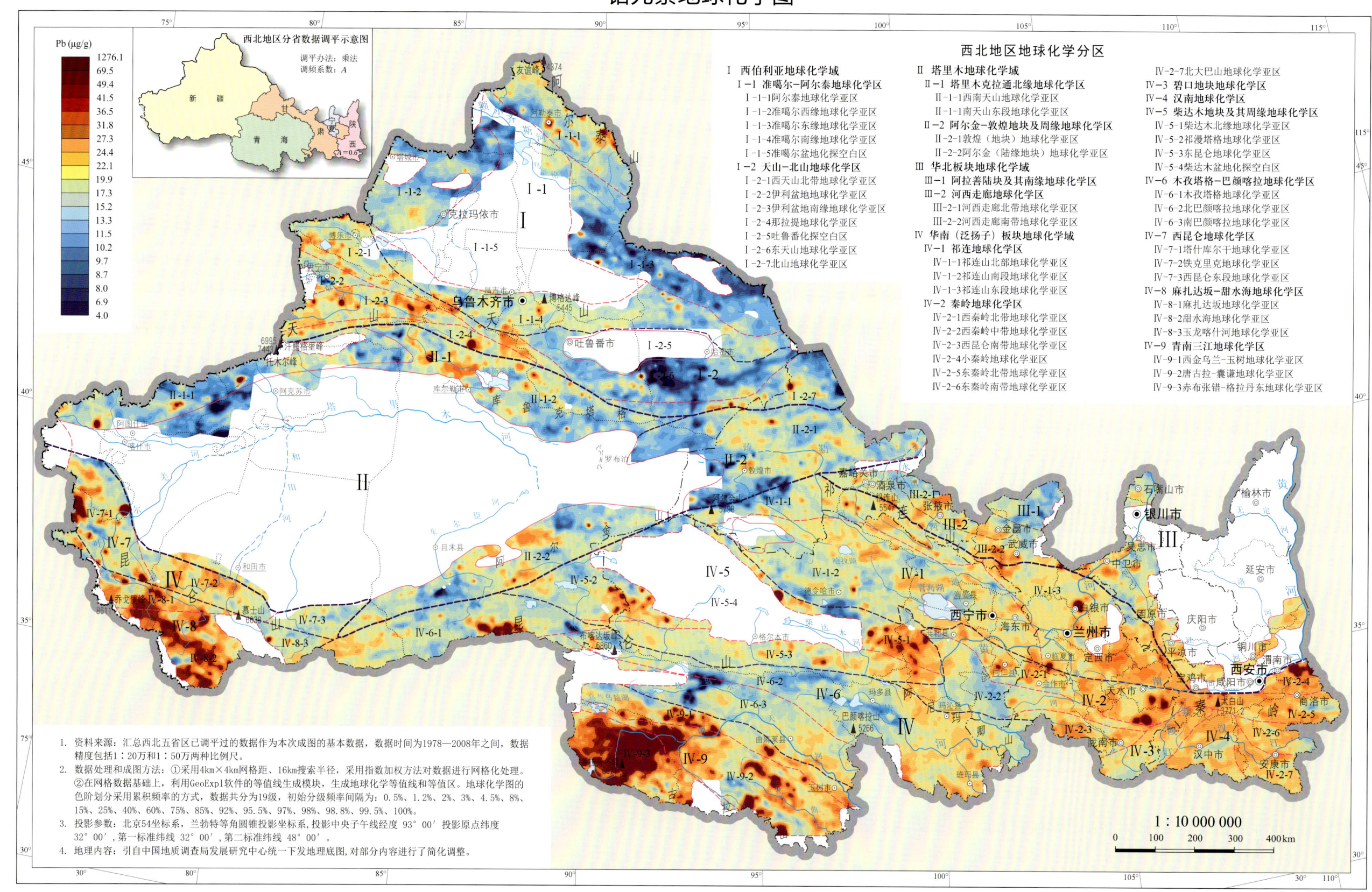

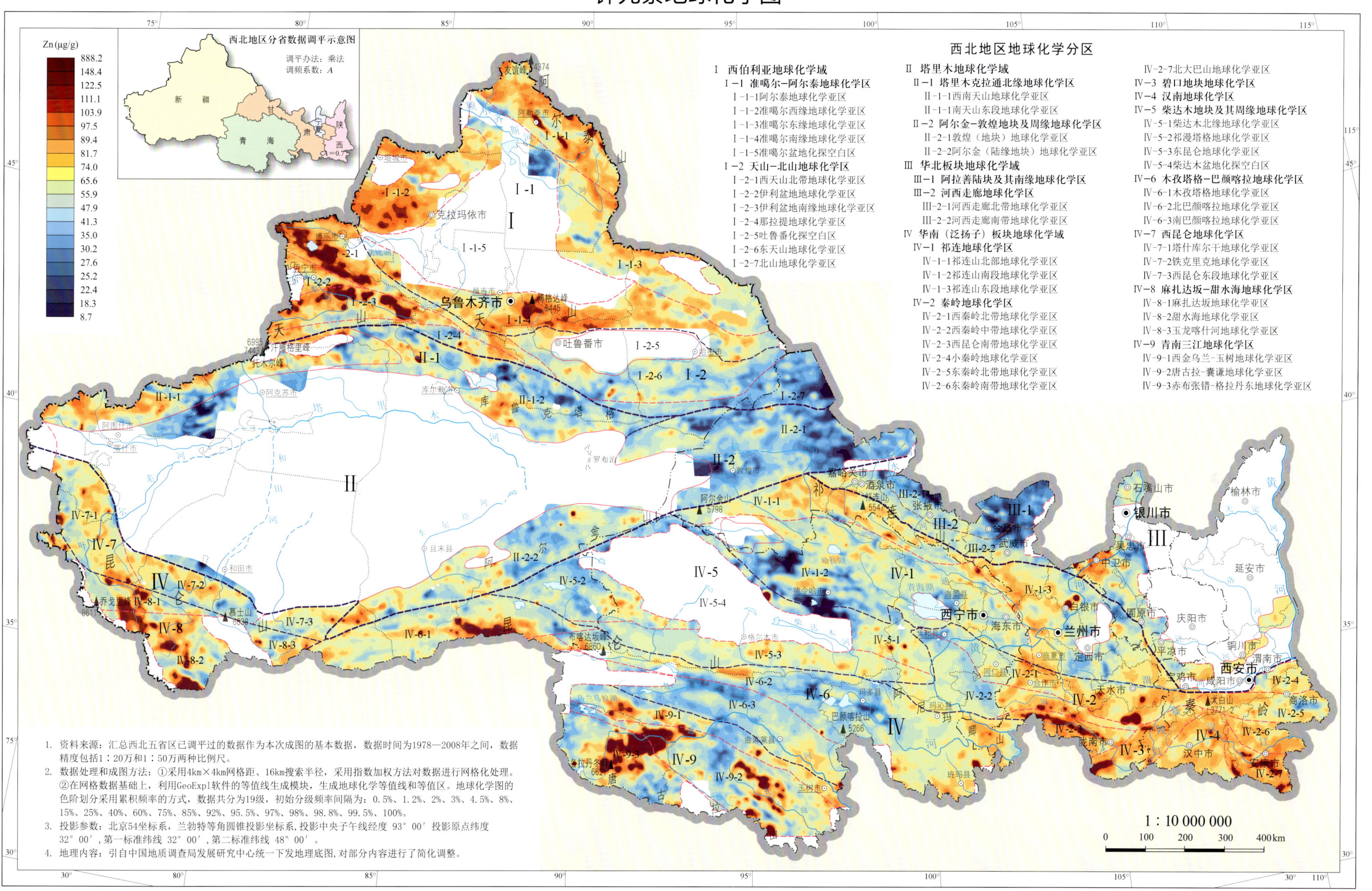

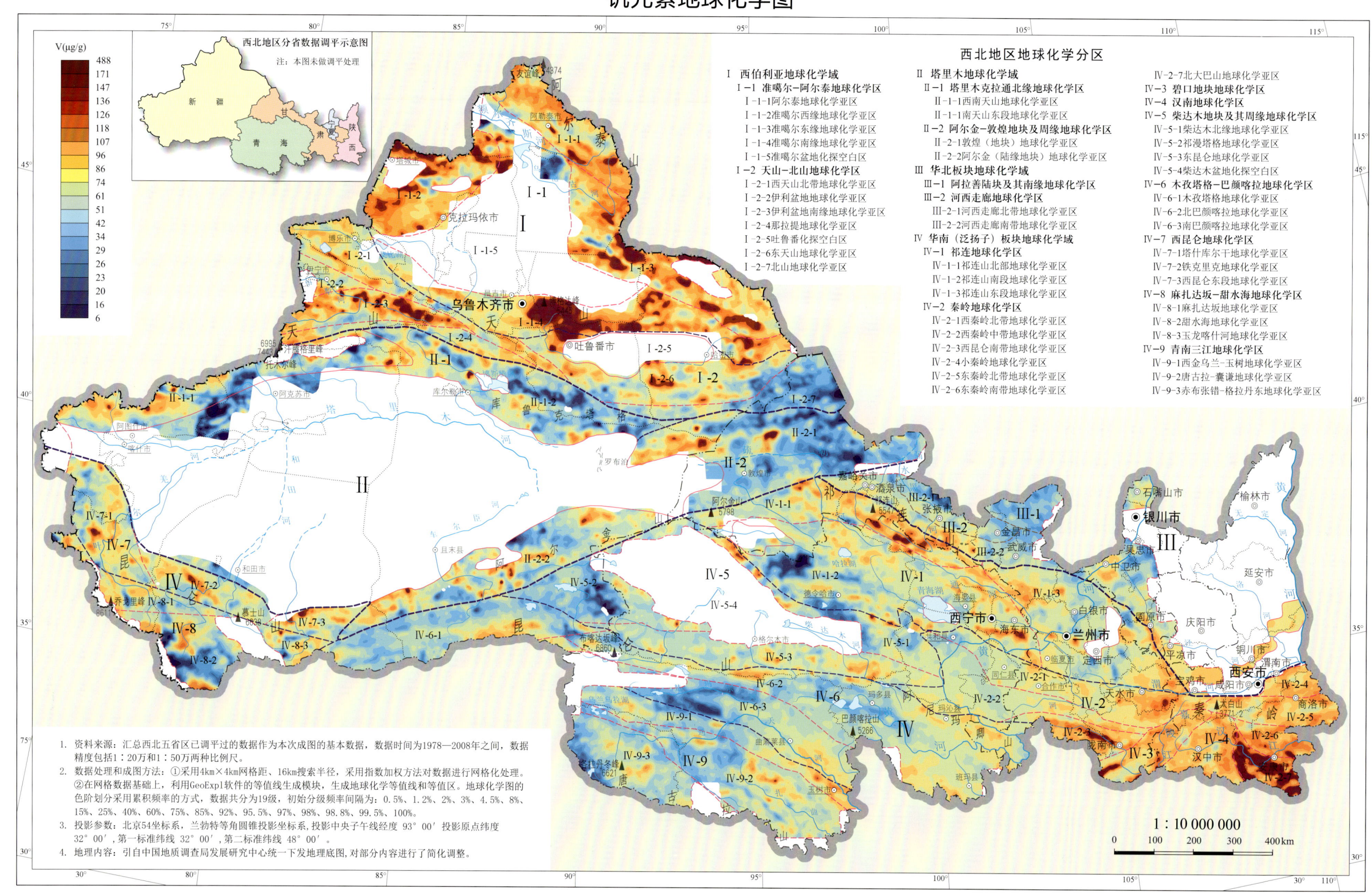

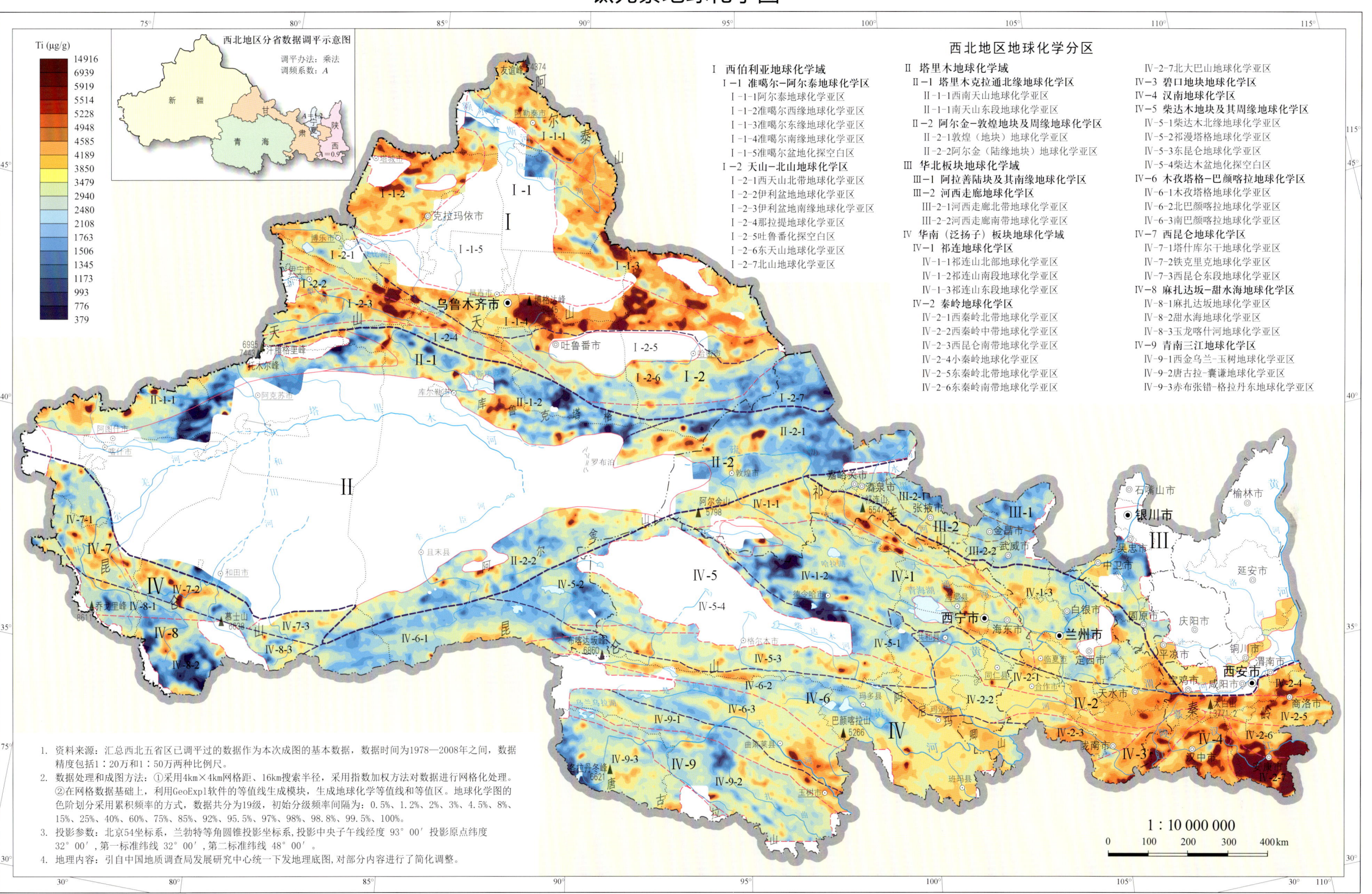

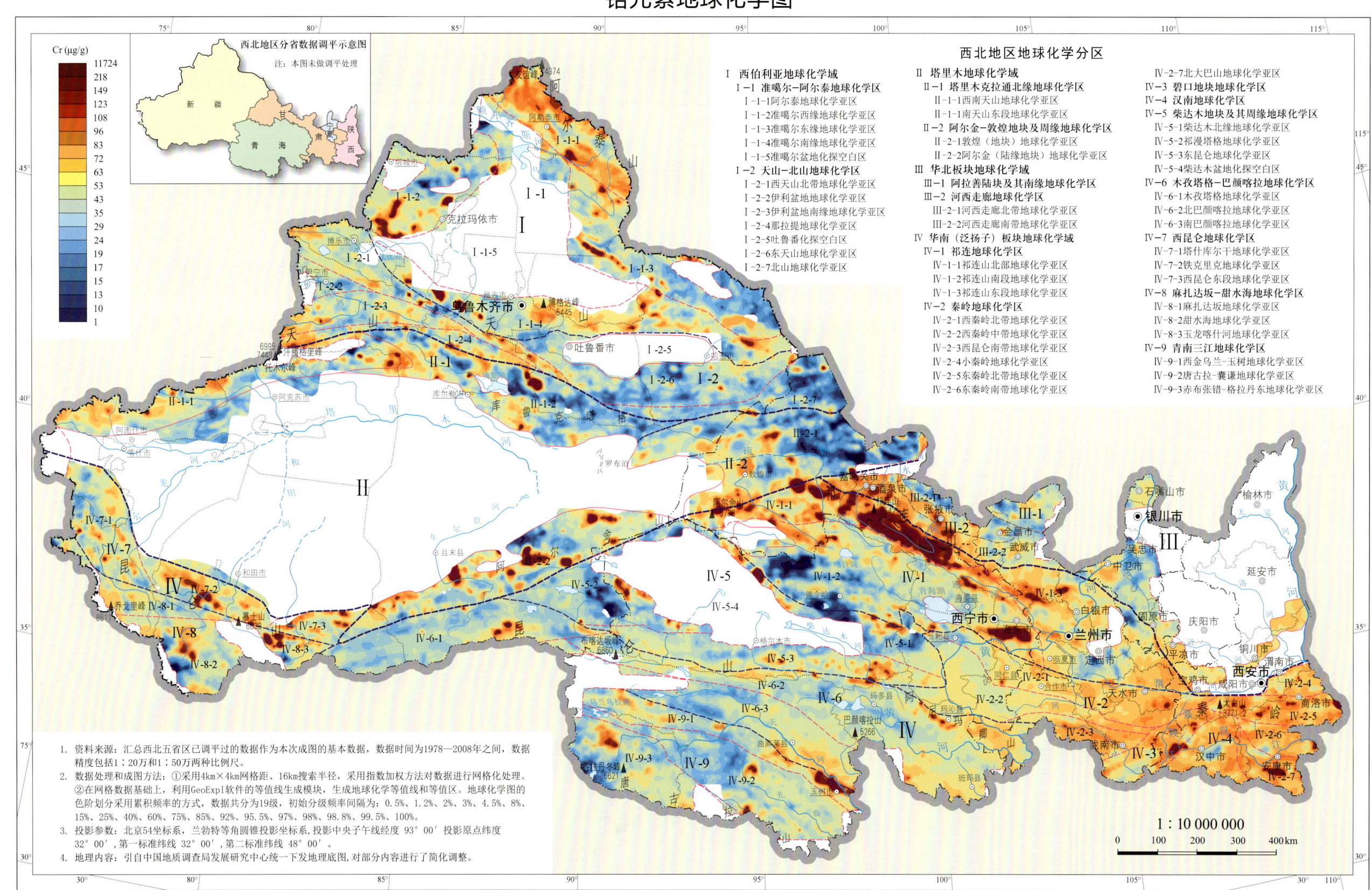

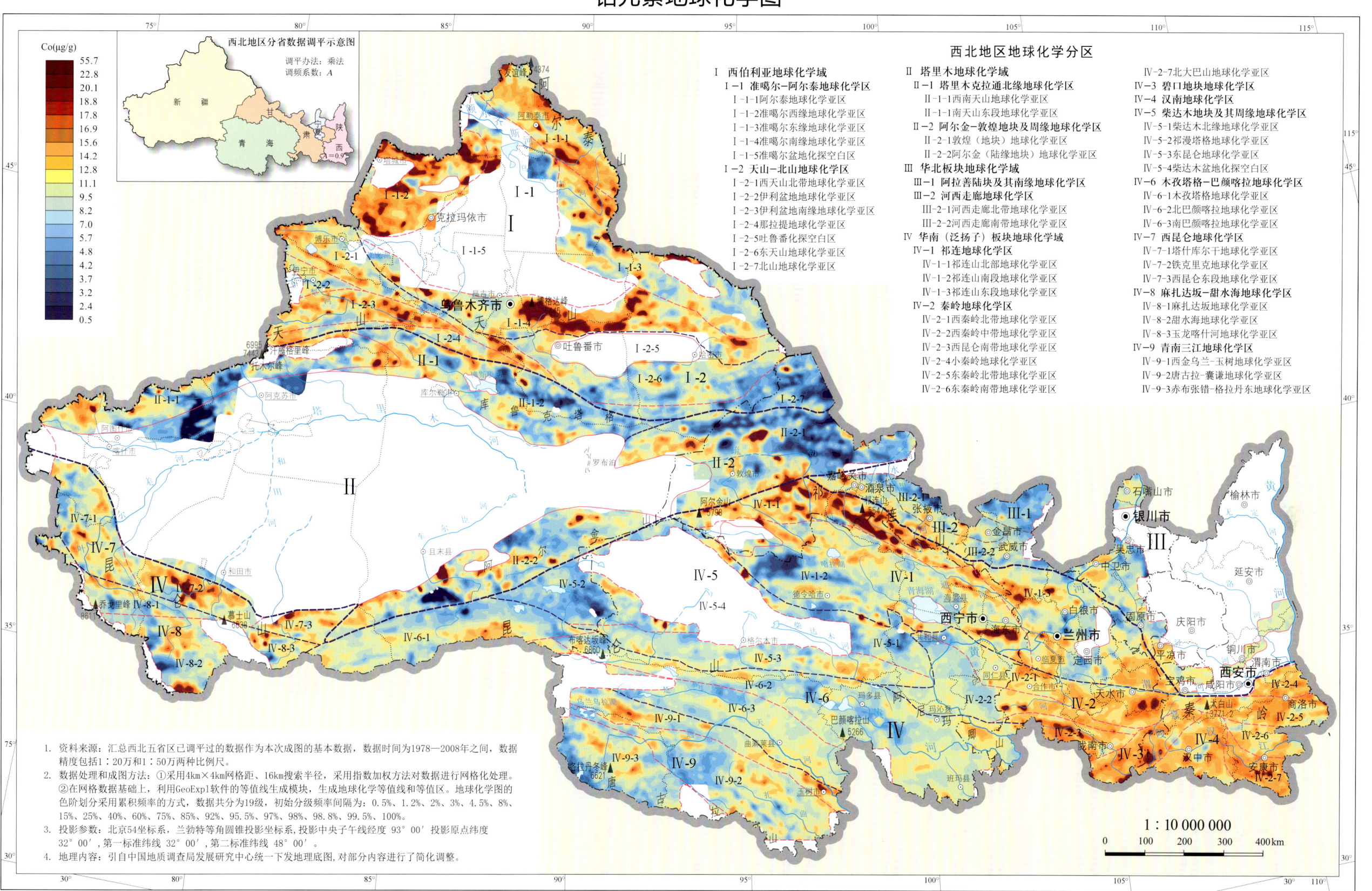

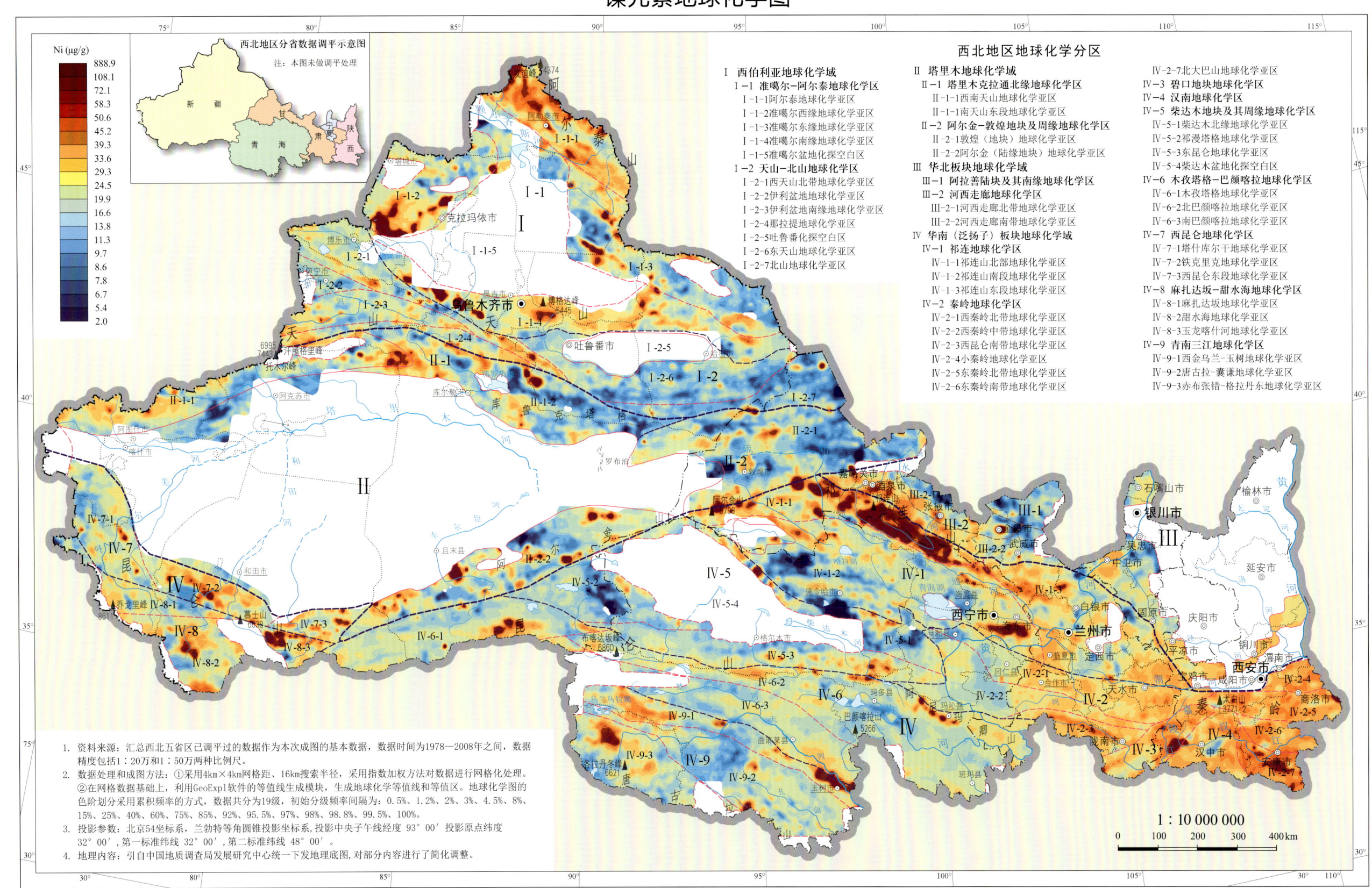

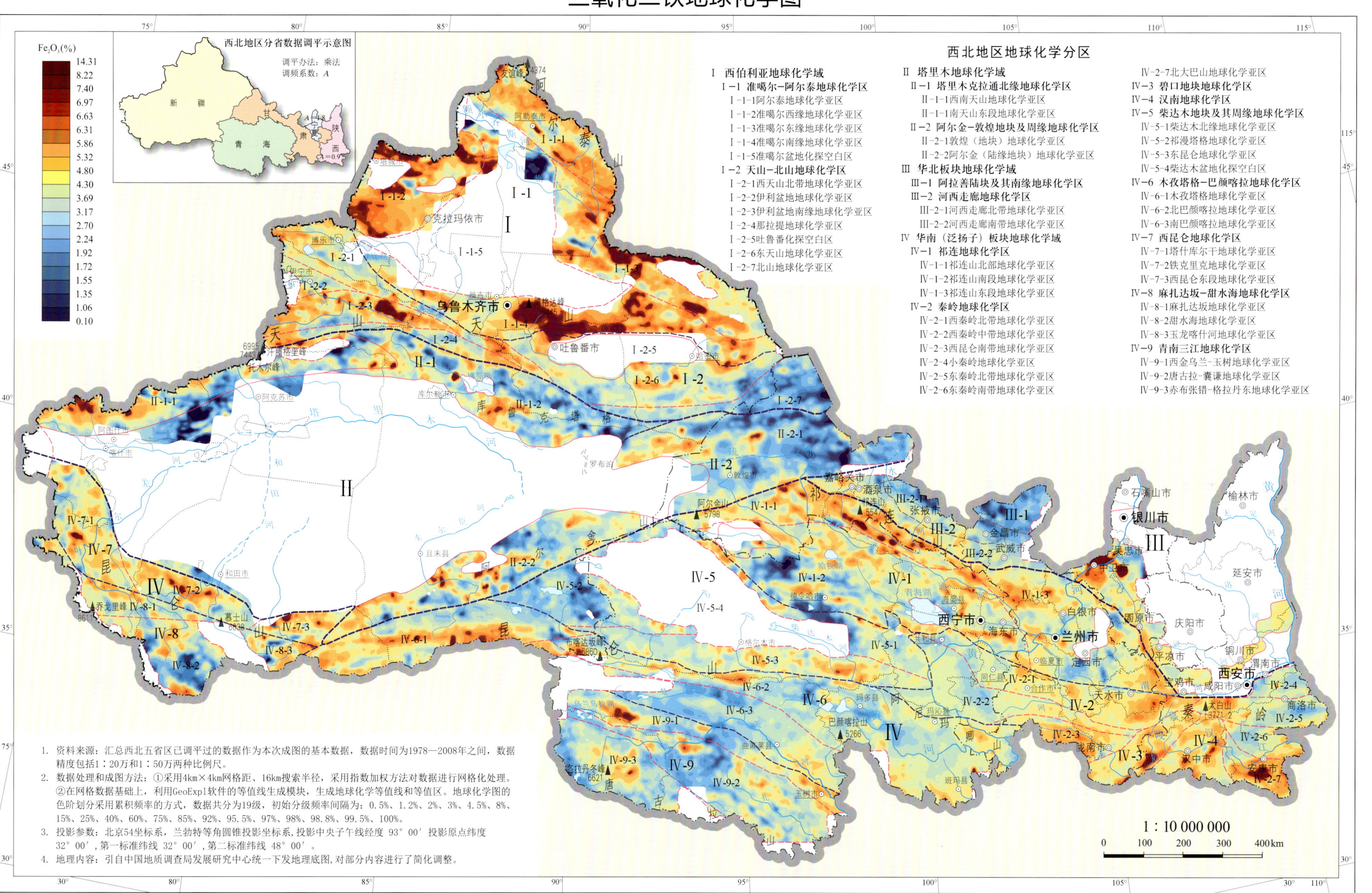

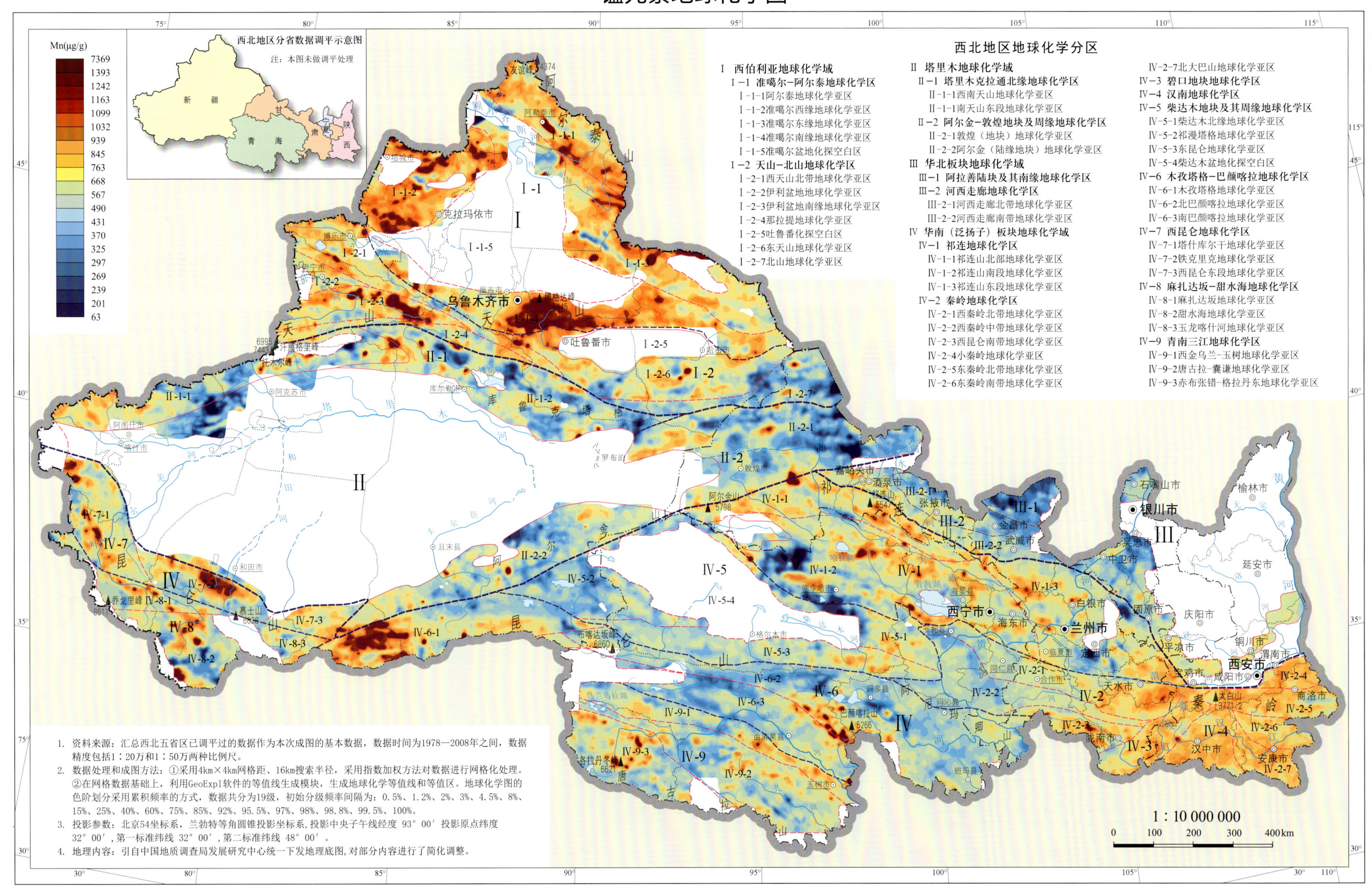

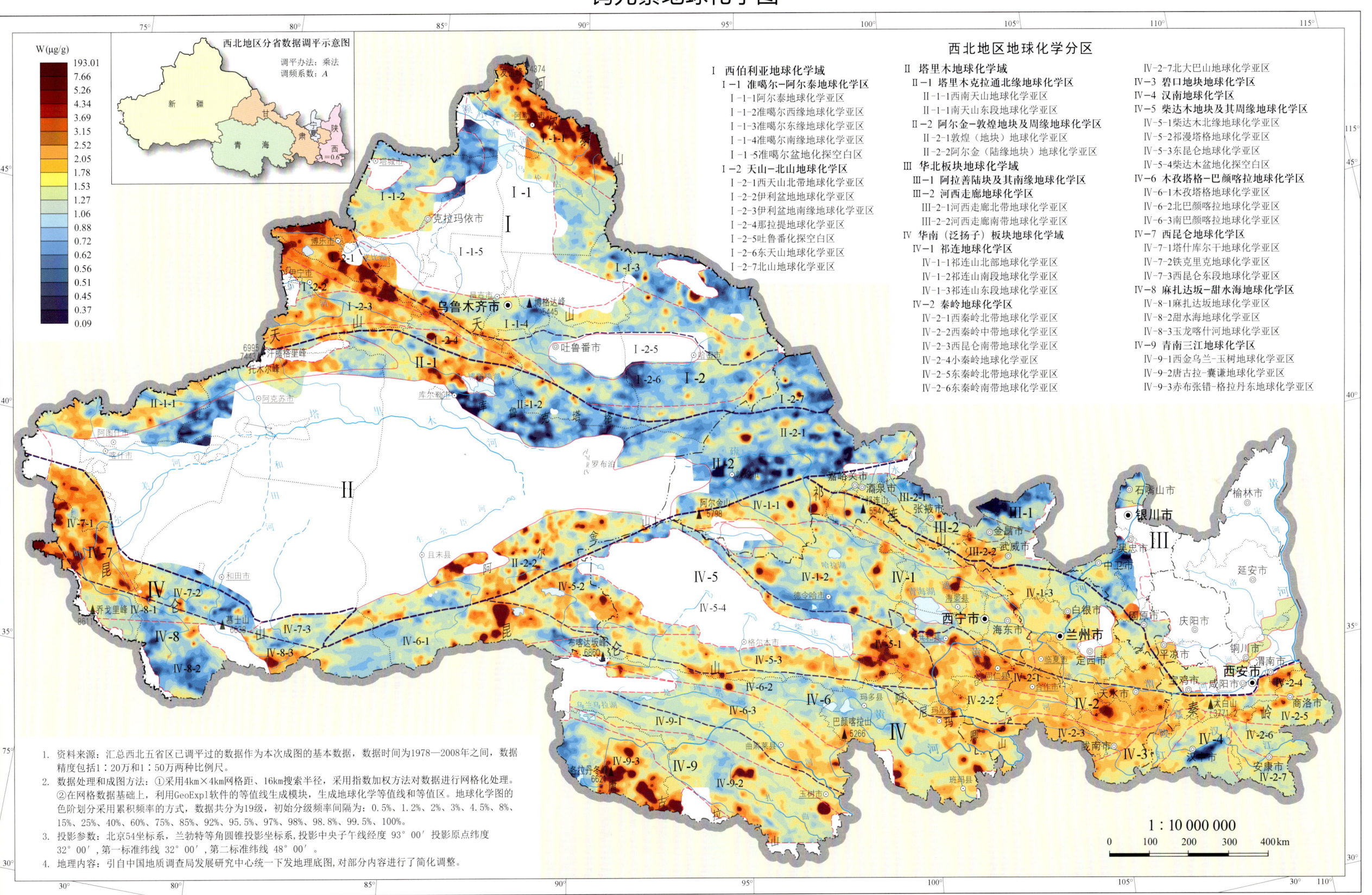

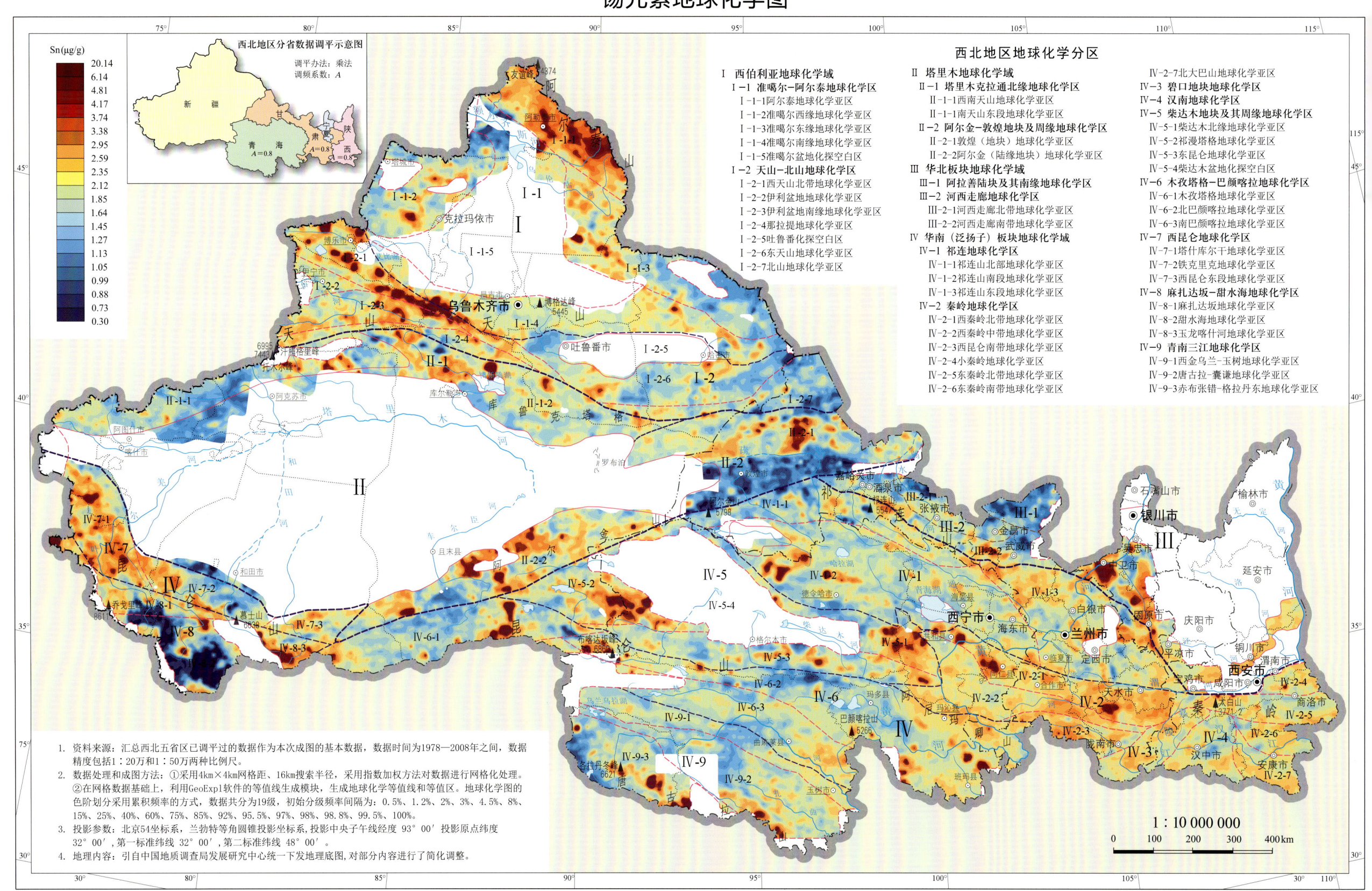

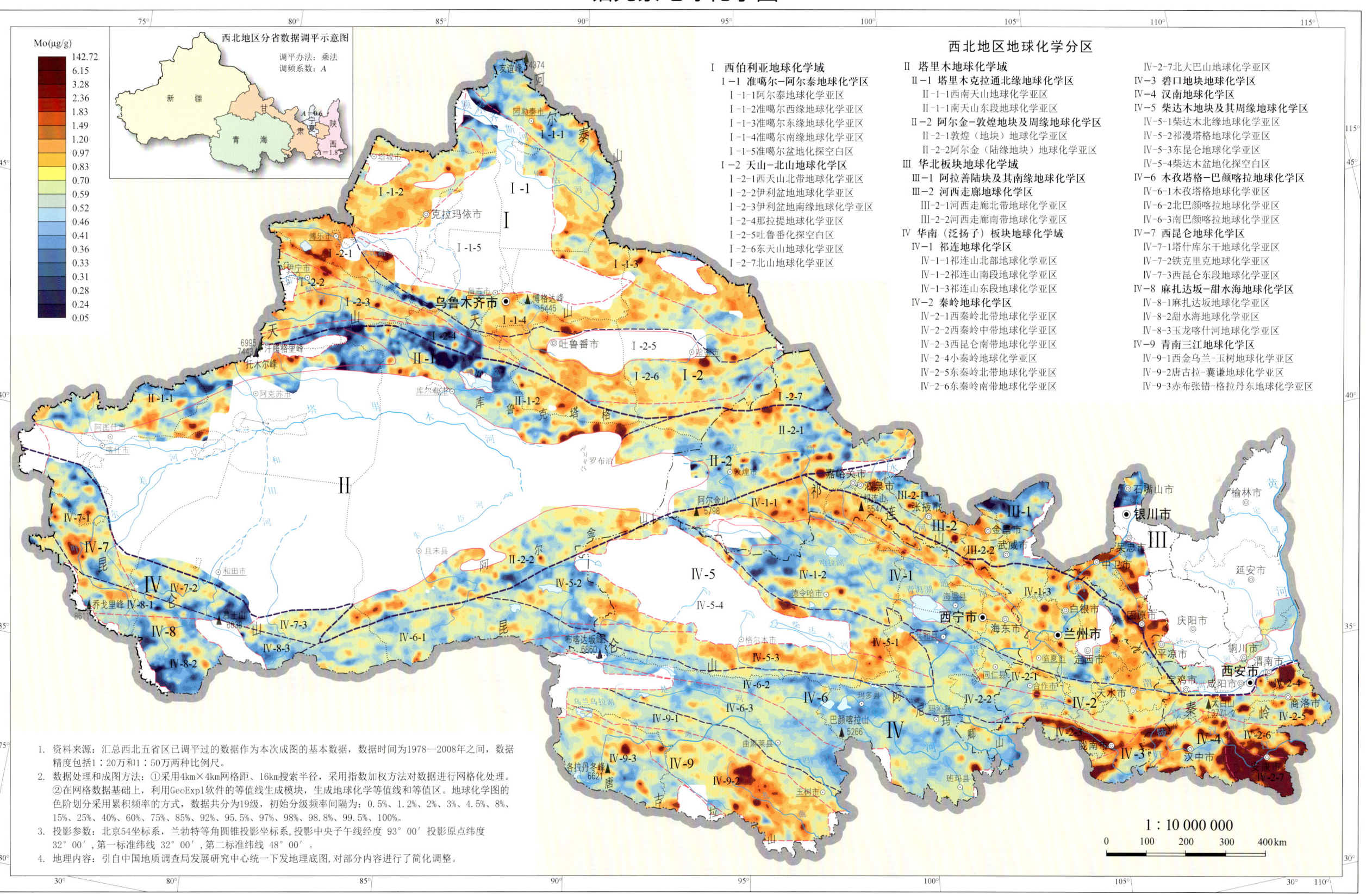

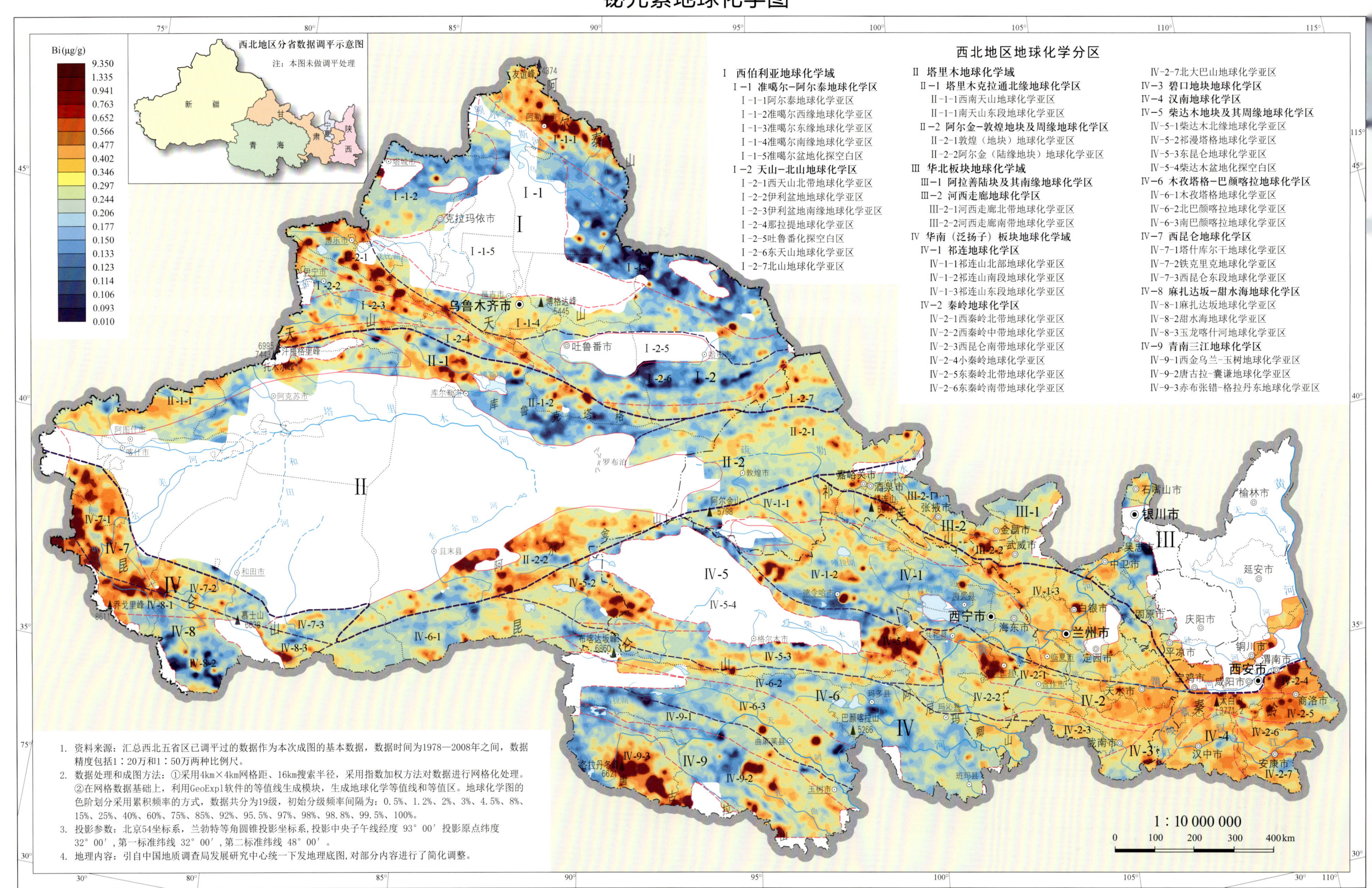

锂元素地球化学图

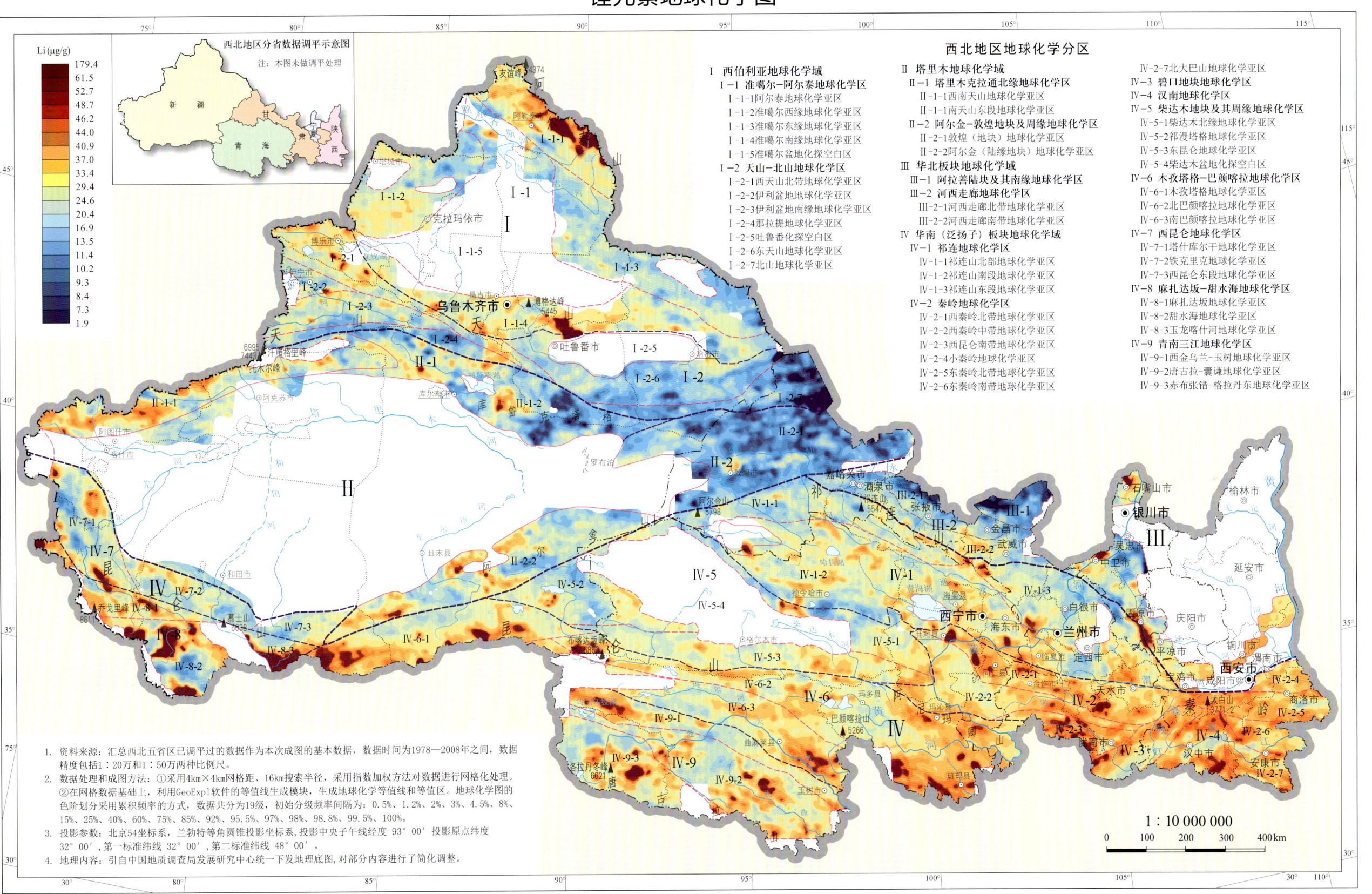

西北地区地球化学分区

I 西伯利亚地球化学域
　I-1 准噶尔-阿尔泰地球化学区
　　I-1-1 阿尔泰地球化学亚区
　　I-1-2 准噶尔西缘地球化学亚区
　　I-1-3 准噶尔东缘地球化学亚区
　　I-1-4 准噶尔南缘地球化学亚区
　　I-1-5 准噶尔盆地探空白区
　I-2 天山-北山地球化学区
　　I-2-1 西天山北带地球化学亚区
　　I-2-2 伊犁盆地地球化学亚区
　　I-2-3 伊犁盆地南缘地球化学亚区
　　I-2-4 那拉提地球化学亚区
　　I-2-5 吐鲁番化探空白区
　　I-2-6 东天山地球化学亚区
　　I-2-7 北山地球化学亚区

II 塔里木地球化学域
　II-1 塔里木克拉通北缘地球化学区
　　II-1-1 西南天山地球化学亚区
　　II-1-1 南天山东段地球化学亚区
　II-2 阿尔金-敦煌地块及周缘地球化学区
　　II-2-1 敦煌（地块）地球化学亚区
　　II-2-2 阿尔金（陆缘地块）地球化学亚区

III 华北板块地球化学域
　III-1 阿拉善陆块及其南缘地球化学区
　III-2 河西走廊地球化学区
　　III-2-1 河西走廊北带地球化学亚区
　　III-2-2 河西走廊南带地球化学亚区

IV 华南（泛扬子）板块地球化学域
　IV-1 祁连地球化学区
　　IV-1-1 祁连山北部地球化学亚区
　　IV-1-2 祁连山南带地球化学亚区
　　IV-1-3 祁连山东段地球化学亚区
　IV-2 秦岭地球化学区
　　IV-2-1 西秦岭北带地球化学亚区
　　IV-2-2 西秦岭中带地球化学亚区
　　IV-2-3 西昆仑南带地球化学亚区
　　IV-2-4 小秦岭地球化学亚区
　　IV-2-5 东秦岭北带地球化学亚区
　　IV-2-6 东秦岭南带地球化学亚区
　　IV-2-7 北大巴山地球化学亚区
　IV-3 碧口地块地球化学区
　IV-4 汉南地球化学区
　IV-5 柴达木地块及其周缘地球化学区
　　IV-5-1 柴达木北缘地球化学亚区
　　IV-5-2 祁漫塔格地球化学亚区
　　IV-5-3 东昆仑北带地球化学亚区
　　IV-5-4 柴达木盆地化探空白区
　IV-6 木孜塔格-巴颜喀拉地球化学区
　　IV-6-1 木孜塔格地球化学亚区
　　IV-6-2 北巴颜喀拉地球化学亚区
　　IV-6-3 南巴颜喀拉地球化学亚区
　IV-7 西昆仑地球化学区
　　IV-7-1 塔什库尔干地球化学亚区
　　IV-7-2 铁克里克山地球化学亚区
　　IV-7-3 西昆仑东段地球化学亚区
　IV-8 麻扎-达坂-甜水海地球化学区
　　IV-8-1 麻扎达坂地球化学亚区
　　IV-8-2 甜水海地球化学亚区
　　IV-8-3 玉龙喀什河地球化学亚区
　IV-9 青南三江地球化学区
　　IV-9-1 西金乌兰-玉树地球化学亚区
　　IV-9-2 唐古拉-囊谦地球化学亚区
　　IV-9-3 赤布张错-格拉丹东地球化学亚区

Li (μg/g): 179.4, 61.5, 52.7, 48.7, 46.2, 44.0, 40.9, 37.0, 33.4, 29.4, 24.6, 20.4, 16.9, 13.5, 11.4, 10.2, 9.3, 8.4, 7.3, 1.9

1:10 000 000

铍元素地球化学图

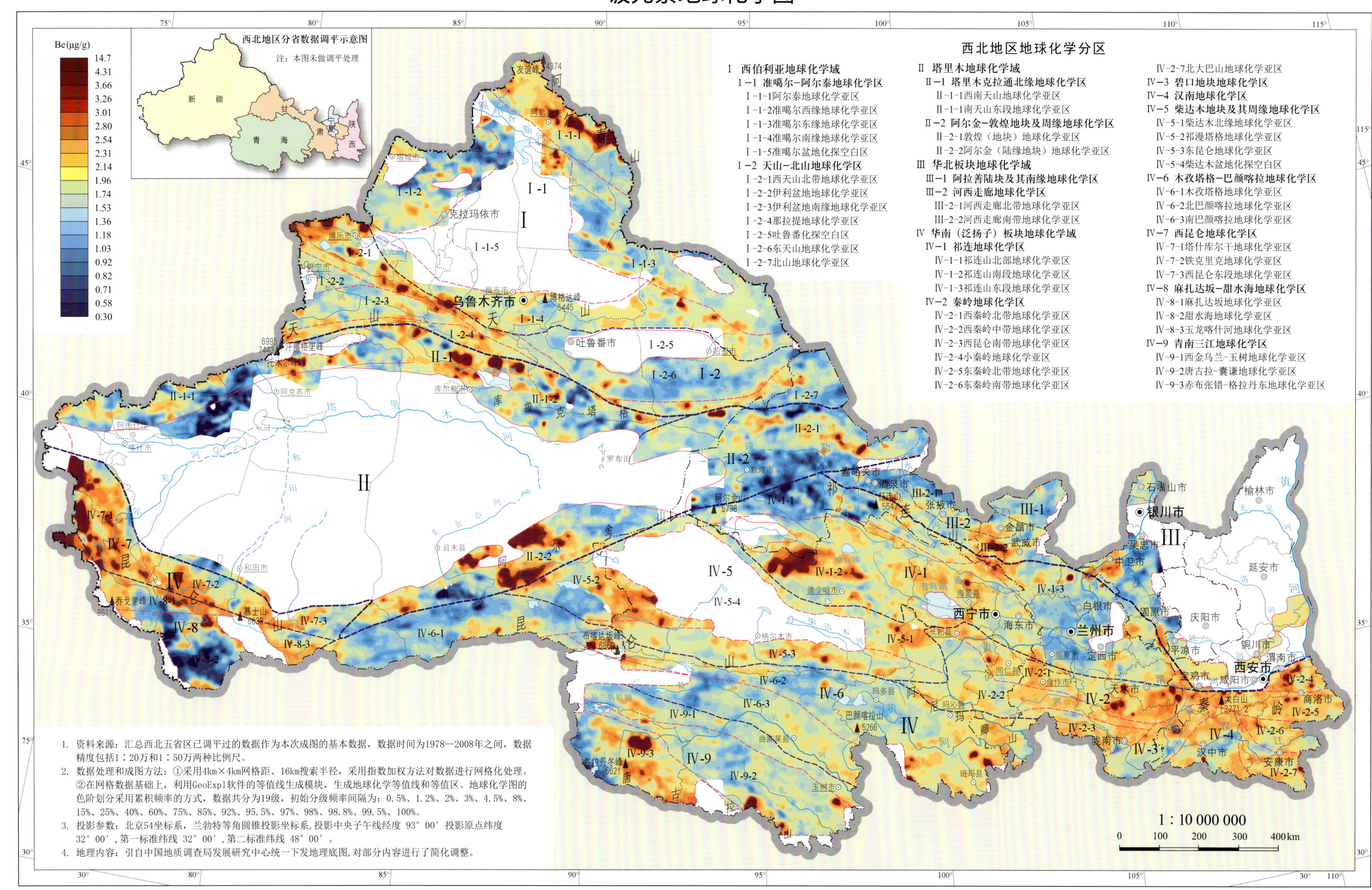

西北地区地球化学分区

I 西伯利亚地球化学域
- I-1 准噶尔-阿尔泰地球化学区
  - I-1-1 阿尔泰地球化学亚区
  - I-1-2 准噶尔西缘地球化学亚区
  - I-1-3 准噶尔东缘地球化学亚区
  - I-1-4 准噶尔南缘地球化学亚区
  - I-1-5 准噶尔盆地化探空白区
- I-2 天山-北山地球化学区
  - I-2-1 西天山北带地球化学亚区
  - I-2-2 伊利盆地地球化学亚区
  - I-2-3 伊利盆地南缘地球化学亚区
  - I-2-4 那拉提地球化学亚区
  - I-2-5 吐鲁番化探空白区
  - I-2-6 东天山地球化学亚区
  - I-2-7 北山地球化学亚区

II 塔里木地球化学域
- II-1 塔里木克拉通北缘地球化学区
  - II-1-1 西南天山地球化学亚区
  - II-1-1 南天山东段地球化学亚区
- II-2 阿尔金-敦煌地块及周缘地球化学区
  - II-2-1 敦煌（地块）地球化学亚区
  - II-2-2 阿尔金（陆缘地块）地球化学亚区

III 华北板块地球化学域
- III-1 阿拉善陆块及其南缘地球化学区
- III-2 河西走廊地球化学区
  - III-2-1 河西走廊北带地球化学亚区
  - III-2-2 河西走廊南带地球化学亚区

IV 华南（泛扬子）板块地球化学域
- IV-1 祁连地球化学区
  - IV-1-1 祁连山北部地球化学亚区
  - IV-1-2 祁连山中段地球化学亚区
  - IV-1-3 祁连山东段地球化学亚区
- IV-2 秦岭地球化学区
  - IV-2-1 西秦岭北带地球化学亚区
  - IV-2-2 西秦岭南带地球化学亚区
  - IV-2-3 西昆仑南带地球化学亚区
  - IV-2-4 小秦岭地球化学亚区
  - IV-2-5 东秦岭北带地球化学亚区
  - IV-2-6 东秦岭南带地球化学亚区
  - IV-2-7 北大巴山地球化学亚区
- IV-3 碧口地块地球化学区
- IV-4 汉南地球化学区
- IV-5 柴达木地块及其周缘地球化学区
  - IV-5-1 柴达木北缘地球化学亚区
  - IV-5-2 祁漫塔格地球化学亚区
  - IV-5-3 东昆仑地球化学亚区
  - IV-5-4 柴达木盆地化探空白区
- IV-6 木孜塔格-巴颜喀拉地球化学区
  - IV-6-1 木孜塔格地球化学亚区
  - IV-6-2 北巴颜喀拉地球化学亚区
  - IV-6-3 南巴颜喀拉地球化学亚区
- IV-7 西昆仑地球化学区
  - IV-7-1 塔什库尔干地球化学亚区
  - IV-7-2 铁克里克地球化学亚区
  - IV-7-3 西昆仑东段地球化学亚区
- IV-8 麻扎达坂-甜水海地球化学区
  - IV-8-1 麻扎达坂地球化学亚区
  - IV-8-2 甜水海地球化学亚区
  - IV-8-3 玉龙喀什河地球化学亚区
- IV-9 青南三江地球化学区
  - IV-9-1 西金乌兰-玉树地球化学亚区
  - IV-9-2 唐古拉-囊谦地球化学亚区
  - IV-9-3 赤布张错-格拉丹东地球化学亚区

Be(μg/g): 14.7 / 4.31 / 3.66 / 3.26 / 3.01 / 2.80 / 2.54 / 2.31 / 2.14 / 1.96 / 1.74 / 1.53 / 1.36 / 1.18 / 1.03 / 0.92 / 0.82 / 0.71 / 0.58 / 0.30

1. 资料来源：汇总西北五省区已调平过的数据作为本次成图的基本数据，数据时间为1978—2008年之间，数据精度包括1:20万和1:50万两种比例尺。
2. 数据处理和成图方法：①采用4km×4km网格距、16km搜索半径，采用指数加权方法对数据进行网格化处理。②在网格数据基础上，利用GeoExpl软件的等值线生成模块，生成地球化学等值线和等值区。地球化学图的色阶划分采用累积频率的方式，数据共分为19级，初始分级频率间隔为：0.5%、1.2%、2%、3%、4.5%、8%、15%、25%、40%、60%、75%、85%、92%、95.5%、97%、98%、98.8%、99.5%、100%。
3. 投影参数：北京54坐标系，兰勃特等角圆锥投影坐标系，投影中央子午线经度 93°00′投影原点纬度32°00′，第一标准纬线32°00′，第二标准纬线48°00′。
4. 地理内容：引自中国地质调查局发展研究中心统一下发地理底图，对部分内容进行了简化调整。

1:10 000 000

铌元素地球化学图

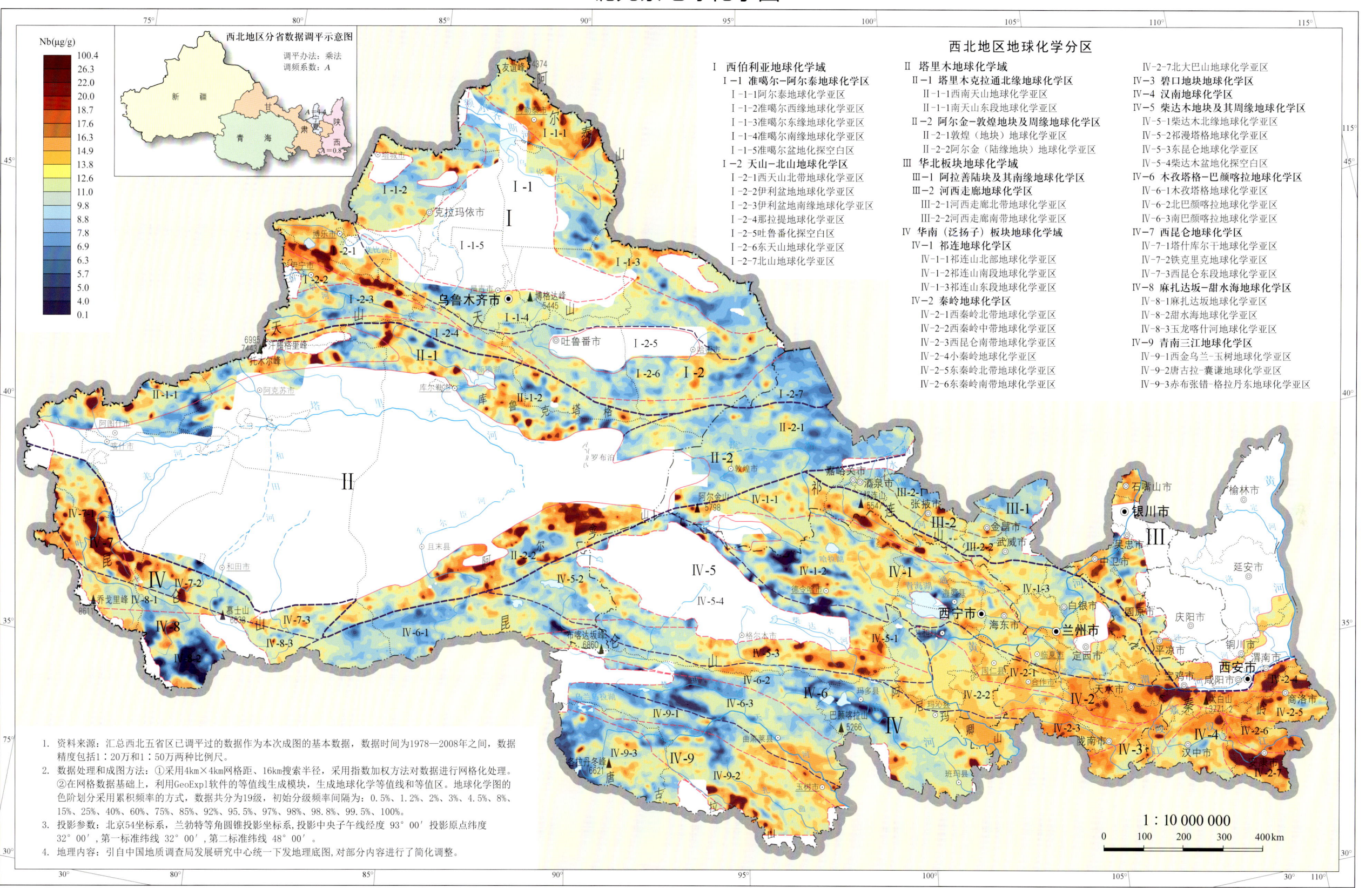

锆元素地球化学图

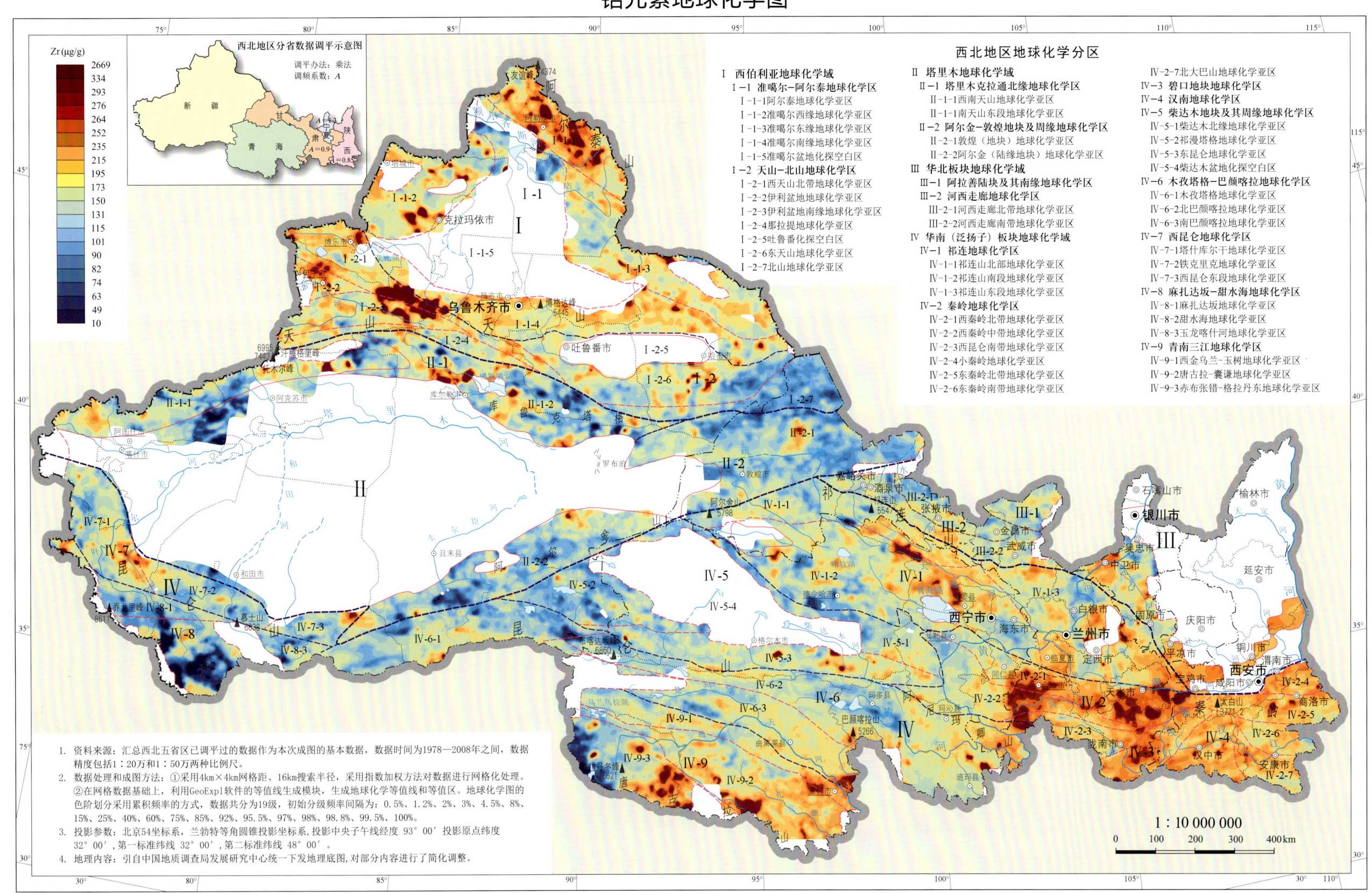

钇元素地球化学图

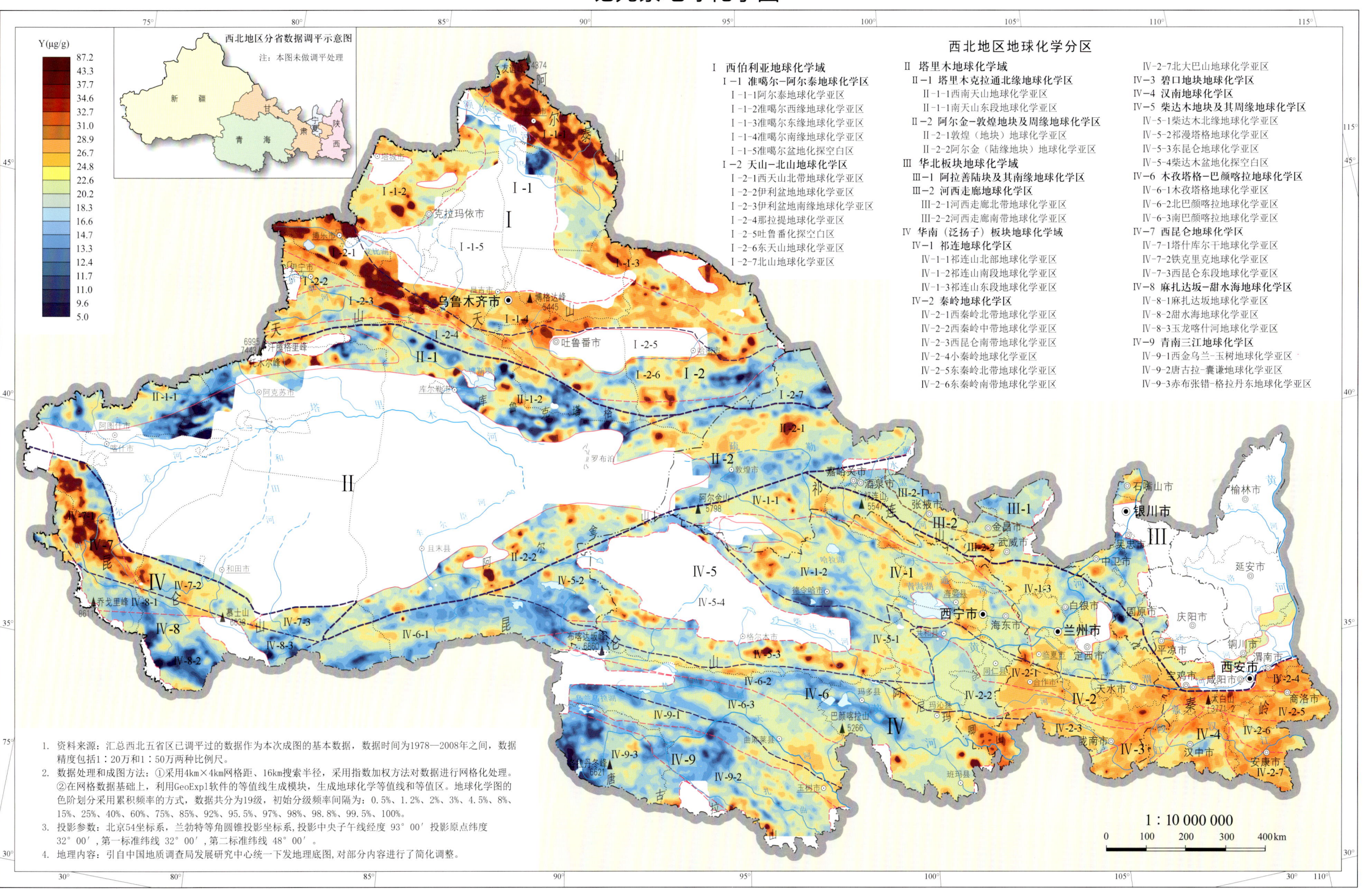

Y(μg/g)

87.2	
43.3	
37.7	
34.6	
32.7	
31.0	
28.9	
26.7	
24.8	
22.6	
20.2	
18.3	
16.6	
14.7	
13.3	
12.4	
11.0	
9.6	
5.0	

西北地区分省数据调平示意图
注：本图未做调平处理

西北地区地球化学分区

Ⅰ 西伯利亚地球化学域
　Ⅰ-1 准噶尔-阿尔泰地球化学区
　　Ⅰ-1-1 阿尔泰地球化学亚区
　　Ⅰ-1-2 准噶尔西缘地球化学亚区
　　Ⅰ-1-3 准噶尔东缘地球化学亚区
　　Ⅰ-1-4 准噶尔南缘地球化学亚区
　　Ⅰ-1-5 准噶尔盆地化探空白区
　Ⅰ-2 天山-北山地球化学区
　　Ⅰ-2-1 西天山北带地球化学亚区
　　Ⅰ-2-2 伊犁盆地地球化学亚区
　　Ⅰ-2-3 伊犁南缘地球化学亚区
　　Ⅰ-2-4 那拉提地球化学亚区
　　Ⅰ-2-5 吐鲁番化探空白区
　　Ⅰ-2-6 东天山地球化学亚区
　　Ⅰ-2-7 北山地球化学亚区

Ⅱ 塔里木地球化学域
　Ⅱ-1 塔里木克拉通北缘地球化学区
　　Ⅱ-1-1 西南天山地球化学亚区
　　Ⅱ-1-1 南天山南段地球化学亚区
　Ⅱ-2 阿尔金-敦煌地块及周缘地球化学区
　　Ⅱ-2-1 敦煌（地块）地球化学亚区
　　Ⅱ-2-2 阿尔金（陆缘地块）地球化学亚区

Ⅲ 华北板块地球化学域
　Ⅲ-1 阿拉善陆块及其南缘地球化学区
　Ⅲ-2 河西走廊地球化学区
　　Ⅲ-2-1 河西走廊北带地球化学亚区
　　Ⅲ-2-2 河西走廊南带地球化学亚区

Ⅳ 华南（泛扬子）板块地球化学域
　Ⅳ-1 祁连地球化学区
　　Ⅳ-1-1 祁连山北段地球化学亚区
　　Ⅳ-1-2 祁连山南段地球化学亚区
　　Ⅳ-1-3 祁连山东段地球化学亚区
　Ⅳ-2 秦岭地球化学区
　　Ⅳ-2-1 西秦岭北带地球化学亚区
　　Ⅳ-2-2 西秦岭南带地球化学亚区
　　Ⅳ-2-3 西昆仑中带地球化学亚区
　　Ⅳ-2-4 小秦岭地球化学亚区
　　Ⅳ-2-5 东秦岭北带地球化学亚区
　　Ⅳ-2-6 东秦岭南带地球化学亚区
　　Ⅳ-2-7 北大巴山地球化学亚区
　Ⅳ-3 碧口地块地球化学区
　Ⅳ-4 汉南地球化学区
　Ⅳ-5 柴达木地块及其周缘地球化学区
　　Ⅳ-5-1 柴达木北缘地球化学亚区
　　Ⅳ-5-2 祁漫塔格地球化学亚区
　　Ⅳ-5-3 东昆仑北缘地球化学亚区
　　Ⅳ-5-4 柴达木盆地化探空白区
　Ⅳ-6 木孜塔格-巴颜喀拉地球化学区
　　Ⅳ-6-1 木孜塔格地球化学亚区
　　Ⅳ-6-2 北巴颜喀拉地球化学亚区
　　Ⅳ-6-3 南巴颜喀拉地球化学亚区
　Ⅳ-7 西昆仑地球化学区
　　Ⅳ-7-1 塔什库尔干地球化学亚区
　　Ⅳ-7-2 铁克里克地球化学亚区
　　Ⅳ-7-3 西昆仑东段地球化学亚区
　Ⅳ-8 麻扎达坂-甜水海地球化学区
　　Ⅳ-8-1 麻扎达坂地球化学亚区
　　Ⅳ-8-2 甜水海地球化学亚区
　　Ⅳ-8-3 玉龙喀什河地球化学亚区
　Ⅳ-9 青南三江地球化学区
　　Ⅳ-9-1 西金乌兰-玉树地球化学亚区
　　Ⅳ-9-2 唐古拉-囊谦地球化学亚区
　　Ⅳ-9-3 赤布张错-格拉丹东地球化学亚区

1. 资料来源：汇总西北五省区已调平过的数据作为本次成图的基本数据，数据时间为1978—2008年之间，数据精度包括1:20万和1:50万两种比例尺。
2. 数据处理和成图方法：①采用4km×4km网格距、16km搜索半径，采用指数加权方法对数据进行网格化处理。②在网格数据基础上，利用GeoExpl软件的等值线生成模块，生成地球化学等值线和等值区。地球化学图的色阶划分采用累积频率的方式，数据共分为19级，初始分级频率间隔为：0.5%、1.2%、2%、3%、4.5%、8%、15%、25%、40%、60%、75%、85%、92%、95%、97%、98%、98.8%、99.5%、100%。
3. 投影参数：北京54坐标系，兰勃特等角圆锥投影坐标系，投影中央子午线经度 93°00′ 投影原点纬度 32°00′，第一标准纬线 32°00′，第二标准纬线 48°00′。
4. 地理内容：引自中国地质调查局发展研究中心统一下发地理底图，对部分内容进行了简化调整。

1 : 10 000 000

镧元素地球化学图

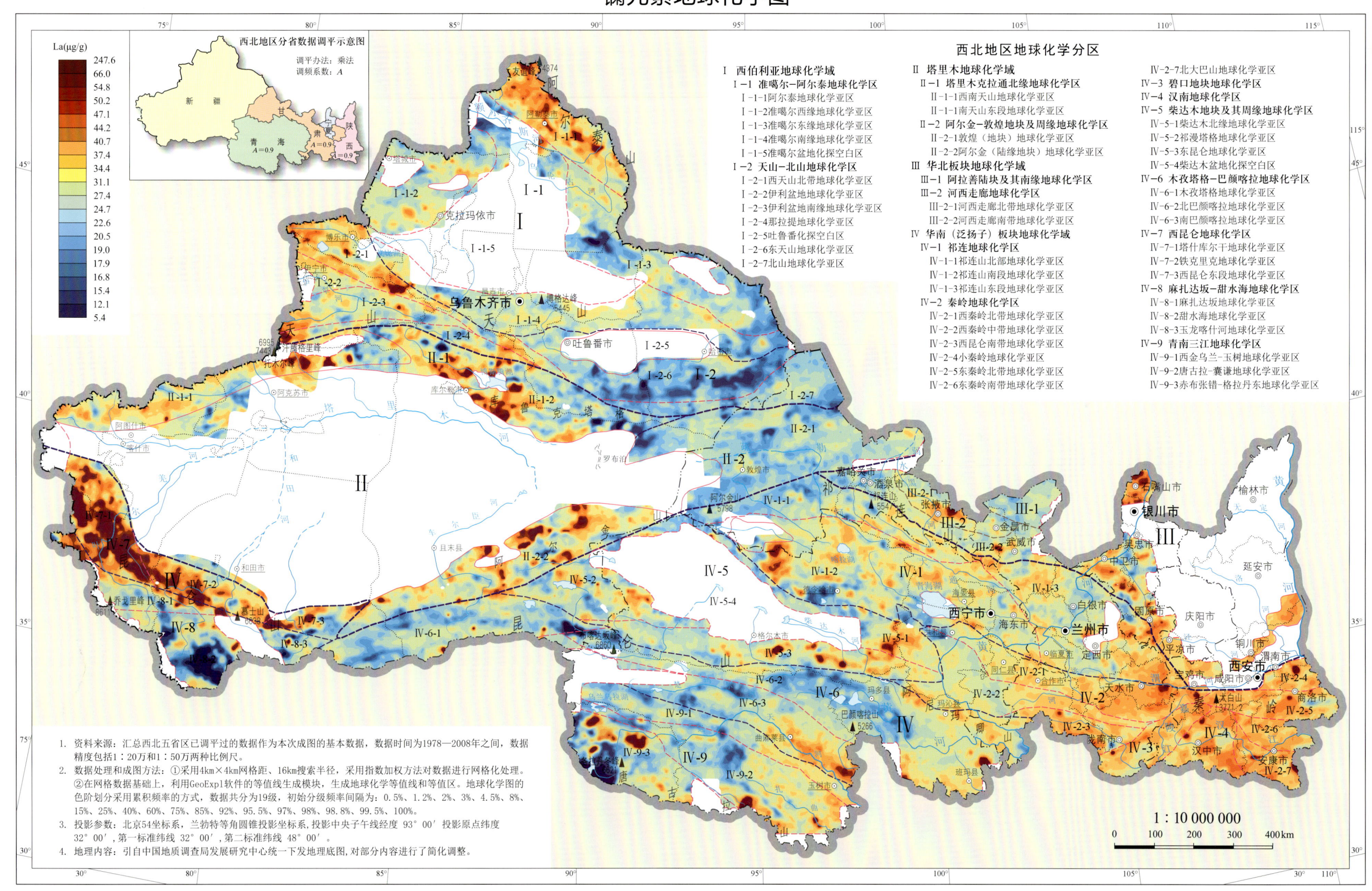

西北地区地球化学分区

I 西伯利亚地球化学域
- I-1 准噶尔-阿尔泰地球化学区
  - I-1-1 阿尔泰地球化学亚区
  - I-1-2 准噶尔西缘地球化学亚区
  - I-1-3 准噶尔东缘地球化学亚区
  - I-1-4 准噶尔南缘地球化学亚区
  - I-1-5 准噶尔盆地化探空白区
- I-2 天山-北山地球化学区
  - I-2-1 西天山北带地球化学亚区
  - I-2-2 伊犁盆地地球化学亚区
  - I-2-3 伊犁盆地南缘地球化学亚区
  - I-2-4 那拉提地球化学亚区
  - I-2-5 吐鲁番化探空白区
  - I-2-6 东天山地球化学亚区
  - I-2-7 北山地球化学亚区

II 塔里木地球化学域
- II-1 塔里木克拉通北缘地球化学区
  - II-1-1 西南天山地球化学亚区
  - II-1-1 南天山东段地球化学亚区
- II-2 阿尔金-敦煌地块及周缘地球化学区
  - II-2-1 敦煌（地块）地球化学亚区
  - II-2-2 阿尔金（陆缘地块）地球化学亚区

III 华北板块地球化学域
- III-1 阿拉善陆块及其南缘地球化学区
- III-2 河西走廊地球化学区
  - III-2-1 河西走廊北带地球化学亚区
  - III-2-2 河西走廊南带地球化学亚区

IV 华南（泛扬子）板块地球化学域
- IV-1 祁连地球化学区
  - IV-1-1 祁连山北部地球化学亚区
  - IV-1-2 祁连山南段地球化学亚区
  - IV-1-3 祁连山东段地球化学亚区
- IV-2 秦岭地球化学区
  - IV-2-1 西秦岭北带地球化学亚区
  - IV-2-2 西秦岭中带地球化学亚区
  - IV-2-3 西昆仑南带地球化学亚区
  - IV-2-4 小秦岭地球化学亚区
  - IV-2-5 东秦岭北带地球化学亚区
  - IV-2-6 东秦岭南带地球化学亚区
  - IV-2-7 北大巴山地球化学亚区
- IV-3 碧口地块地球化学区
- IV-4 汉南地球化学区
- IV-5 柴达木地块及其周缘地球化学区
  - IV-5-1 柴达木北缘地球化学亚区
  - IV-5-2 祁漫塔格地球化学亚区
  - IV-5-3 东昆仑地球化学亚区
  - IV-5-4 柴达木盆地化探空白区
- IV-6 木孜塔格-巴颜喀拉地球化学区
  - IV-6-1 木孜塔格地球化学亚区
  - IV-6-2 北巴颜喀拉地球化学亚区
  - IV-6-3 南巴颜喀拉地球化学亚区
- IV-7 西昆仑地球化学区
  - IV-7-1 塔什库尔干地球化学亚区
  - IV-7-2 铁克里克北带地球化学亚区
  - IV-7-3 西昆仑东段地球化学亚区
- IV-8 麻扎达坂-甜水海地球化学区
  - IV-8-1 麻扎达坂地球化学亚区
  - IV-8-2 甜水海地球化学亚区
  - IV-8-3 玉龙喀什河地球化学亚区
- IV-9 青海三江地球化学区
  - IV-9-1 西金乌兰-玉树地球化学亚区
  - IV-9-2 唐古拉-囊谦地球化学亚区
  - IV-9-3 赤布张错-格拉丹东地球化学亚区

La(μg/g): 247.6 / 66.0 / 54.8 / 50.2 / 47.1 / 44.4 / 40.7 / 37.4 / 34.4 / 31.1 / 27.4 / 24.7 / 22.5 / 20.5 / 19.0 / 17.9 / 16.8 / 15.4 / 12.1 / 5.4

西北地区分省数据调平示意图
调平办法：乘法
调频系数：A
新疆 A=1
青海 A=0.9
甘肃 A=1
宁夏 A=1
陕西 A=0.9

1. 资料来源：汇总西北五省区已调平过的数据作为本次成图的基本数据，数据时间为1978—2008年之间，数据精度包括1:20万和1:50万两种比例尺。
2. 数据处理和成图方法：①采用4km×4km网格距、16km搜索半径，采用指数加权方法对数据进行网格化处理。②在网格数据基础上，利用GeoExp1软件的等值线生成模块，生成地球化学等值线和等值面。地球化学图的色阶划分采用累积频率的方式，数据共分为19级，初始分级频率间隔为：0.5%、1.2%、2%、3%、4.5%、8%、15%、25%、40%、60%、75%、85%、92%、95%、97%、98%、98.8%、99.5%、100%。
3. 投影参数：北京54坐标系，兰勃特等角圆锥投影坐标系，投影中央子午线经度 93°00′投影原点纬度 32°00′，第一标准纬线 32°00′，第二标准纬线 48°00′。
4. 地理内容：引自中国地质调查局发展研究中心统一下发地理底图，对部分内容进行了简化调整。

1:10 000 000

锶元素地球化学图

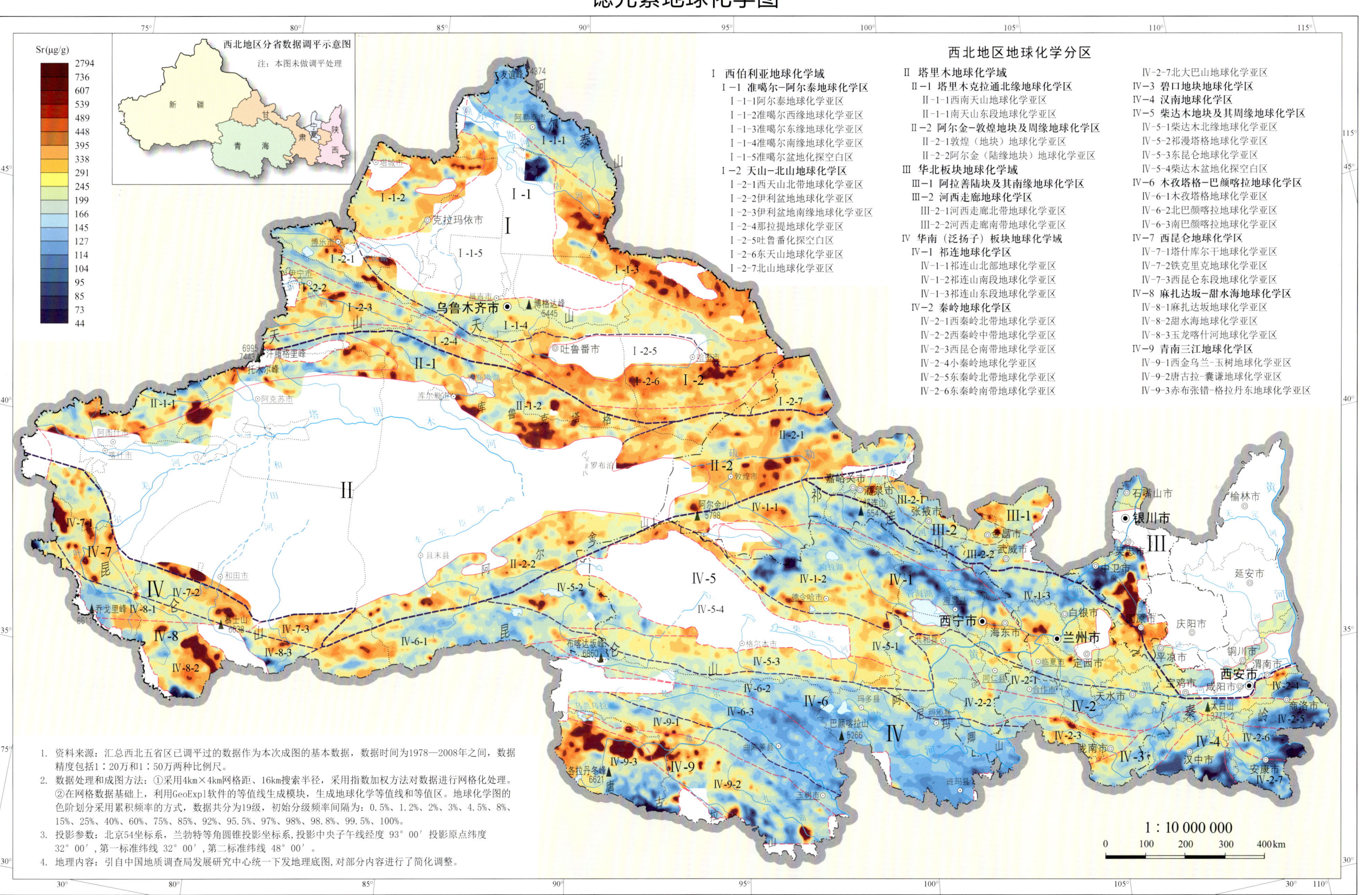

Sr (μg/g): 2794, 736, 607, 539, 489, 448, 395, 338, 291, 245, 199, 166, 145, 127, 114, 104, 95, 85, 73, 44

西北地区分省数据调平示意图
注：本图未做调平处理

西北地区地球化学分区

Ⅰ 西伯利亚地球化学域
- Ⅰ-1 准噶尔-阿尔泰地球化学区
  - Ⅰ-1-1 阿尔泰地球化学亚区
  - Ⅰ-1-2 准噶尔西缘地球化学亚区
  - Ⅰ-1-3 准噶尔东缘地球化学亚区
  - Ⅰ-1-4 准噶尔南缘地球化学亚区
  - Ⅰ-1-5 准噶尔盆地探空白区
- Ⅰ-2 天山-北山地球化学区
  - Ⅰ-2-1 天山北带陆域地球化学亚区
  - Ⅰ-2-2 伊利盆地地球化学亚区
  - Ⅰ-2-3 准噶尔南缘地球化学亚区
  - Ⅰ-2-4 那拉提地球化学亚区
  - Ⅰ-2-5 吐鲁番化探空白区
  - Ⅰ-2-6 东天山地球化学亚区
  - Ⅰ-2-7 北山地球化学亚区

Ⅱ 塔里木地球化学域
- Ⅱ-1 塔里木克拉通北缘地球化学区
  - Ⅱ-1-1 西南天山地球化学亚区
  - Ⅱ-1-1 南天山东段地球化学亚区
- Ⅱ-2 阿尔金-敦煌地块及周缘地球化学区
  - Ⅱ-2-1 敦煌（地块）地球化学亚区
  - Ⅱ-2-2 阿尔金（陆缘地块）地球化学亚区

Ⅲ 华北板块地球化学域
- Ⅲ-1 阿拉善陆块及其南缘地球化学区
- Ⅲ-2 河西走廊地球化学区
  - Ⅲ-2-1 河西走廊北带地球化学亚区
  - Ⅲ-2-2 河西走廊南带地球化学亚区

Ⅳ 华南（泛扬子）板块地球化学域
- Ⅳ-1 祁连地球化学区
  - Ⅳ-1-1 祁连山北部地球化学亚区
  - Ⅳ-1-2 祁连山南段地球化学亚区
  - Ⅳ-1-3 祁连山东段地球化学亚区
- Ⅳ-2 秦岭地球化学区
  - Ⅳ-2-1 西秦岭北带地球化学亚区
  - Ⅳ-2-2 西秦岭中带地球化学亚区
  - Ⅳ-2-3 西昆仑南带地球化学亚区
  - Ⅳ-2-4 小秦岭地球化学亚区
  - Ⅳ-2-5 东秦岭北带地球化学亚区
  - Ⅳ-2-6 东秦岭南带地球化学亚区
  - Ⅳ-2-7 北大巴山地球化学亚区
- Ⅳ-3 碧口地块地球化学区
- Ⅳ-4 汉南地球化学区
- Ⅳ-5 柴达木地块及其周缘地球化学区
  - Ⅳ-5-1 柴达木北缘地球化学亚区
  - Ⅳ-5-2 祁漫塔格地球化学亚区
  - Ⅳ-5-3 东昆仑北缘地球化学亚区
  - Ⅳ-5-4 柴达木盆地化探空白区
- Ⅳ-6 木孜塔格-巴颜喀拉地球化学区
  - Ⅳ-6-1 木孜塔格地球化学亚区
  - Ⅳ-6-2 北巴颜喀拉地球化学亚区
  - Ⅳ-6-3 南巴颜喀拉地球化学亚区
- Ⅳ-7 西昆仑地球化学区
  - Ⅳ-7-1 塔什库尔干地球化学亚区
  - Ⅳ-7-2 铁克里克北缘地球化学亚区
  - Ⅳ-7-3 西昆仑东段地球化学亚区
- Ⅳ-8 麻扎达坂-甜水海地球化学区
  - Ⅳ-8-1 麻扎达坂地球化学亚区
  - Ⅳ-8-2 甜水海地球化学亚区
  - Ⅳ-8-3 玉龙喀什河地球化学亚区
- Ⅳ-9 青南三江地球化学区
  - Ⅳ-9-1 西金乌兰-玉树地球化学亚区
  - Ⅳ-9-2 唐古拉-囊谦地球化学亚区
  - Ⅳ-9-3 赤布张错-格拉丹东地球化学亚区

1. 资料来源：汇总西北五省区已调平过的数据作为本次成图的基本数据，数据时间为1978—2008年之间，数据精度包括1:20万和1:50万两种比例尺。
2. 数据处理和成图方法：①采用4km×4km网格距、16km搜索半径，采用指数加权方法对数据进行网格化处理。②在网格数据基础上，利用GeoExpl软件的等值线生成模块，生成地球化学等值线和等值点。地球化学图的色阶划分采用累积频率的方式，数据共分为19级，初始分级频率间隔为：0.5%、1.2%、2%、3%、4.5%、8%、15%、25%、40%、60%、75%、85%、92%、95.5%、97%、98%、98.8%、99.5%、100%。
3. 投影参数：北京54坐标，兰勃特等角圆锥投影坐标系，投影中央子午线经度 93°00′ 投影原点纬度 32°00′，第一标准纬线 32°00′，第二标准纬线 48°00′。
4. 地理内容：引自中国地质调查局发展研究中心统一下发地理底图，对部分内容进行了简化调整。

1:10 000 000

钡元素地球化学图

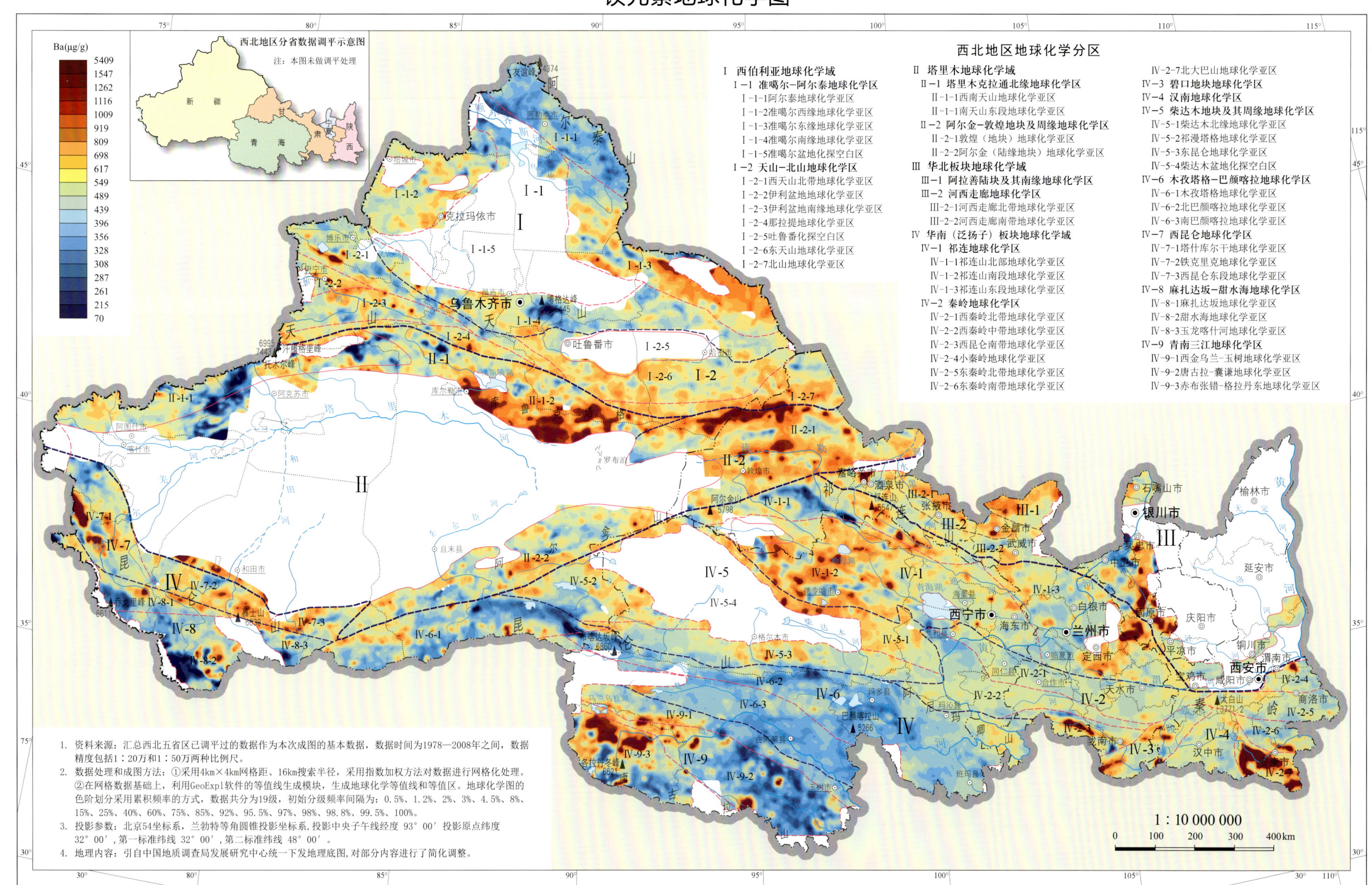

镉元素地球化学图

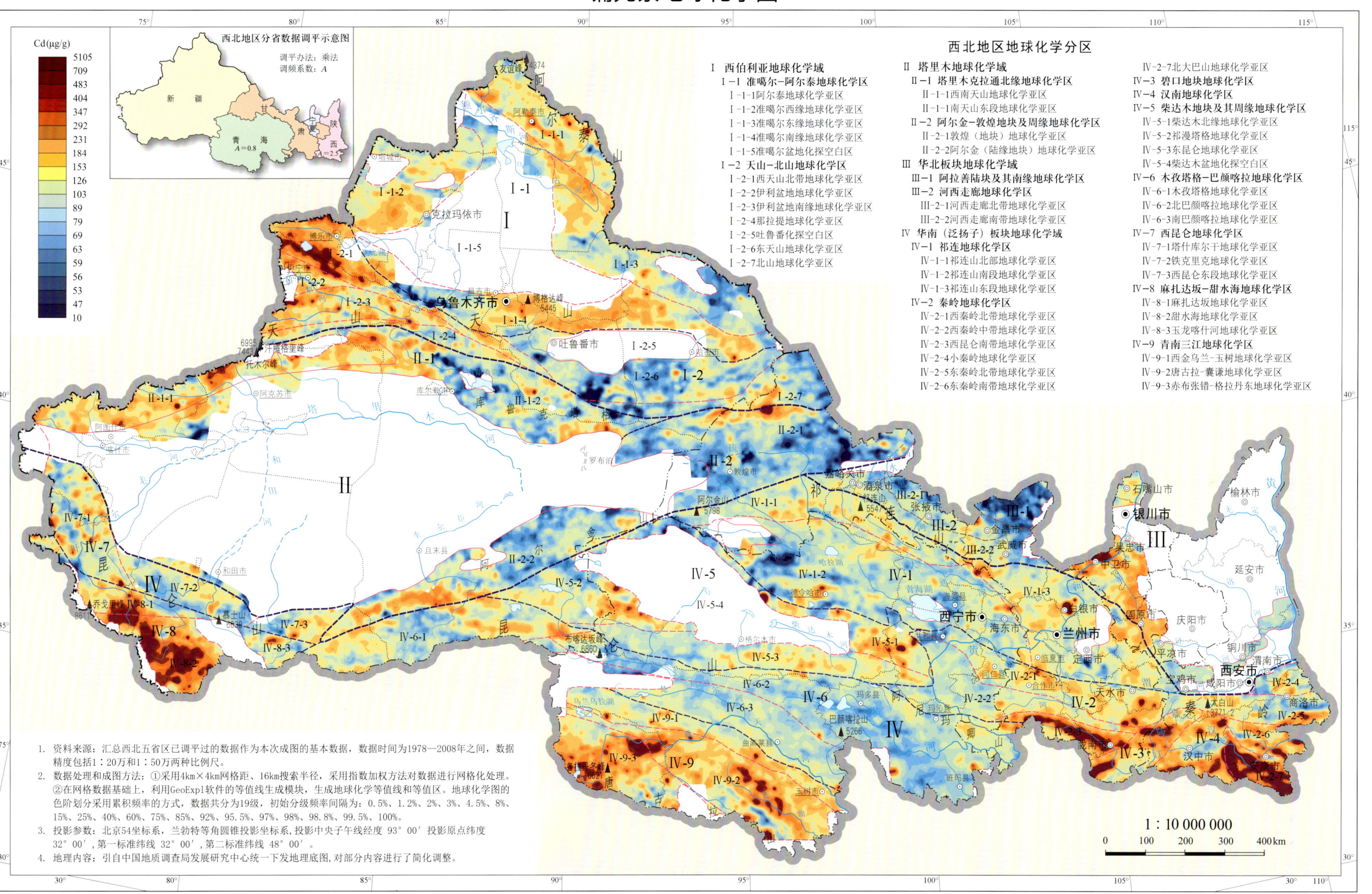

Cd (μg/g): 5105, 709, 483, 404, 347, 292, 231, 184, 153, 126, 103, 89, 79, 69, 63, 59, 56, 53, 47, 10

西北地区分省数据调平示意图
调平办法：乘法
调频系数：A

西北地区地球化学分区

I 西伯利亚地球化学域
- I-1 准噶尔-阿尔泰地球化学区
  - I-1-1 阿尔泰地球化学亚区
  - I-1-2 准噶尔西缘地球化学亚区
  - I-1-3 准噶尔东缘地球化学亚区
  - I-1-4 准噶尔南缘地球化学亚区
  - I-1-5 准噶尔盆地地球化探空白区
- I-2 天山-北山地球化学区
  - I-2-1 西天山北带地球化学亚区
  - I-2-2 伊利盆地地球化学亚区
  - I-2-3 准噶尔南缘地球化学亚区
  - I-2-4 那拉提地球化学亚区
  - I-2-5 吐鲁番地球化探空白区
  - I-2-6 东天山地球化学亚区
  - I-2-7 北山地球化学亚区

II 塔里木地球化学域
- II-1 塔里木克拉通北缘地球化学区
  - II-1-1 西南天山地球化学亚区
  - II-1-2 南天山东段地球化学亚区
- II-2 阿尔金-敦煌地块及周缘地球化学区
  - II-2-1 敦煌（地块）地球化学亚区
  - II-2-2 阿尔金（陆缘地块）地球化学亚区

III 华北板块地球化学域
- III-1 阿拉善陆块及其南缘地球化学区
- III-2 河西走廊地球化学区
  - III-2-1 河西走廊北带地球化学亚区
  - III-2-2 河西走廊南带地球化学亚区

IV 华南（泛扬子）板块地球化学域
- IV-1 祁连地球化学区
  - IV-1-1 祁连山北部地球化学亚区
  - IV-1-2 祁连山南段地球化学亚区
  - IV-1-3 祁连山东段地球化学亚区
- IV-2 秦岭地球化学区
  - IV-2-1 西秦岭北带地球化学亚区
  - IV-2-2 西秦岭中带地球化学亚区
  - IV-2-3 西昆仑南带地球化学亚区
  - IV-2-4 小秦岭地球化学亚区
  - IV-2-5 东秦岭北带地球化学亚区
  - IV-2-6 东秦岭南带地球化学亚区
  - IV-2-7 北大巴山地球化学亚区
- IV-3 碧口地块地球化学区
- IV-4 汉南地球化学区
- IV-5 柴达木地块及其周缘地球化学区
  - IV-5-1 柴达木北缘地球化学亚区
  - IV-5-2 祁漫塔格地球化学亚区
  - IV-5-3 东昆仑地球化学亚区
  - IV-5-4 柴达木盆地地球化探空白区
- IV-6 木孜塔格-巴颜喀拉地球化学区
  - IV-6-1 木孜塔格地球化学亚区
  - IV-6-2 北巴颜喀拉地球化学亚区
  - IV-6-3 南巴颜喀拉地球化学亚区
- IV-7 西昆仑地球化学区
  - IV-7-1 喀什库尔干地球化学亚区
  - IV-7-2 铁克里克地块地球化学亚区
  - IV-7-3 西昆仑东段地球化学亚区
- IV-8 麻扎达坂-甜水海地球化学区
  - IV-8-1 麻扎达坂地球化学亚区
  - IV-8-2 甜水海地球化学亚区
  - IV-8-3 玉龙喀什河地球化学亚区
- IV-9 青海三江地球化学区
  - IV-9-1 西金乌兰-玉树地球化学亚区
  - IV-9-2 唐古拉-囊谦地球化学亚区
  - IV-9-3 赤布张错-格拉丹东地球化学亚区

1. 资料来源：汇总西北五省区已调平过的数据作为本次成图的基本数据，数据时间为1978—2008年之间，数据精度包括1:20万和1:50万两种比例尺。
2. 数据处理和成图方法：①采用4km×4km网格距、16km搜索半径，采用指数加权方法对数据进行网格化处理。②在网格数据基础上，利用GeoExpl软件的等值线生成模块，生成地球化学等值线和等值点。地球化学图的色阶划分采用累积频率的方式，数据共分为19级，初始分级频率间隔为：0.5%、1.2%、2%、3%、4.5%、8%、15%、25%、40%、60%、75%、85%、92%、95%、97%、98%、98.8%、99.5%、100%。
3. 投影参数：北京54坐标系，兰勃特等角圆锥投影坐标系，投影中央子午线经度 93°00′ 投影原点纬度 32°00′，第一标准纬线 32°00′，第二标准纬线 48°00′。
4. 地理内容：引自中国地质调查局发展研究中心统一下发地理底图，对部分内容进行了简化调整。

1:10 000 000

硼元素地球化学图

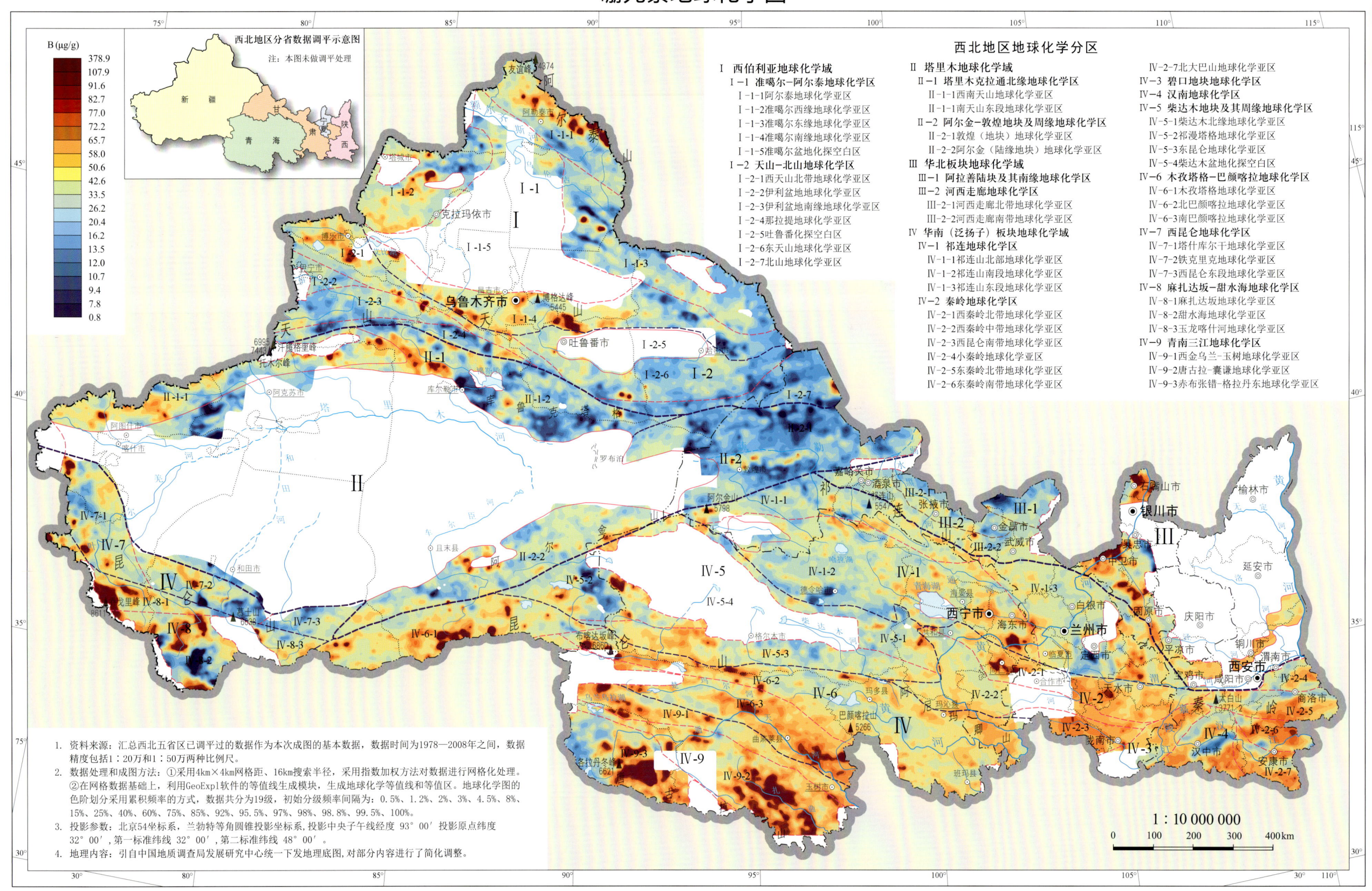

氟元素地球化学图

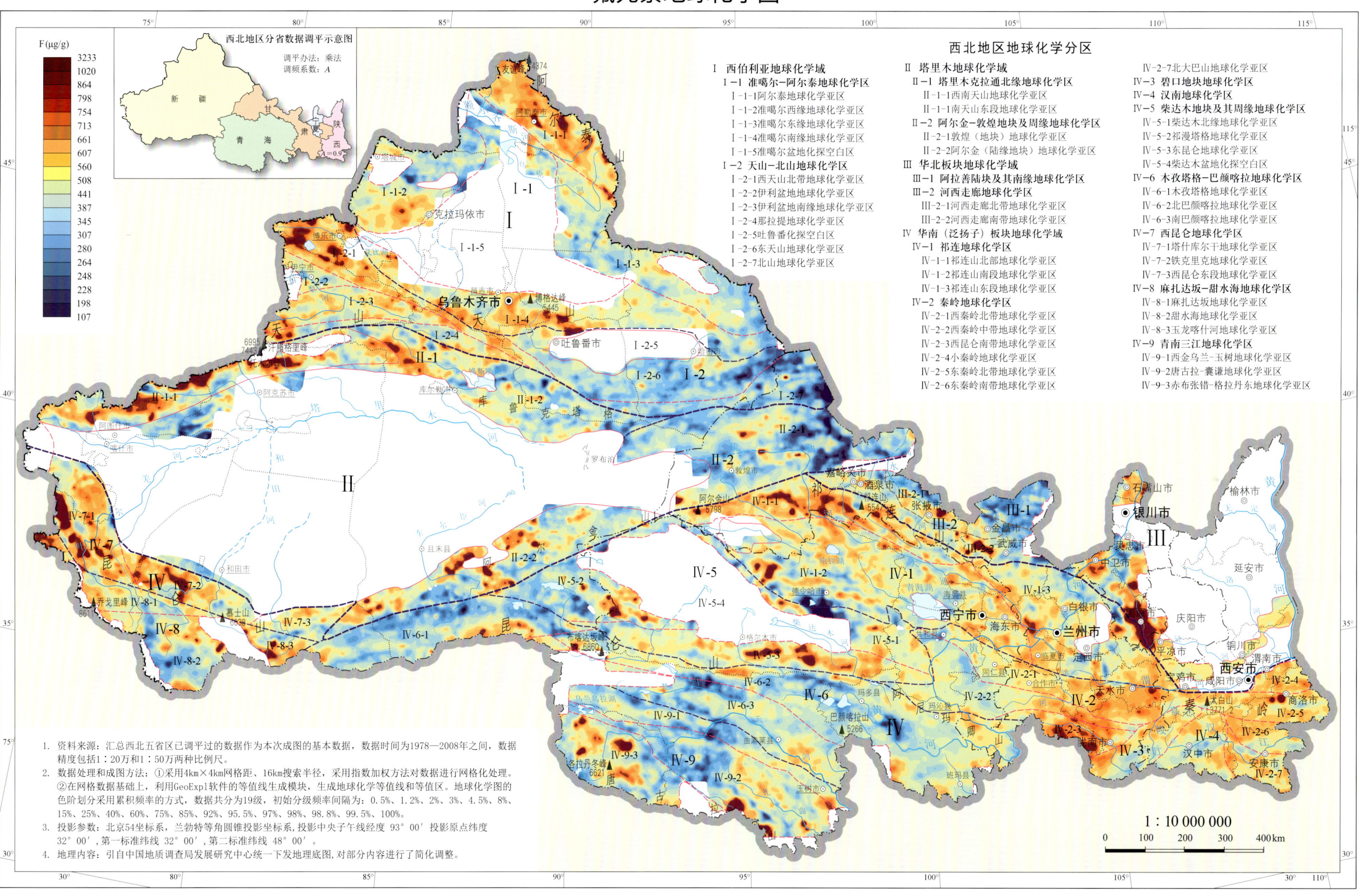

F (μg/g)
3233 / 1020 / 864 / 798 / 754 / 713 / 661 / 607 / 560 / 508 / 441 / 387 / 345 / 307 / 280 / 264 / 248 / 228 / 198 / 107

西北地区分省数据调平示意图
调平办法：乘法
调频系数：A

西北地区地球化学分区

Ⅰ 西伯利亚地球化学域
- Ⅰ-1 准噶尔-阿尔泰地球化学区
  - Ⅰ-1-1 阿尔泰地球化学亚区
  - Ⅰ-1-2 准噶尔西缘地球化学亚区
  - Ⅰ-1-3 准噶尔东缘地球化学亚区
  - Ⅰ-1-4 准噶尔南缘地球化学亚区
  - Ⅰ-1-5 准噶尔盆地化探空白区
- Ⅰ-2 天山-北山地球化学区
  - Ⅰ-2-1 西天山北带地球化学亚区
  - Ⅰ-2-2 伊犁盆地地球化学亚区
  - Ⅰ-2-3 南天山南缘地球化学亚区
  - Ⅰ-2-4 那拉提地球化学亚区
  - Ⅰ-2-5 吐鲁番化探空白区
  - Ⅰ-2-6 东天山地球化学亚区
  - Ⅰ-2-7 北山地球化学亚区

Ⅱ 塔里木地球化学域
- Ⅱ-1 塔里木克拉通北缘地球化学区
  - Ⅱ-1-1 西南天山地球化学亚区
  - Ⅱ-1-1 南天山东段地球化学亚区
- Ⅱ-2 阿尔金-敦煌陆块及周缘地球化学区
  - Ⅱ-2-1 敦煌（地块）地球化学亚区
  - Ⅱ-2-2 阿尔金（陆缘地块）地球化学亚区

Ⅲ 华北板块地球化学域
- Ⅲ-1 阿拉善陆块及其南缘地球化学区
- Ⅲ-2 河西走廊地球化学区
  - Ⅲ-2-1 河西走廊北带地球化学亚区
  - Ⅲ-2-2 河西走廊南带地球化学亚区

Ⅳ 华南（泛扬子）板块地球化学域
- Ⅳ-1 祁连地球化学区
  - Ⅳ-1-1 祁连山北部地球化学亚区
  - Ⅳ-1-2 祁连山南段地球化学亚区
  - Ⅳ-1-3 祁连山东段地球化学亚区
- Ⅳ-2 秦岭地球化学区
  - Ⅳ-2-1 西秦岭北带地球化学亚区
  - Ⅳ-2-2 西秦岭中带地球化学亚区
  - Ⅳ-2-3 西昆仑南带地球化学亚区
  - Ⅳ-2-4 小秦岭地球化学亚区
  - Ⅳ-2-5 东秦岭北带地球化学亚区
  - Ⅳ-2-6 东秦岭南带地球化学亚区
  - Ⅳ-2-7 北大巴山地球化学亚区
- Ⅳ-3 碧口地块地球化学区
- Ⅳ-4 汉南地球化学区
- Ⅳ-5 柴达木地块及其周缘地球化学区
  - Ⅳ-5-1 柴达木北缘地球化学亚区
  - Ⅳ-5-2 西昆仑地球化学亚区
  - Ⅳ-5-3 东昆仑地球化学亚区
  - Ⅳ-5-4 柴达木盆地化探空白区
- Ⅳ-6 木孜塔格-巴颜喀拉地球化学区
  - Ⅳ-6-1 木孜塔格地球化学亚区
  - Ⅳ-6-2 北巴颜喀拉地球化学亚区
  - Ⅳ-6-3 南巴颜喀拉地球化学亚区
- Ⅳ-7 西昆仑地球化学区
  - Ⅳ-7-1 塔什库尔干地球化学亚区
  - Ⅳ-7-2 铁克里克地球化学亚区
  - Ⅳ-7-3 西昆仑东段地球化学亚区
- Ⅳ-8 麻扎达坂-甜水海地球化学区
  - Ⅳ-8-1 麻扎达坂地球化学亚区
  - Ⅳ-8-2 甜水海地球化学亚区
  - Ⅳ-8-3 玉龙喀什河地球化学亚区
- Ⅳ-9 青南三江地球化学区
  - Ⅳ-9-1 西金乌兰-玉树地球化学亚区
  - Ⅳ-9-2 唐古拉-囊谦地球化学亚区
  - Ⅳ-9-3 赤布张错-格拉丹东地球化学亚区

1. 资料来源：汇总西北五省区已调平过的数据作为本次成图的基本数据，数据时间为1978—2008年之间，数据精度包括1:20万和1:50万两种比例尺。
2. 数据处理和成图方法：①采用4km×4km网格距、16km搜索半径，采用指数加权方法对数据进行网格化处理。②在网格数据基础上，利用GeoExpl软件的等值线生成模块，生成地球化学等值线和等值区。地球化学图的色阶划分采用累积频率的方式，数据共分为19级，初始分级频率间隔为：0.5%、1.2%、2%、3%、4.5%、8%、15%、25%、40%、60%、75%、85%、92%、95%、97%、98%、99%、99.5%、100%。
3. 投影参数：北京54坐标系，兰勃特等角圆锥投影坐标系，投影中央子午线经度 93°00′ 投影原点纬度 32°00′，第一标准纬线 32°00′，第二标准纬线 48°00′。
4. 地理内容：引自中国地质调查局发展研究中心统一下发地理底图，对部分内容进行了简化调整。

1:10 000 000

磷元素地球化学图

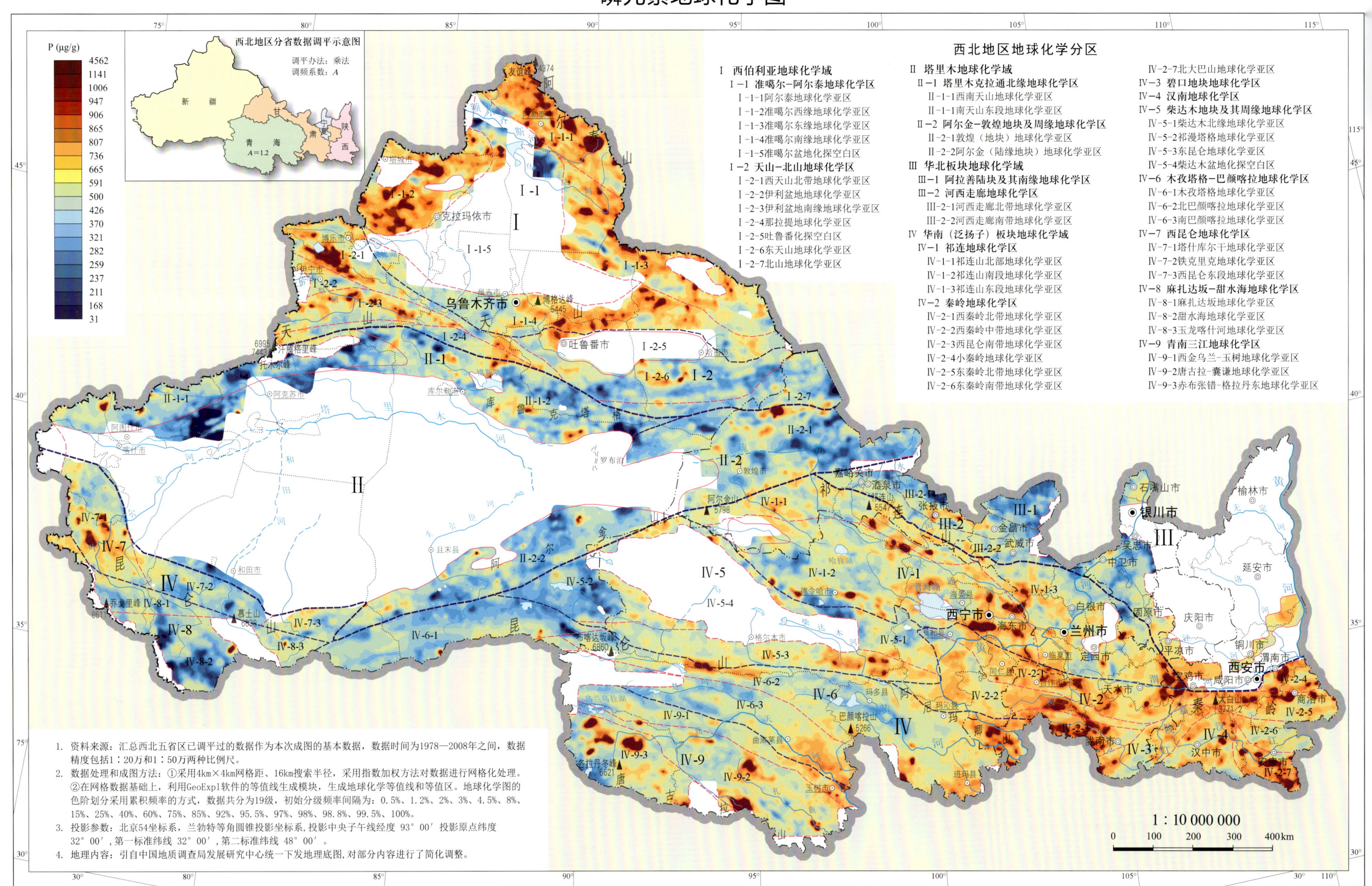

氧化钙地球化学图

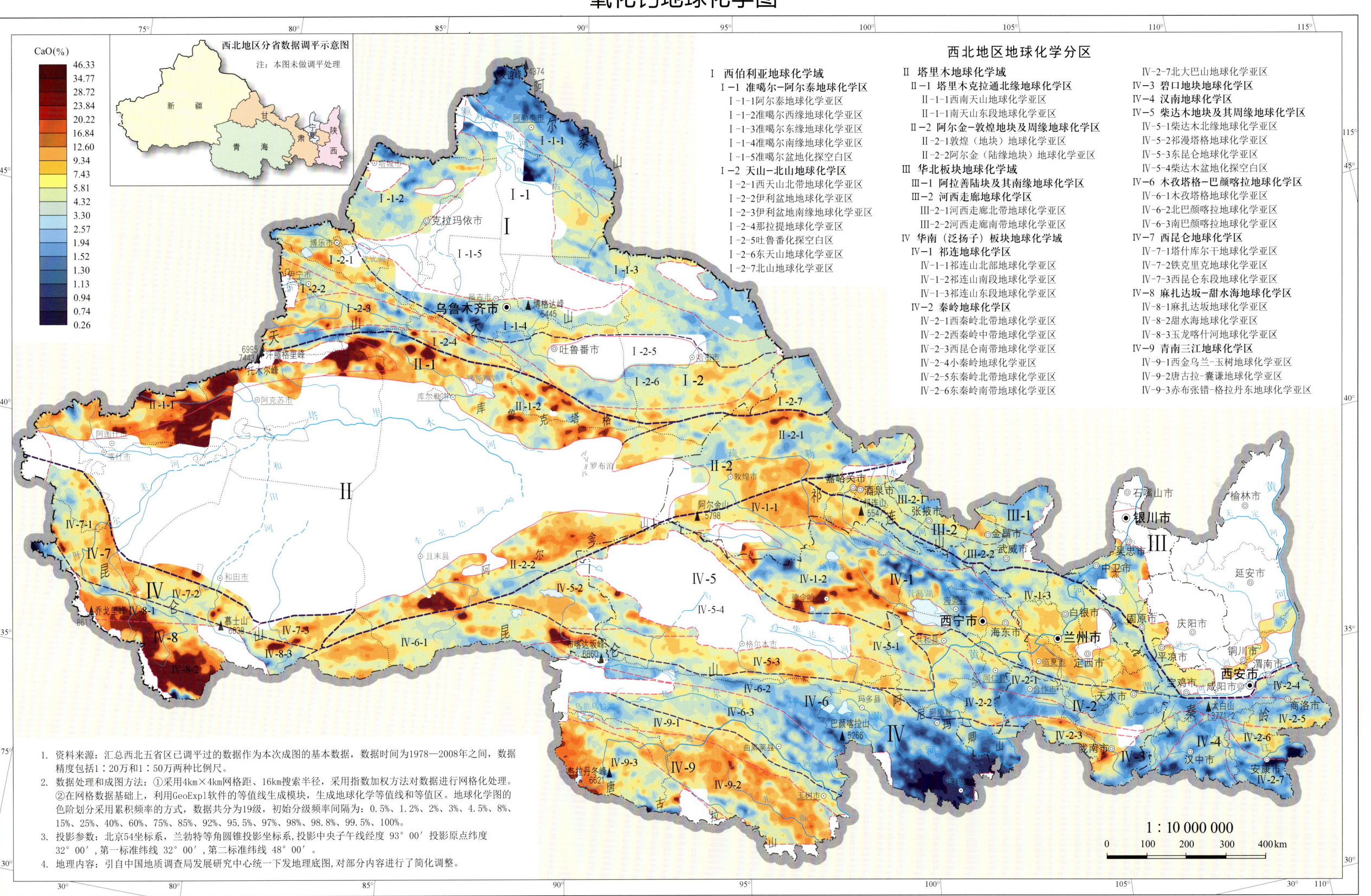

西北地区地球化学分区

I 西伯利亚地球化学域
- I-1 准噶尔-阿尔泰地球化学区
  - I-1-1 阿尔泰地球化学亚区
  - I-1-2 准噶尔西缘地球化学亚区
  - I-1-3 准噶尔东缘地球化学亚区
  - I-1-4 准噶尔南缘地球化学亚区
  - I-1-5 准噶尔盆地化探空白区
- I-2 天山-北山地球化学区
  - I-2-1 西天山北带地球化学亚区
  - I-2-2 伊犁盆地地球化学亚区
  - I-2-3 伊犁盆地南缘地球化学亚区
  - I-2-4 那拉提地球化学亚区
  - I-2-5 吐鲁番化探空白区
  - I-2-6 东天山地球化学亚区
  - I-2-7 北山地球化学亚区

II 塔里木地球化学域
- II-1 塔里木克拉通北缘地球化学区
  - II-1-1 西南天山地球化学亚区
  - II-1-1 南天山东段地球化学亚区
- II-2 阿尔金-敦煌地块及其周缘地球化学区
  - II-2-1 敦煌（地块）地球化学亚区
  - II-2-2 阿尔金（陆缘地块）地球化学亚区

III 华北板块地球化学域
- III-1 阿拉善陆块及其南缘地球化学区
- III-2 河西走廊地球化学区
  - III-2-1 河西走廊北带地球化学亚区
  - III-2-2 河西走廊南带地球化学亚区

IV 华南（泛扬子）板块地球化学域
- IV-1 祁连地球化学区
  - IV-1-1 祁连山北部地球化学亚区
  - IV-1-2 祁连山南段地球化学亚区
  - IV-1-3 祁连山东段地球化学亚区
- IV-2 秦岭地球化学区
  - IV-2-1 西秦岭北带地球化学亚区
  - IV-2-2 西秦岭中带地球化学亚区
  - IV-2-3 西昆仑南带地球化学亚区
  - IV-2-4 小秦岭地球化学亚区
  - IV-2-5 东秦岭北带地球化学亚区
  - IV-2-6 东秦岭南带地球化学亚区
  - IV-2-7 北大巴山地球化学亚区
- IV-3 碧口地块地球化学区
- IV-4 汉南地球化学区
- IV-5 柴达木地块及其周缘地球化学区
  - IV-5-1 柴达木北缘地球化学亚区
  - IV-5-2 祁漫塔格地球化学亚区
  - IV-5-3 东昆仑地块地球化学亚区
  - IV-5-4 柴达木盆地化探空白区
- IV-6 木孜塔格-巴颜喀拉地球化学区
  - IV-6-1 木孜塔格-巴颜喀拉地球化学亚区
  - IV-6-2 北巴颜喀拉地球化学亚区
  - IV-6-3 南巴颜喀拉地球化学亚区
- IV-7 西昆仑地球化学区
  - IV-7-1 塔什库尔干地球化学亚区
  - IV-7-2 铁克里克东段地球化学亚区
  - IV-7-3 西昆仑东段地球化学亚区
- IV-8 麻扎达坂-甜水海地球化学区
  - IV-8-1 麻扎达坂地球化学亚区
  - IV-8-2 甜水海地球化学亚区
  - IV-8-3 玉龙喀什河地球化学亚区
- IV-9 青南三江地球化学区
  - IV-9-1 西金乌兰-玉树地球化学亚区
  - IV-9-2 唐古拉-囊谦地球化学亚区
  - IV-9-3 赤布张错-格拉丹东地球化学亚区

CaO(%)
46.33 / 34.77 / 28.72 / 23.84 / 20.22 / 16.84 / 12.60 / 9.34 / 7.43 / 5.81 / 4.32 / 3.30 / 2.57 / 1.94 / 1.52 / 1.30 / 1.13 / 0.94 / 0.74 / 0.26

1. 资料来源：汇总西北五省区已调平过的数据作为本次成图的基本数据，数据时间为1978—2008年之间，数据精度包括1:20万和1:50万两种比例尺。
2. 数据处理和成图方法：①采用4km×4km网格距、16km搜索半径，采用指数加权方法对数据进行网格化处理。②在网格数据基础上，利用GeoExpl软件的等值线生成模块，生成地球化学等值线和等值区。地球化学图的色阶划分采用累积频率的方式，数据共分为19级，初始分级频率间隔为：0.5%、1.2%、2%、3%、4.5%、8%、15%、25%、40%、60%、75%、85%、92%、95%、98%、98.8%、99.5%、100%。
3. 投影参数：北京54坐标系，兰勃特等角圆锥投影坐标系，投影中央子午线经度93°00′投影原点纬度32°00′，第一标准纬线32°00′，第二标准纬线48°00′。
4. 地理内容：引自中国地质调查局发展研究中心统一下发地底图，对部分内容进行了简化调整。

1:10 000 000

氧化镁地球化学图

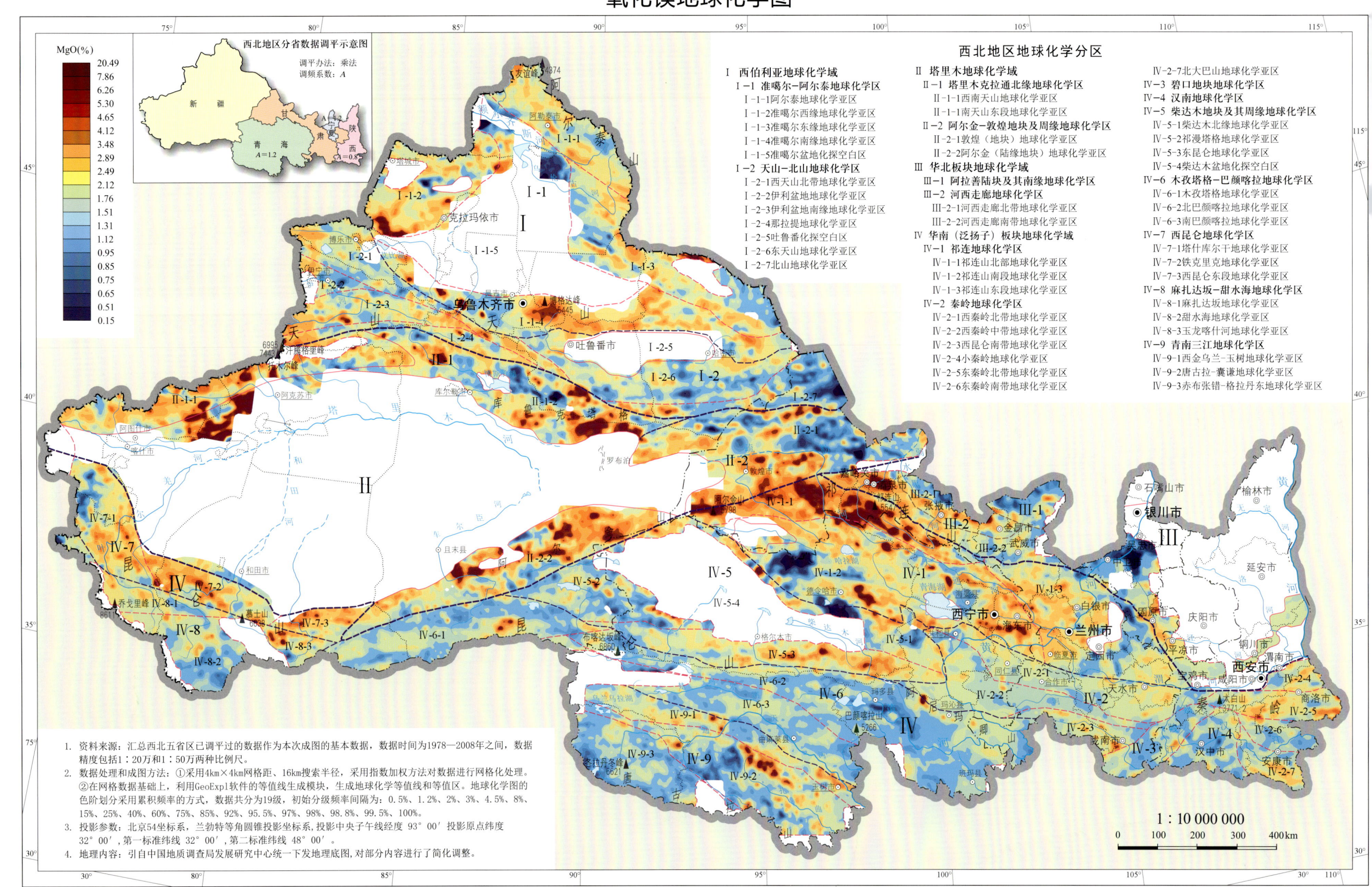

西北地区地球化学分区

I 西伯利亚地球化学域
  I-1 准噶尔-阿尔泰地球化学区
   I-1-1 阿尔泰地球化学亚区
   I-1-2 准噶尔西缘地球化学亚区
   I-1-3 准噶尔东缘地球化学亚区
   I-1-4 准噶尔南缘地球化学亚区
   I-1-5 准噶尔盆地化探空白区
  I-2 天山-北山地球化学区
   I-2-1 西天山北带地球化学亚区
   I-2-2 伊犁盆地地球化学亚区
   I-2-3 伊犁南缘地球化学亚区
   I-2-4 那拉提地球化学亚区
   I-2-5 吐鲁番化探空白区
   I-2-6 东天山地球化学亚区
   I-2-7 北山地球化学亚区

II 塔里木地球化学域
  II-1 塔里木克拉通北缘地球化学区
   II-1-1 西南天山地球化学亚区
   II-1-1 南天山东段地球化学亚区
  II-2 阿尔金-敦煌地块及周缘地球化学区
   II-2-1 敦煌（地块）地球化学亚区
   II-2-2 阿尔金（陆缘地块）地球化学亚区

III 华北板块地球化学域
  III-1 阿拉善陆块及其南缘地球化学区
  III-2 河西走廊地球化学区
   III-2-1 河西走廊北带地球化学亚区
   III-2-2 河西走廊南带地球化学亚区

IV 华南（泛扬子）板块地球化学域
  IV-1 祁连地球化学区
   IV-1-1 祁连山北部地球化学亚区
   IV-1-2 祁连山中段地球化学亚区
   IV-1-3 祁连山东段地球化学亚区
  IV-2 秦岭地球化学区
   IV-2-1 西秦岭中带地球化学亚区
   IV-2-2 西秦岭中带地球化学亚区
   IV-2-3 西昆仑南带地球化学亚区
   IV-2-4 小秦岭地球化学亚区
   IV-2-5 东秦岭北带地球化学亚区
   IV-2-6 东秦岭南带地球化学亚区
   IV-2-7 北大巴山地球化学亚区
  IV-3 碧口地块地球化学区
  IV-4 汉南地球化学区
  IV-5 柴达木地块及其周缘地球化学区
   IV-5-1 柴达木北缘地球化学亚区
   IV-5-2 祁漫塔格地球化学亚区
   IV-5-3 东昆仑地球化学亚区
   IV-5-4 柴达木盆地化探空白区
  IV-6 木孜塔格-巴颜喀拉地球化学区
   IV-6-1 木孜塔格地球化学亚区
   IV-6-2 北巴颜喀拉地球化学亚区
   IV-6-3 南巴颜喀拉地球化学亚区
  IV-7 西昆仑地球化学区
   IV-7-1 塔什库尔干地球化学亚区
   IV-7-2 铁克里克北带地球化学亚区
   IV-7-3 西昆仑东段地球化学亚区
  IV-8 麻扎达坂-甜水海地球化学区
   IV-8-1 麻扎达坂地球化学亚区
   IV-8-2 甜水海地球化学亚区
   IV-8-3 玉龙喀什河地球化学亚区
  IV-9 青南三江地球化学区
   IV-9-1 西金乌兰-玉树地球化学亚区
   IV-9-2 唐古拉-囊谦地球化学亚区
   IV-9-3 赤布张错-格拉丹东地球化学亚区

1. 资料来源：汇总西北五省区已调平过的数据作为本次成图的基本数据，数据时间为1978—2008年之间，数据精度包括1:20万和1:50万两种比例尺。
2. 数据处理和成图方法：①采用4km×4km网格距、16km搜索半径，采用指数加权方法对数据进行网格化处理。②在网格数据基础上，利用GeoExpl软件的等值线生成模块，生成地球化学等值线和等值区。地球化学图的色阶划分采用累积频率的方式，数据共分为19级，初始分级频率间隔为：0.5%、1.2%、2%、3%、4.5%、8%、15%、25%、40%、60%、75%、85%、92%、95%、97%、98%、98.8%、99.5%、100%。
3. 投影参数：北京54坐标系，兰勃特等角圆锥投影坐标系，投影中央子午线经度93°00′，投影原点纬度32°00′，第一标准纬线32°00′，第二标准纬线48°00′。
4. 地理内容：引自中国地质调查局发展研究中心统一下发地理底图，对部分内容进行了简化调整。

1 : 10 000 000

三氧化二铝地球化学图

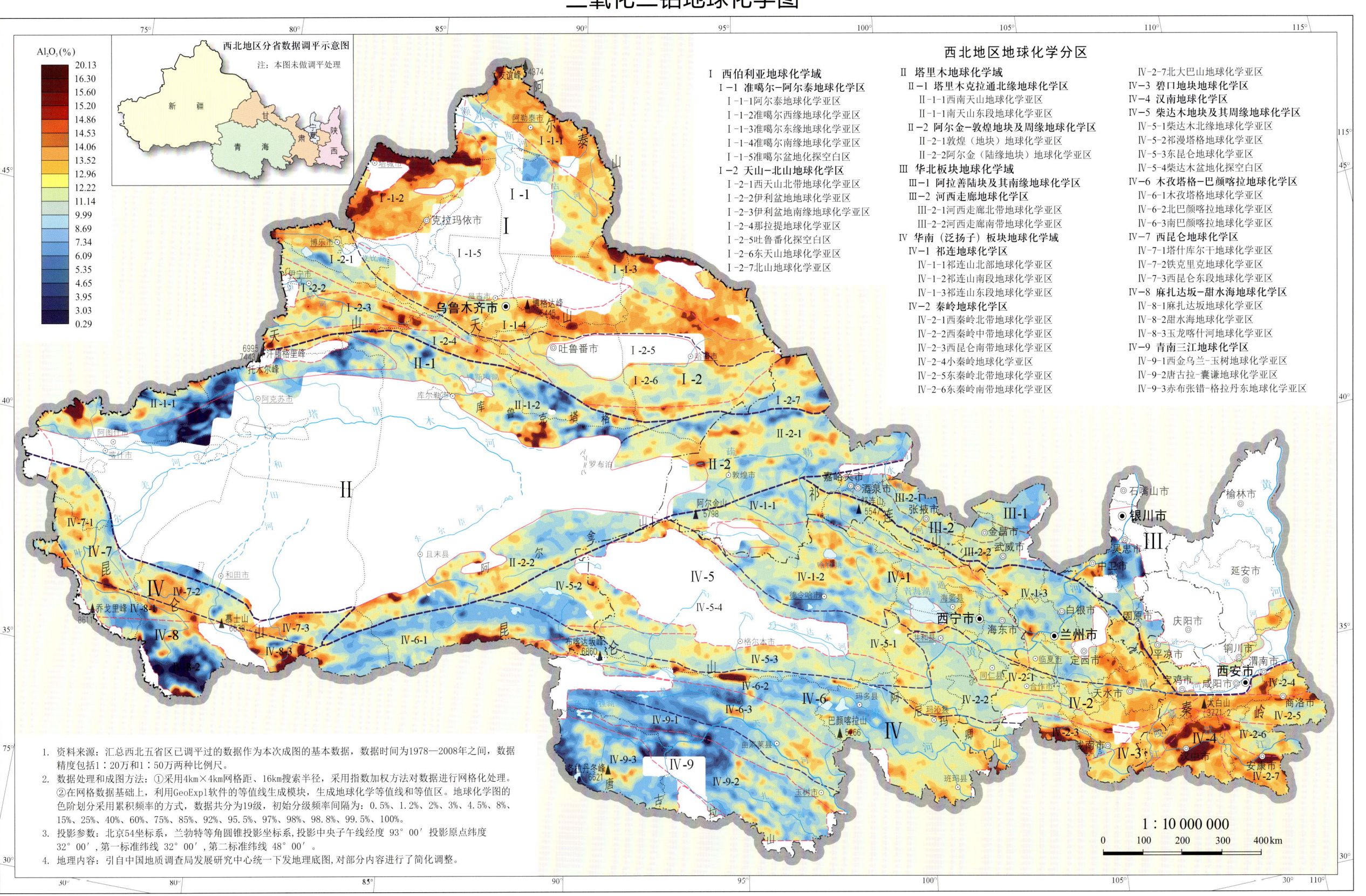

西北地区地球化学分区

Ⅰ 西伯利亚地球化学域
- Ⅰ-1 准噶尔－阿尔泰地球化学区
  - Ⅰ-1-1 阿尔泰地球化学亚区
  - Ⅰ-1-2 准噶尔西缘地球化学亚区
  - Ⅰ-1-3 准噶尔东缘地球化学亚区
  - Ⅰ-1-4 准噶尔南缘地球化学亚区
  - Ⅰ-1-5 准噶尔盆地化探空白区
- Ⅰ-2 天山－北山地球化学区
  - Ⅰ-2-1 西天山北带地球化学亚区
  - Ⅰ-2-2 伊犁盆地地球化学亚区
  - Ⅰ-2-3 伊犁盆地南缘地球化学亚区
  - Ⅰ-2-4 那拉提地球化学亚区
  - Ⅰ-2-5 吐鲁番化探空白区
  - Ⅰ-2-6 东天山地球化学亚区
  - Ⅰ-2-7 北山地球化学亚区

Ⅱ 塔里木地球化学域
- Ⅱ-1 塔里木克拉通北缘地球化学区
  - Ⅱ-1-1 西南天山地球化学亚区
  - Ⅱ-1-1 南天山东段地球化学亚区
- Ⅱ-2 阿尔金－敦煌地块及周缘地球化学区
  - Ⅱ-2-1 敦煌（地块）地球化学亚区
  - Ⅱ-2-2 阿尔金（陆缘地块）地球化学亚区

Ⅲ 华北板块地球化学域
- Ⅲ-1 阿拉善陆块及其南缘地球化学区
- Ⅲ-2 河西走廊地球化学区
  - Ⅲ-2-1 河西走廊北带地球化学亚区
  - Ⅲ-2-2 河西走廊南带地球化学亚区

Ⅳ 华南（泛扬子）板块地球化学域
- Ⅳ-1 祁连地球化学区
  - Ⅳ-1-1 祁连山北部地球化学亚区
  - Ⅳ-1-2 祁连山中段地球化学亚区
  - Ⅳ-1-3 祁连山东段地球化学亚区
- Ⅳ-2 秦岭地球化学区
  - Ⅳ-2-1 西秦岭北带地球化学亚区
  - Ⅳ-2-2 西秦岭中带地球化学亚区
  - Ⅳ-2-3 西昆仑南带地球化学亚区
  - Ⅳ-2-4 小秦岭地球化学亚区
  - Ⅳ-2-5 东秦岭北带地球化学亚区
  - Ⅳ-2-6 东秦岭南带地球化学亚区
  - Ⅳ-2-7 北大巴山地球化学亚区
- Ⅳ-3 碧口地块地球化学区
- Ⅳ-4 汉南地球化学区
- Ⅳ-5 柴达木地块及其周缘地球化学区
  - Ⅳ-5-1 柴达木北缘地球化学亚区
  - Ⅳ-5-2 祁漫塔格地球化学亚区
  - Ⅳ-5-3 东昆仑地球化学亚区
  - Ⅳ-5-4 柴达木盆地化探空白区
- Ⅳ-6 木孜塔格－巴颜喀拉地球化学区
  - Ⅳ-6-1 木孜塔格地球化学亚区
  - Ⅳ-6-2 北巴颜喀拉地球化学亚区
  - Ⅳ-6-3 南巴颜喀拉地球化学亚区
- Ⅳ-7 西昆仑地球化学区
  - Ⅳ-7-1 塔什库尔干地球化学亚区
  - Ⅳ-7-2 铁克里克北缘地球化学亚区
  - Ⅳ-7-3 西昆仑东段地球化学亚区
- Ⅳ-8 麻扎达坂－甜水海地球化学区
  - Ⅳ-8-1 麻扎达坂地球化学亚区
  - Ⅳ-8-2 甜水海地球化学亚区
  - Ⅳ-8-3 玉龙喀什河地球化学亚区
- Ⅳ-9 青南三江地球化学区
  - Ⅳ-9-1 西金乌兰－玉树地球化学亚区
  - Ⅳ-9-2 唐古拉－囊谦地球化学亚区
  - Ⅳ-9-3 赤布张错－格拉丹东地球化学亚区

Al_2O_3 (%)

20.13, 16.30, 15.60, 15.20, 14.86, 14.53, 14.06, 13.52, 12.96, 12.22, 11.14, 9.99, 8.69, 7.34, 6.09, 5.35, 4.65, 3.95, 3.03, 0.29

1. 资料来源：汇总西北五省区已调平过的数据作为本次成图的基本数据，数据时间为1978—2008年之间，数据精度包括1:20万和1:50万两种比例尺。
2. 数据处理和成图方法：①采用4km×4km网格距、16km搜索半径，采用指数加权方法对数据进行网格化处理。②在网格数据基础上，利用GeoExpl软件的等值线生成模块，生成地球化学等值线和等值区。地球化学图的色阶划分采用累积频率的方式，数据共分为19级，初始分级频率间隔为：0.5%、1.2%、2%、3%、4.5%、8%、15%、25%、40%、60%、75%、85%、92%、95.5%、97%、98%、98.8%、99.5%、100%。
3. 投影参数：北京54坐标系，兰勃特等角圆锥投影坐标系，投影中央子午线经度 93°00′，投影原点纬度 32°00′，第一标准纬线 32°00′，第二标准纬线 48°00′。
4. 地理内容：引自中国地质调查局发展研究中心统一下发地理底图，对部分内容进行了简化调整。

1:10 000 000

二氧化硅地球化学图

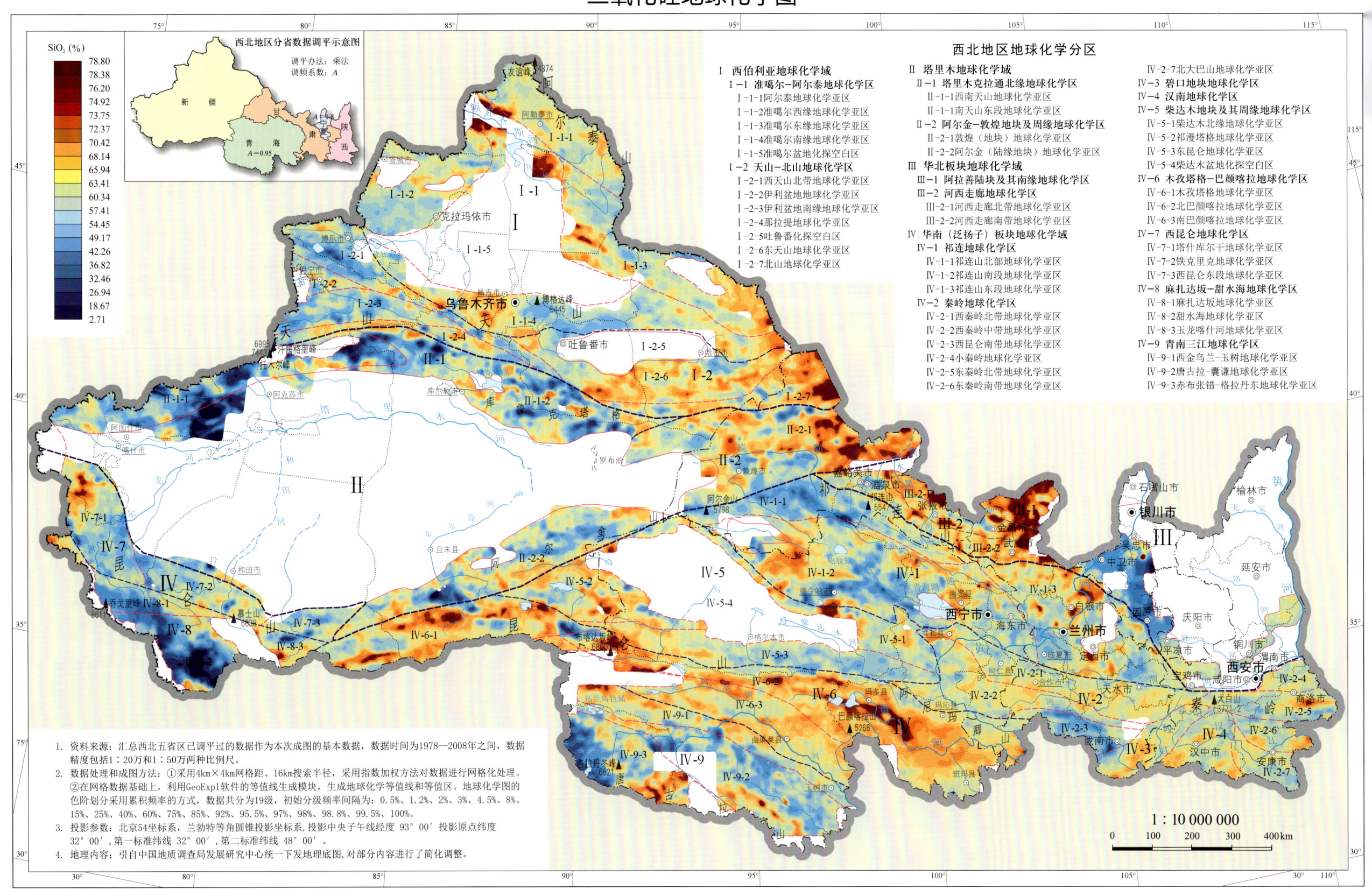

西北地区地球化学分区

I 西伯利亚地球化学域
- I-1 准噶尔-阿尔泰地球化学区
  - I-1-1 阿尔泰地球化学亚区
  - I-1-2 准噶尔西缘地球化学亚区
  - I-1-3 准噶尔东缘地球化学亚区
  - I-1-4 准噶尔南缘地球化学亚区
  - I-1-5 准噶尔盆地探空白区
- I-2 天山-北山地球化学区
  - I-2-1 西天山北带地球化学亚区
  - I-2-2 伊犁盆地地球化学亚区
  - I-2-3 伊犁提地球化学亚区
  - I-2-4 那拉提地球化学亚区
  - I-2-5 吐鲁番化探空白区
  - I-2-6 东天山地球化学亚区
  - I-2-7 北山地球化学亚区

II 塔里木地球化学域
- II-1 塔里木克拉通北缘地球化学区
  - II-1-1 西南天山地球化学亚区
  - II-1-1 南天山东段地球化学亚区
- II-2 阿尔金-敦煌地块及周缘地球化学区
  - II-2-1 敦煌（地块）地球化学亚区
  - II-2-2 阿尔金（陆地块）地球化学亚区

III 华北板块地球化学域
- III-1 阿拉善陆块及其南缘地球化学区
- III-2 河西走廊地球化学区
  - III-2-1 河西走廊北带地球化学亚区
  - III-2-2 河西走廊南带地球化学亚区

IV 华南（泛扬子）板块地球化学域
- IV-1 祁连地球化学区
  - IV-1-1 祁连山北部地球化学亚区
  - IV-1-2 祁连山南段地球化学亚区
  - IV-1-3 祁连山东段地球化学亚区
- IV-2 秦岭地球化学区
  - IV-2-1 西秦岭北带地球化学亚区
  - IV-2-2 西秦岭中带地球化学亚区
  - IV-2-3 西昆仑南带地球化学亚区
  - IV-2-4 小秦岭地球化学亚区
  - IV-2-5 东秦岭北带地球化学亚区
  - IV-2-6 东秦岭南带地球化学亚区
  - IV-2-7 北大巴山地球化学亚区
- IV-3 碧口地块地球化学区
- IV-4 汉南地球化学区
- IV-5 柴达木地块及其周缘地球化学区
  - IV-5-1 柴达木北缘地球化学亚区
  - IV-5-2 祁漫塔格地球化学亚区
  - IV-5-3 东昆仑地球化学亚区
  - IV-5-4 柴达木盆地化探空白区
- IV-6 木孜塔格-巴颜喀拉地球化学区
  - IV-6-1 木孜塔格地球化学亚区
  - IV-6-2 北巴颜喀拉地球化学亚区
  - IV-6-3 南巴颜喀拉地球化学亚区
- IV-7 西昆仑地球化学区
  - IV-7-1 塔什库尔干地球化学亚区
  - IV-7-2 铁克里克地球化学亚区
  - IV-7-3 西昆仑东段地球化学亚区
- IV-8 麻扎达坂-甜水海地球化学区
  - IV-8-1 麻扎达坂地球化学亚区
  - IV-8-2 甜水海地球化学亚区
  - IV-8-3 玉龙喀什河地球化学亚区
- IV-9 青南三江地球化学区
  - IV-9-1 西金乌兰-玉树地球化学亚区
  - IV-9-2 唐古拉-囊谦地球化学亚区
  - IV-9-3 赤布张错-格拉丹东地球化学亚区

1. 资料来源：汇总西北五省区已调平过的数据作为本次成图的基本数据，数据时间为1978—2008年之间，数据精度包括1:20万和1:50万两种比例尺。
2. 数据处理和成图方法：①采用4km×4km网格化、16km搜索半径，采用指数加权方法对数据进行网格化处理。②在网格数据基础上，利用GeoExpl软件的等值线生成模块，生成地球化学等值线和等值区。地球化学图的色阶划分采用累积频率的方式，等值共分为19级，初始分级频率间隔为：0.5%、1.2%、2%、3%、4.5%、8%、15%、25%、40%、60%、75%、85%、92%、95%、96.8%、98%、98.8%、99.5%、100%。
3. 投影参数：北京54坐标，兰勃特等角圆锥投影坐标系，投影中央子午线经度 93°00′ 投影原点纬度 32°00′，第一标准纬线 32°00′，第二标准纬线 48°00′。
4. 地理内容：引自中国地质调查局发展研究中心统一下发地理底图，对部分内容进行了简化调整。

1:10 000 000

氧化钾地球化学图

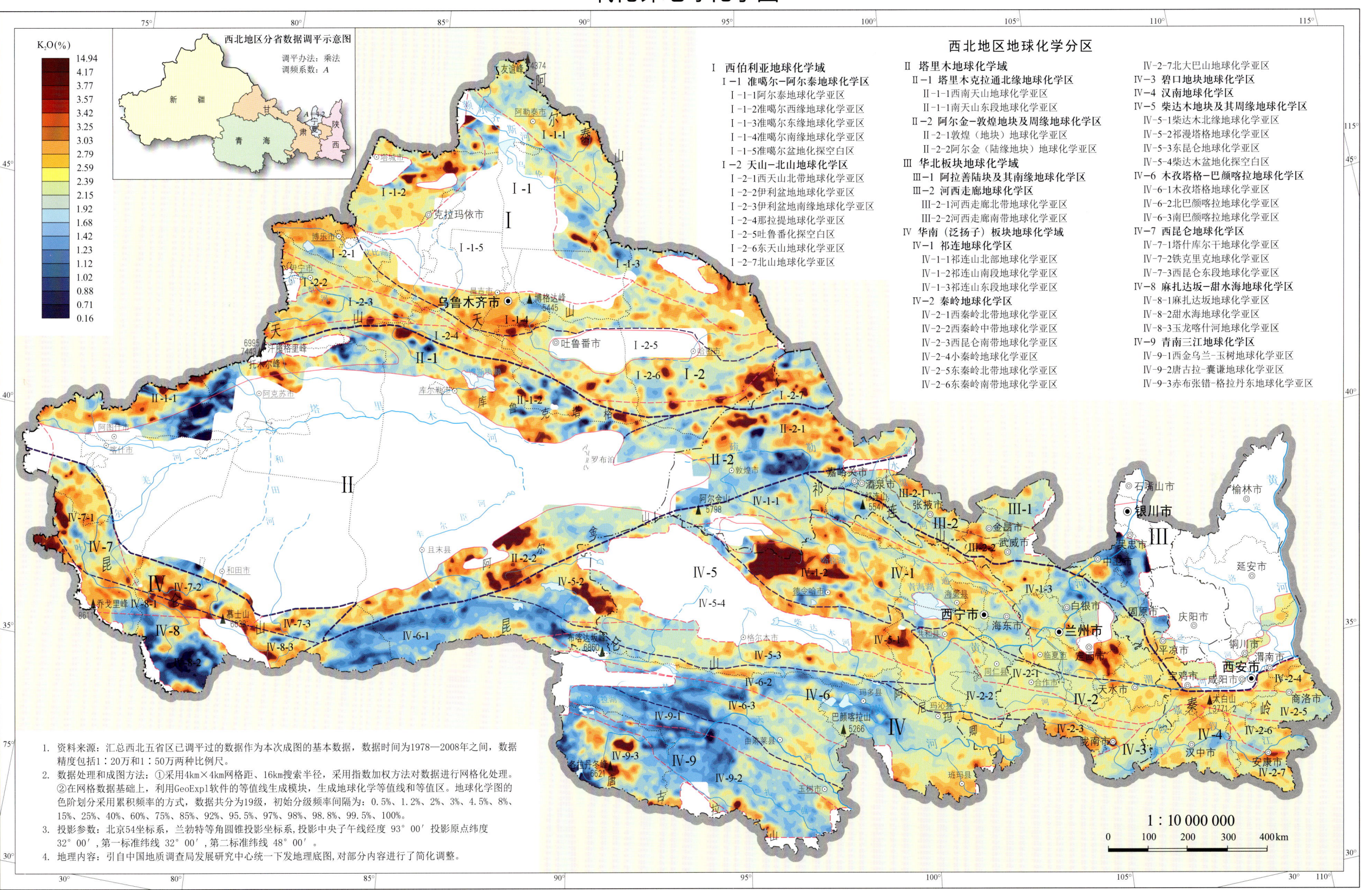

西北地区地球化学分区

I 西伯利亚地球化学域
- I-1 准噶尔-阿尔泰地球化学区
  - I-1-1 阿尔泰地球化学亚区
  - I-1-2 准噶尔西缘地球化学亚区
  - I-1-3 准噶尔东缘地球化学亚区
  - I-1-4 准噶尔南缘地球化学亚区
  - I-1-5 准噶尔盆地化探空白区
- I-2 天山-北山地球化学区
  - I-2-1 西天山北带地球化学亚区
  - I-2-2 伊犁盆地地球化学亚区
  - I-2-3 伊犁盆地南缘地球化学亚区
  - I-2-4 那拉提地球化学亚区
  - I-2-5 吐鲁番化探空白区
  - I-2-6 东天山地球化学亚区
  - I-2-7 北山地球化学亚区

II 塔里木地球化学域
- II-1 塔里木克拉通北缘地球化学区
  - II-1-1 西南天山地球化学亚区
  - II-1-1 南天山东段地球化学亚区
- II-2 阿尔金-敦煌地块及周缘地球化学区
  - II-2-1 敦煌（地块）地球化学亚区
  - II-2-2 阿尔金（陆缘地块）地球化学亚区

III 华北板块地球化学域
- III-1 阿拉善陆块及其南缘地球化学区
- III-2 河西走廊地球化学区
  - III-2-1 河西走廊北带地球化学亚区
  - III-2-2 河西走廊南带地球化学亚区

IV 华南（泛扬子）板块地球化学域
- IV-1 祁连地球化学区
  - IV-1-1 祁连山北部地球化学亚区
  - IV-1-2 祁连山南段地球化学亚区
  - IV-1-3 祁连山东段地球化学亚区
- IV-2 秦岭地球化学区
  - IV-2-1 西秦岭北带地球化学亚区
  - IV-2-2 西秦岭中带地球化学亚区
  - IV-2-3 西昆仑南带地球化学亚区
  - IV-2-4 小秦岭地球化学亚区
  - IV-2-5 东秦岭北带地球化学亚区
  - IV-2-6 东秦岭南带地球化学亚区
  - IV-2-7 北大巴山地球化学亚区
- IV-3 碧口地块地球化学区
- IV-4 汉南地球化学区
- IV-5 柴达木地块及其周缘地球化学区
  - IV-5-1 柴达木北缘地球化学亚区
  - IV-5-2 祁漫塔格地球化学亚区
  - IV-5-3 东昆仑地球化学亚区
  - IV-5-4 柴达木盆地化探空白区
- IV-6 木孜塔格-巴颜喀拉地球化学区
  - IV-6-1 木孜塔格地球化学亚区
  - IV-6-2 北巴颜喀拉地球化学亚区
  - IV-6-3 南巴颜喀拉地球化学亚区
- IV-7 西昆仑地球化学区
  - IV-7-1 塔什库尔干地球化学亚区
  - IV-7-2 铁克里克北坡地球化学亚区
  - IV-7-3 西昆仑东段地球化学亚区
- IV-8 麻扎达坂-甜水海地球化学区
  - IV-8-1 麻扎达坂地球化学亚区
  - IV-8-2 甜水海地球化学亚区
  - IV-8-3 玉龙喀什河地球化学亚区
- IV-9 青南三江地球化学区
  - IV-9-1 西金乌兰-玉树地球化学亚区
  - IV-9-2 唐古拉-囊谦地球化学亚区
  - IV-9-3 赤布张错-格拉丹东地球化学亚区

K_2O (%)

| 14.94 |
| 4.17 |
| 3.77 |
| 3.57 |
| 3.42 |
| 3.25 |
| 3.03 |
| 2.79 |
| 2.59 |
| 2.39 |
| 2.15 |
| 1.92 |
| 1.68 |
| 1.42 |
| 1.23 |
| 1.12 |
| 1.02 |
| 0.88 |
| 0.71 |
| 0.16 |

1：10 000 000

1. 资料来源：汇总西北五省区已调平过的数据作为本次成图的基本数据，数据时间为1978—2008年之间，数据精度包括1:20万和1:50万两种比例尺。
2. 数据处理和成图方法：①采用4km×4km网格距、16km搜索半径，采用指数加权方法对数据进行网格化处理。②在网格数据基础上，利用GeoExpl软件的等值线生成模块，生成地球化学等值线图和等值区图。地球化学图的色阶划分采用累积频率的方式，数据共分为19级，初始分级频率间隔为：0.5%、1.2%、2%、3%、4.5%、8%、15%、25%、40%、60%、75%、85%、92%、95%、97%、98%、98.8%、99.5%、100%。
3. 投影参数：北京54坐标系，兰勃特等角圆锥投影坐标系，投影中央子午线经度 93°00′ 投影原点纬度 32°00′，第一标准纬线 32°00′，第二标准纬线 48°00′。
4. 地理内容：引自中国地质调查局发展研究中心统一下发地理底图，对部分内容进行了简化调整。

氧化钠地球化学图

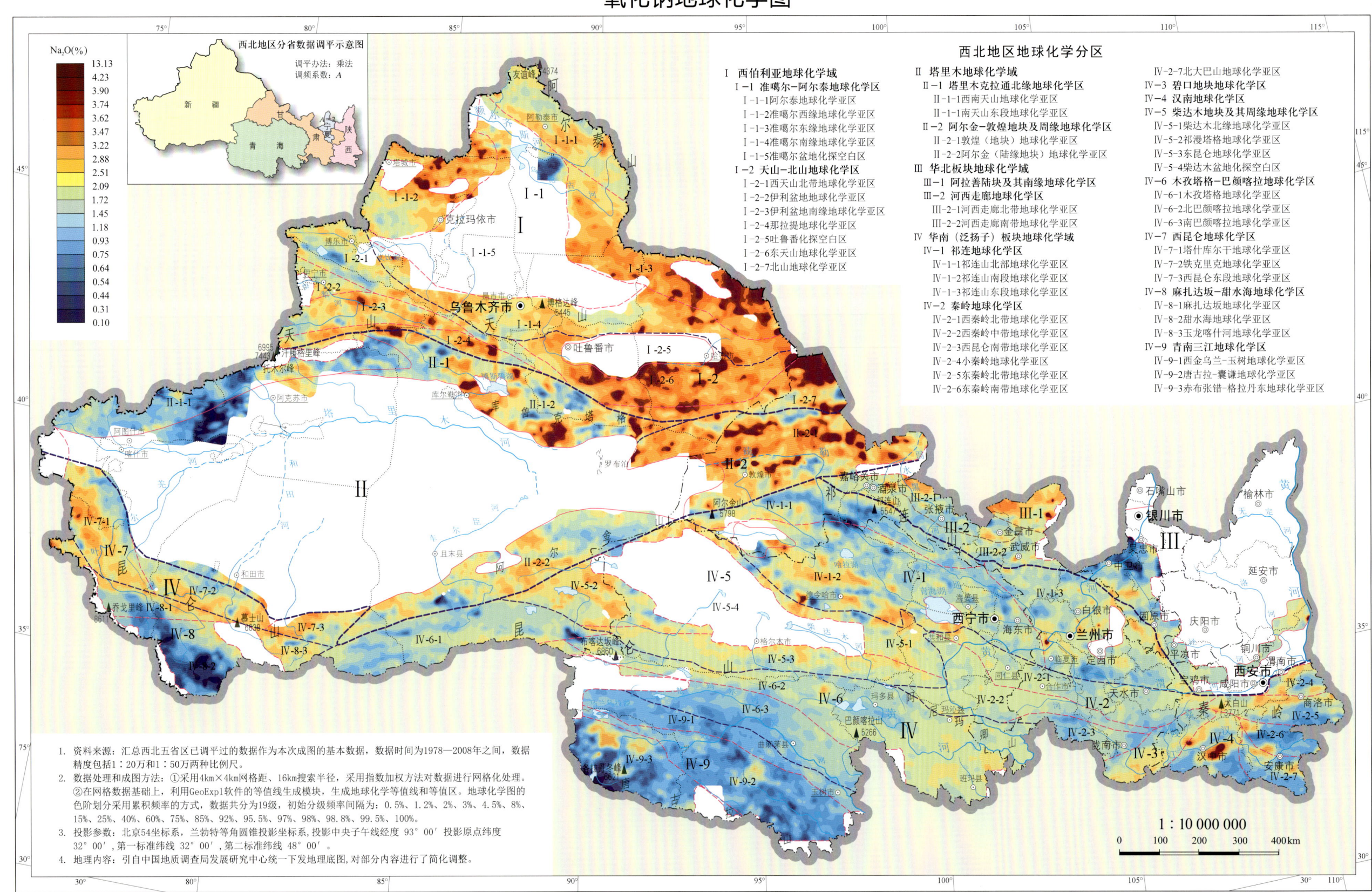

衬值地球化学图

银元素衬值地球化学图

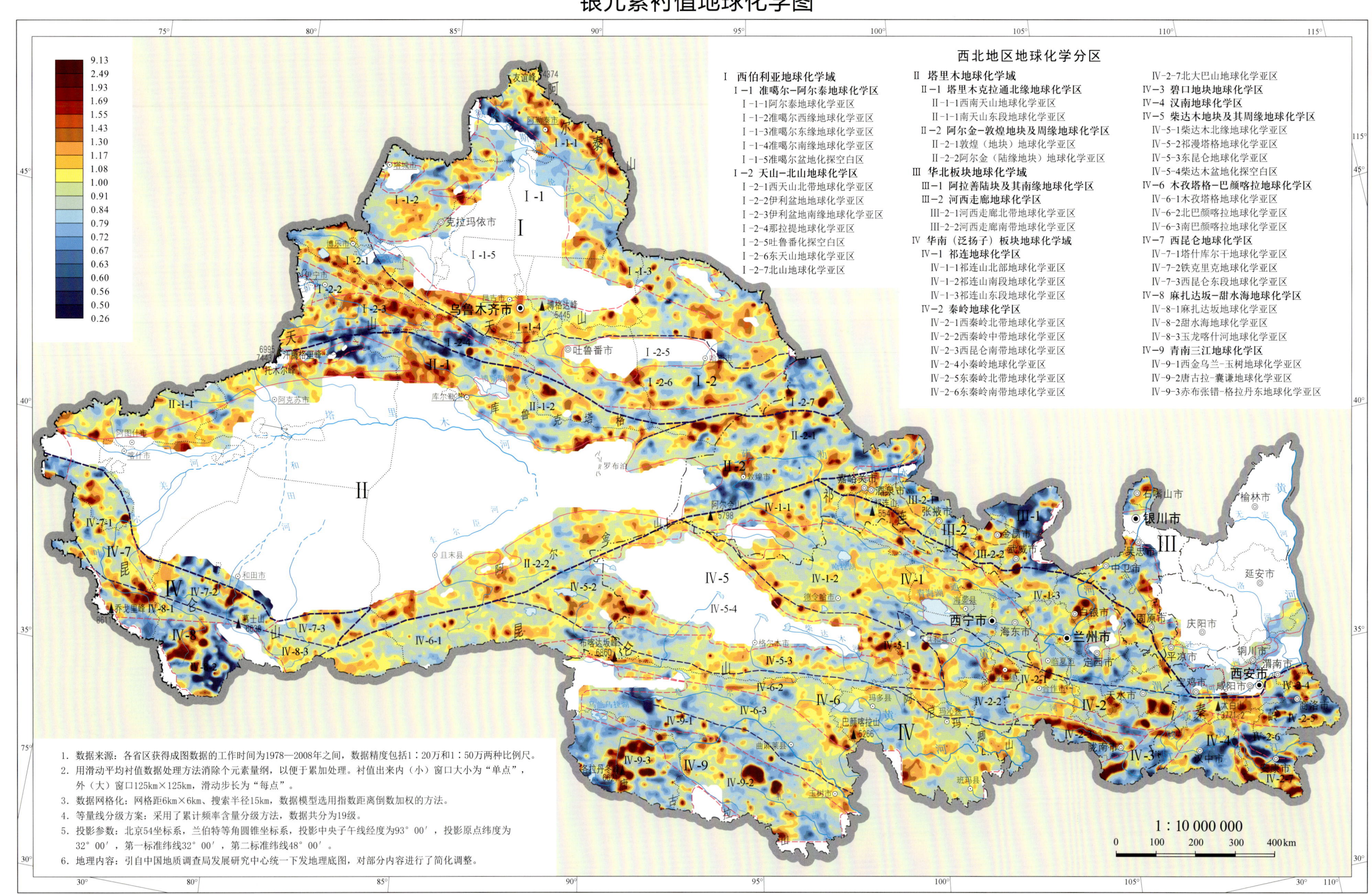

西北地区地球化学分区

I 西伯利亚地球化学域
- I-1 准噶尔-阿尔泰地球化学区
  - I-1-1 阿尔泰地球化学亚区
  - I-1-2 准噶尔西缘地球化学亚区
  - I-1-3 准噶尔东缘地球化学亚区
  - I-1-4 准噶尔南缘地球化学亚区
  - I-1-5 准噶尔盆地探空白区
- I-2 天山-北山地球化学区
  - I-2-1 西天山北带地球化学亚区
  - I-2-2 伊犁盆地地球化学亚区
  - I-2-3 伊犁盆地南缘地球化学亚区
  - I-2-4 那拉提地球化学亚区
  - I-2-5 吐鲁番盆地探空白区
  - I-2-6 东天山地球化学亚区
  - I-2-7 北山地球化学亚区

II 塔里木地球化学域
- II-1 塔里木克拉通北缘地球化学区
  - II-1-1 西南天山地球化学亚区
  - II-1-1 南天山东段地球化学亚区
- II-2 阿尔金-敦煌地块及周缘地球化学区
  - II-2-1 敦煌（地块）地球化学亚区
  - II-2-2 阿尔金（陆缘地块）地球化学亚区

III 华北板块地球化学域
- III-1 阿拉善陆块及其南缘地球化学区
- III-2 河西走廊地球化学区
  - III-2-1 河西走廊北带地球化学亚区
  - III-2-2 河西走廊南带地球化学亚区

IV 华南（泛扬子）板块地球化学域
- IV-1 祁连地球化学区
  - IV-1-1 祁连山北部地球化学亚区
  - IV-1-2 祁连山南段地球化学亚区
  - IV-1-3 祁连山东段地球化学亚区
- IV-2 秦岭地球化学区
  - IV-2-1 西秦岭北带地球化学亚区
  - IV-2-2 西秦岭中带地球化学亚区
  - IV-2-3 西昆仑南带地球化学亚区
  - IV-2-4 小秦岭地球化学亚区
  - IV-2-5 东秦岭北带地球化学亚区
  - IV-2-6 东秦岭南带地球化学亚区
- IV-2-7 北大巴山地球化学亚区
- IV-3 碧口地块地球化学区
- IV-4 汉南地球化学区
- IV-5 柴达木地块及其周缘地球化学区
  - IV-5-1 柴达木北缘地球化学亚区
  - IV-5-2 祁漫塔格地球化学亚区
  - IV-5-3 东昆仑地球化学亚区
  - IV-5-4 柴达木盆地化探空白区
- IV-6 木孜塔格-巴颜喀拉地球化学区
  - IV-6-1 木孜塔格地球化学亚区
  - IV-6-2 北巴颜喀拉地球化学亚区
  - IV-6-3 南巴颜喀拉地球化学亚区
- IV-7 西昆仑地球化学区
  - IV-7-1 塔什库尔干地球化学亚区
  - IV-7-2 铁克里克地球化学亚区
  - IV-7-3 西昆仑东段地球化学亚区
- IV-8 麻扎达坂-甜水海地球化学区
  - IV-8-1 麻扎达坂地球化学亚区
  - IV-8-2 甜水海地球化学亚区
  - IV-8-3 玉龙喀什河地球化学亚区
- IV-9 青南三江地球化学区
  - IV-9-1 西金乌兰-玉树地球化学亚区
  - IV-9-2 唐古拉-囊谦地球化学亚区
  - IV-9-3 赤布张错-格拉丹东地球化学亚区

图例（衬值）: 9.13, 2.49, 1.93, 1.69, 1.55, 1.43, 1.30, 1.17, 1.08, 1.00, 0.91, 0.84, 0.79, 0.72, 0.67, 0.60, 0.56, 0.50, 0.26

1. 数据来源：各省区获得成图数据的工作时间为1978—2008年之间，数据精度包括1:20万和1:50万两种比例尺。
2. 用滑动平均衬值数据处理方法消除个元素量级网，以便于累加处理。衬值出来内（小）窗口大小为"单点"，外（大）窗口125km×125km，滑动步长为"每点"。
3. 数据网格化：网格距6km×6km，搜索半径15km，数据模型选用指数距离倒数加权的方法。
4. 等量线分级方案：采用了累计频率含量分级方法，数据共分为19级。
5. 投影参数：北京54坐标系，兰伯特等角圆锥坐标系，投影中央子午线经度为93°00′，投影原点纬度为32°00′，第一标准纬线32°00′，第二标准纬线48°00′。
6. 地理内容：引自中国地质调查局发展研究中心统一下发地理底图，对部分内容进行了简化调整。

1 : 10 000 000

砷元素衬值地球化学图

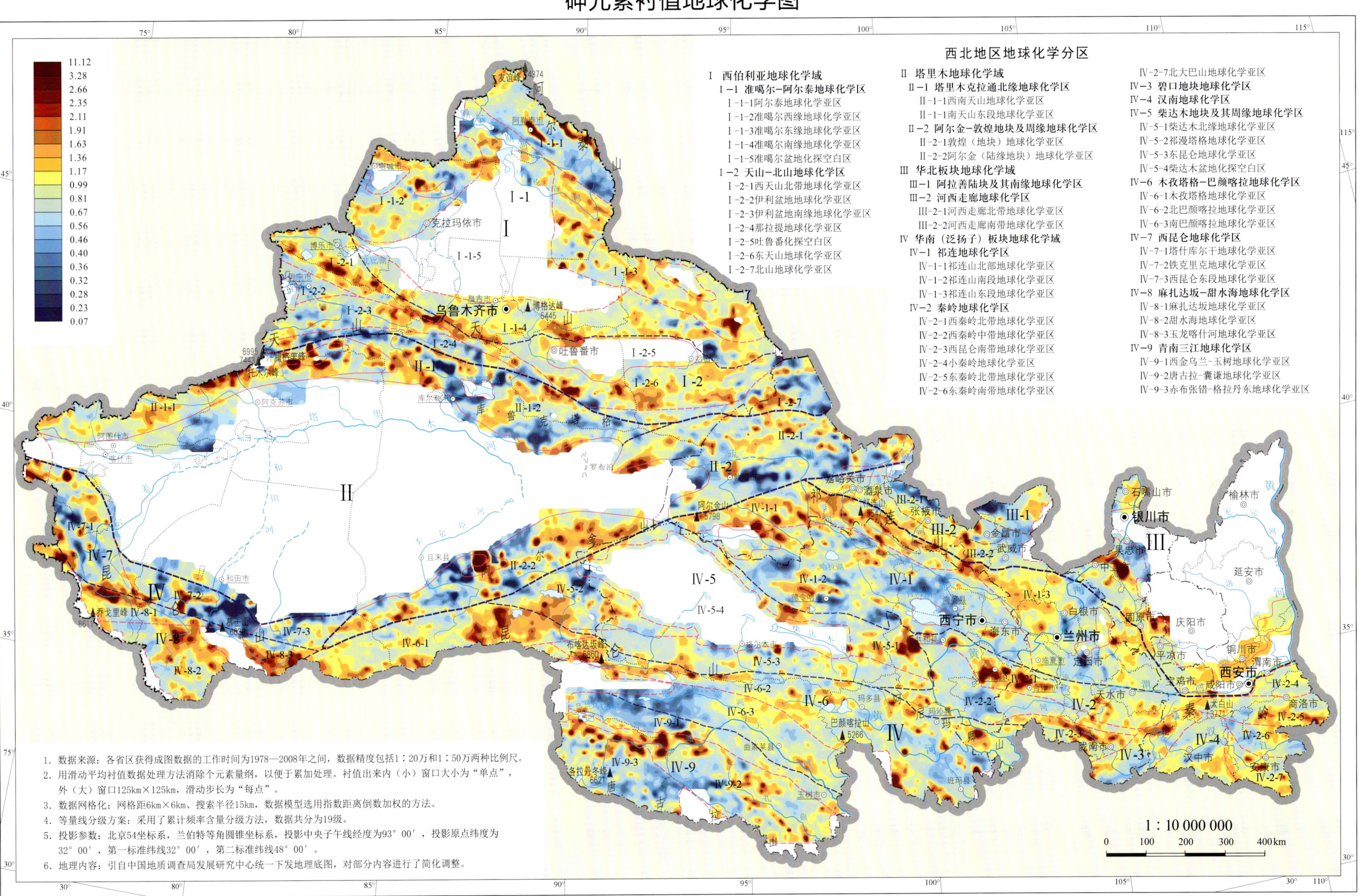

西北地区地球化学分区

I 西伯利亚地球化学域
  I-1 准噶尔-阿尔泰地球化学区
    I-1-1 阿尔泰地球化学亚区
    I-1-2 准噶尔西缘地球化学亚区
    I-1-3 准噶尔东缘地球化学亚区
    I-1-4 准噶尔南缘地球化学亚区
    I-1-5 准噶尔盆地化探空白区
  I-2 天山-北山地球化学区
    I-2-1 西天山北带地球化学亚区
    I-2-2 伊犁盆地地球化学亚区
    I-2-3 伊犁盆地南缘地球化学亚区
    I-2-4 那拉提地缘地球化学亚区
    I-2-5 吐鲁番化探空白区
    I-2-6 东天山地球化学亚区
    I-2-7 北山地球化学亚区

II 塔里木地球化学域
  II-1 塔里木克拉通北缘地球化学区
    II-1-1 西南天山地球化学亚区
    II-1-1 南天山东段地球化学亚区
  II-2 阿尔金-敦煌地块及周缘地球化学区
    II-2-1 敦煌（地块）地球化学亚区
    II-2-2 阿尔金（陆缘地块）地球化学亚区

III 华北板块地球化学域
  III-1 阿拉善陆块及其南缘地球化学区
  III-2 河西走廊地球化学区
    III-2-1 河西走廊北带地球化学亚区
    III-2-2 河西走廊南带地球化学亚区

IV 华南（泛扬子）板块地球化学域
  IV-1 祁连地球化学区
    IV-1-1 祁连山北带地球化学亚区
    IV-1-2 祁连山南段地球化学亚区
    IV-1-3 祁连山东段地球化学亚区
  IV-2 秦岭地球化学区
    IV-2-1 西秦岭北带地球化学亚区
    IV-2-2 西秦岭中带地球化学亚区
    IV-2-3 西昆仑南带地球化学亚区
    IV-2-4 小秦岭地球化学亚区
    IV-2-5 东秦岭北带地球化学亚区
    IV-2-6 东秦岭南带地球化学亚区
    IV-2-7 北大巴山地球化学亚区
  IV-3 碧口地块地球化学区
  IV-4 汉南地球化学区
  IV-5 柴达木地块及其周缘地球化学区
    IV-5-1 柴达木北缘地球化学亚区
    IV-5-2 祁漫塔格地球化学亚区
    IV-5-3 东昆仑地球化学亚区
    IV-5-4 柴达木盆地化探空白区
  IV-6 木孜塔格-巴颜喀拉地球化学区
    IV-6-1 木孜塔格地球化学亚区
    IV-6-2 北巴颜喀拉地球化学亚区
    IV-6-3 南巴颜喀拉地球化学亚区
  IV-7 西昆仑地球化学区
    IV-7-1 塔什库尔干地球化学亚区
    IV-7-2 铁克里克地块地球化学亚区
    IV-7-3 西昆仑东段地球化学亚区
  IV-8 麻扎达坂-甜水海地球化学区
    IV-8-1 麻扎达坂地球化学亚区
    IV-8-2 甜水海地球化学亚区
    IV-8-3 玉龙喀什河地球化学亚区
  IV-9 青南三江地球化学区
    IV-9-1 西金乌兰-玉树地球化学亚区
    IV-9-2 唐古拉-囊谦地球化学亚区
    IV-9-3 亦布张错-格拉丹东地球化学亚区

1. 数据来源：各省区获得成图数据的工作时间为1978—2008年之间，数据精度包括1:20万和1:50万两种比例尺。
2. 用滑动平均衬值数据处理方法消除个元素量纲，以便于累加处理。衬值出来内（小）窗口大小为"单点"，外（大）窗口125km×125km，滑动步长为"每点"。
3. 数据网格化：网格距6km×6km，搜索半径15km，数据模型选用指数距离倒数加权的方法。
4. 等量线分级方案：采用了累计频率含量分级方法，数据共分为19级。
5. 投影参数：北京54坐标系，兰伯特等角圆锥坐标系，投影中央子午线经度为93°00′，投影原点纬度为32°00′，第一标准纬线32°00′，第二标准纬线48°00′。
6. 地理内容：引自中国地质调查局发展研究中心统一下发地理底图，对部分内容进行了简化调整。

1 : 10 000 000

金元素衬值地球化学图

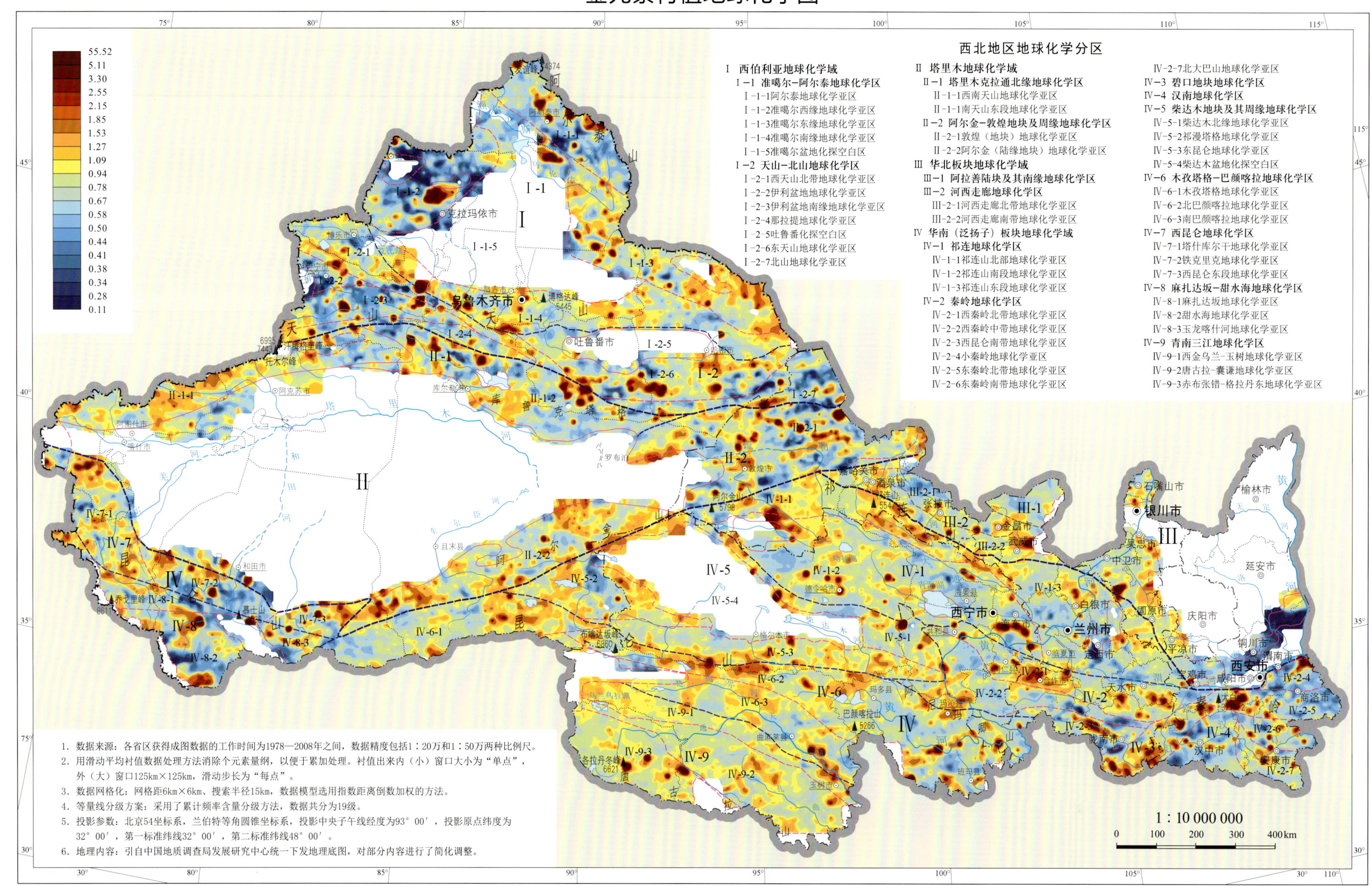

西北地区地球化学分区

I 西伯利亚地球化学域
　I-1 准噶尔-阿尔泰地球化学区
　　I-1-1 阿尔泰地球化学亚区
　　I-1-2 准噶尔西缘地球化学亚区
　　I-1-3 准噶尔东缘地球化学亚区
　　I-1-4 准噶尔南缘地球化学亚区
　　I-1-5 准噶尔盆地化探空白区
　I-2 天山-北山地球化学区
　　I-2-1 西天山北带地球化学亚区
　　I-2-2 伊犁盆地地球化学亚区
　　I-2-3 伊犁盆地南缘地球化学亚区
　　I-2-4 那拉提地球化学亚区
　　I-2-5 吐鲁番化探空白区
　　I-2-6 东天山地球化学亚区
　　I-2-7 北山地球化学亚区

II 塔里木地球化学域
　II-1 塔里木克拉通北缘地球化学区
　　II-1-1 西南天山地球化学亚区
　　II-1-2 南天山东段地球化学亚区
　II-2 阿尔金-敦煌地块及周缘地球化学区
　　II-2-1 敦煌（地块）地球化学亚区
　　II-2-2 阿尔金（陆缘地块）地球化学亚区

III 华北板块地球化学域
　III-1 阿拉善陆块及其南缘地球化学区
　III-2 河西走廊地球化学区
　　III-2-1 河西走廊北带地球化学亚区
　　III-2-2 河西走廊南带地球化学亚区

IV 华南（泛扬子）板块地球化学域
　IV-1 祁连地球化学区
　　IV-1-1 祁连山北部地球化学亚区
　　IV-1-2 祁连山南段地球化学亚区
　　IV-1-3 祁连山东段地球化学亚区
　IV-2 秦岭地球化学区
　　IV-2-1 西秦岭北带地球化学亚区
　　IV-2-2 西秦岭中带地球化学亚区
　　IV-2-3 西昆仑北带地球化学亚区
　　IV-2-4 小秦岭地球化学亚区
　　IV-2-5 东秦岭北带地球化学亚区
　　IV-2-6 东秦岭南带地球化学亚区
　　IV-2-7 北大巴山地球化学亚区
　IV-3 碧口地块地球化学区
　IV-4 汉南地球化学区
　IV-5 柴达木地块及其周缘地球化学区
　　IV-5-1 柴达木北缘地球化学亚区
　　IV-5-2 祁漫塔格地球化学亚区
　　IV-5-3 东昆仑地球化学亚区
　　IV-5-4 柴达木盆地化探空白区
　IV-6 木孜塔格-巴颜喀拉地球化学区
　　IV-6-1 木孜塔格地球化学亚区
　　IV-6-2 北巴颜喀拉地球化学亚区
　　IV-6-3 南巴颜喀拉地球化学亚区
　IV-7 西昆仑地球化学区
　　IV-7-1 塔什库尔干地球化学亚区
　　IV-7-2 铁克里克地球化学亚区
　　IV-7-3 西昆仑东段地球化学亚区
　IV-8 麻扎达坂-甜水海地球化学区
　　IV-8-1 麻扎达坂地球化学亚区
　　IV-8-2 甜水海地球化学亚区
　　IV-8-3 玉龙喀什河地球化学亚区
　IV-9 青南三江地球化学区
　　IV-9-1 西金乌兰-玉树地球化学亚区
　　IV-9-2 唐古拉-囊谦地球化学亚区
　　IV-9-3 赤布张错-格拉丹东地球化学亚区

1. 数据来源：各省区获得成图数据的工作时间为1978—2008年之间，数据精度包括1:20万和1:50万两种比例尺。
2. 用滑动平均衬值数据处理方法消除个元素量纲，以便于累加处理。衬值出来内（小）窗口大小为"单点"，外（大）窗口125km×125km，滑动步长为"每点"。
3. 数据网格化：网格距6km×6km，搜索半径15km，数据模型选用指数距离倒数加权的方法。
4. 等量线分级方案：采用了累计频率含量分级方法，数据共分为19级。
5. 投影参数：北京54坐标系，兰伯特等等角圆锥坐标系，投影中央子午线经度为93°00'，投影原点纬度为32°00'，第一标准纬线32°00'，第二标准纬线48°00'。
6. 地理内容：引自中国地质调查局发展研究中心统一下发地理底图，对部分内容进行了简化调整。

1:10 000 000

硼元素衬值地球化学图

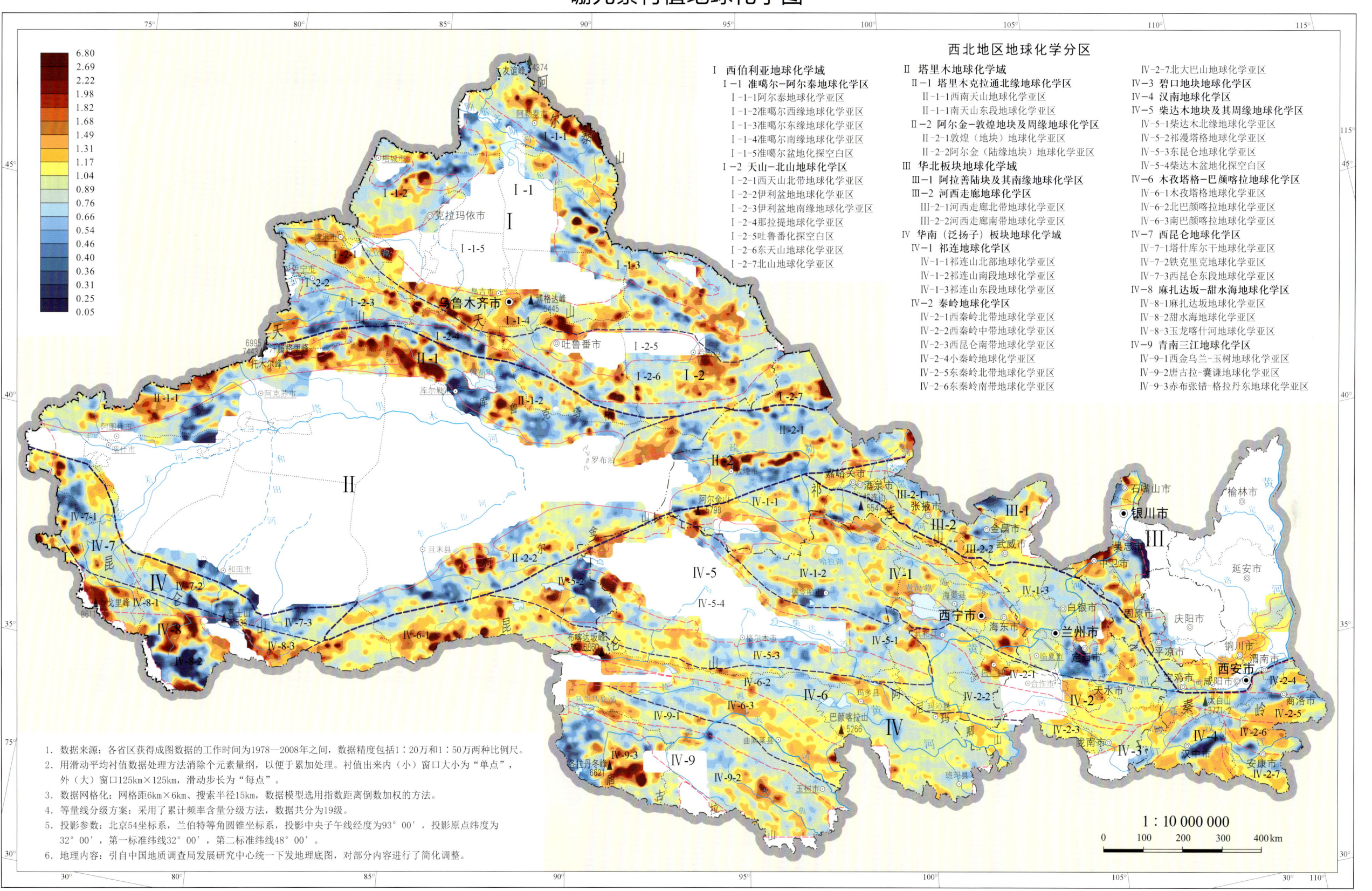

西北地区地球化学分区

I 西伯利亚地球化学域
　I-1 准噶尔-阿尔泰地球化学区
　　I-1-1 阿尔泰地球化学亚区
　　I-1-2 准噶尔西缘地球化学亚区
　　I-1-3 准噶尔东缘地球化学亚区
　　I-1-4 准噶尔南缘地球化学亚区
　　I-1-5 准噶尔盆地化探空白区
　I-2 天山-北山地球化学区
　　I-2-1 西天山北带地球化学亚区
　　I-2-2 伊犁盆地地球化学亚区
　　I-2-3 伊犁山南缘地球化学亚区
　　I-2-4 那拉提地球化学亚区
　　I-2-5 吐鲁番化探空白区
　　I-2-6 东天山地球化学亚区
　　I-2-7 北山地球化学亚区

II 塔里木地球化学域
　II-1 塔里木克拉通北缘地球化学区
　　II-1-1 西南天山带地球化学亚区
　　II-1-1 南天山东段地球化学亚区
　II-2 阿尔金-敦煌地块及周缘地球化学区
　　II-2-1 敦煌（地块）地球化学亚区
　　II-2-2 阿尔金（陆缘地块）地球化学亚区

III 华北板块地球化学域
　III-1 阿拉善陆块及其南缘地球化学区
　III-2 河西走廊地球化学区
　　III-2-1 河西走廊北带地球化学亚区
　　III-2-2 河西走廊南带地球化学亚区

IV 华南（泛扬子）板块地球化学域
　IV-1 祁连地球化学区
　　IV-1-1 祁连山北部地球化学亚区
　　IV-1-2 祁连山南段地球化学亚区
　　IV-1-3 祁连山东段地球化学亚区
　IV-2 秦岭地球化学区
　　IV-2-1 西秦岭北带地球化学亚区
　　IV-2-2 西秦岭中带地球化学亚区
　　IV-2-3 西昆仑中带地球化学亚区
　　IV-2-4 小秦岭地球化学亚区
　　IV-2-5 东秦岭北带地球化学亚区
　　IV-2-6 东秦岭南带地球化学亚区
　　IV-2-7 北大巴山地球化学亚区
　IV-3 碧口地块地球化学区
　IV-4 汉南地球化学区
　IV-5 柴达木地块及其周缘地球化学区
　　IV-5-1 柴达木北缘地球化学亚区
　　IV-5-2 祁漫塔格地球化学亚区
　　IV-5-3 东昆仑地球化学亚区
　　IV-5-4 柴达木盆地化探空白区
　IV-6 木孜塔格-巴颜喀拉地球化学区
　　IV-6-1 木孜塔格地球化学亚区
　　IV-6-2 北巴颜喀拉地球化学亚区
　　IV-6-3 南巴颜喀拉地球化学亚区
　IV-7 西昆仑地球化学区
　　IV-7-1 塔什库尔干地球化学亚区
　　IV-7-2 铁克里克地球化学亚区
　　IV-7-3 西昆仑东段地球化学亚区
　IV-8 麻扎达坂-甜水海地球化学区
　　IV-8-1 麻扎达坂地球化学亚区
　　IV-8-2 甜水海地球化学亚区
　　IV-8-3 玉龙喀什河地球化学亚区
　IV-9 青南三江地球化学区
　　IV-9-1 西金乌兰-玉树地球化学亚区
　　IV-9-2 唐古拉-囊谦地球化学亚区
　　IV-9-3 赤布张错-格拉丹东地球化学亚区

1. 数据来源：各省区获得成图数据的工作时间为1978—2008年之间，数据精度包括1:20万和1:50万两种比例尺。
2. 用滑动平均衬值数据处理方法消除个元素量纲，以便于累加处理。衬值出来内（小）窗口大小为"单点"，外（大）窗口125km×125km，滑动步长为"每点"。
3. 数据网格化：网格距6km×6km，搜索半径15km，数据模型选用指数距离倒数加权的方法。
4. 等量线分级方案：采用了累计频率含量分级方法，数据共分为19级。
5. 投影参数：北京54坐标系，兰伯特等角圆锥坐标系，投影中央子午线经度为93°00′，投影原点纬度为32°00′，第一标准纬线32°00′，第二标准纬线48°00′。
6. 地理内容：引自中国地质调查局发展研究中心统一下发地理底图，对部分内容进行了简化调整。

1 : 10 000 000

钡元素衬值地球化学图

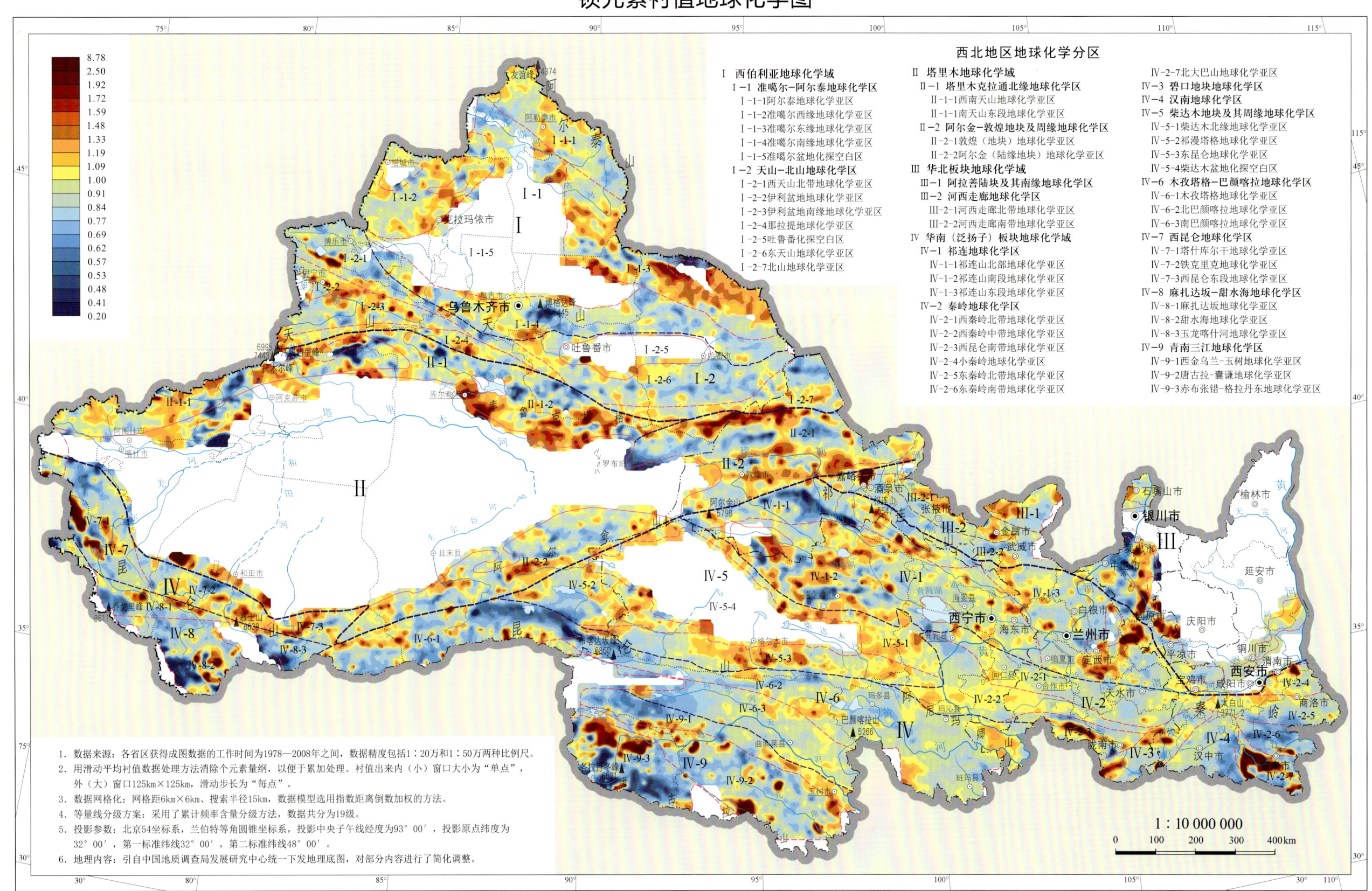

西北地区地球化学分区

I 西伯利亚地球化学域
 I-1 准噶尔-阿尔泰地球化学区
  I-1-1 阿尔泰地球化学亚区
  I-1-2 准噶尔西缘地球化学亚区
  I-1-3 准噶尔东缘地球化学亚区
  I-1-4 准噶尔南缘地球化学亚区
  I-1-5 准噶尔盆地化探空白区
 I-2 天山-北山地球化学区
  I-2-1 西天山北带陆块地球化学亚区
  I-2-2 伊利盆地地球化学亚区
  I-2-3 中天山地块地球化学亚区
  I-2-4 那拉提地球化学亚区
  I-2-5 吐鲁番地化探空白区
  I-2-6 东天山地球化学亚区
  I-2-7 北山地球化学亚区

II 塔里木地球化学域
 II-1 塔里木克拉通北缘地球化学区
  II-1-1 西南天山地球化学亚区
  II-1-1 南天山东段地球化学亚区
 II-2 阿尔金-敦煌地块及周缘地球化学区
  II-2-1 敦煌（地块）地球化学亚区
  II-2-2 阿尔金（陆缘地块）地球化学亚区

III 华北板块地球化学域
 III-1 阿拉善陆块及其南缘地球化学区
 III-2 河西走廊地球化学区
  III-2-1 河西走廊北带地球化学亚区
  III-2-2 河西走廊南带地球化学亚区

IV 华南（泛扬子）板块地球化学域
 IV-1 祁连地球化学区
  IV-1-1 祁连山北部地带地球化学亚区
  IV-1-2 祁连山南段地球化学亚区
  IV-1-3 祁连山东段地球化学亚区
 IV-2 秦岭地球化学区
  IV-2-1 西秦岭北带地球化学亚区
  IV-2-2 西秦岭中带地球化学亚区
  IV-2-3 西昆仑南带地球化学亚区
  IV-2-4 小秦岭地球化学亚区
  IV-2-5 东秦岭北带地球化学亚区
  IV-2-6 东秦岭南带地球化学亚区
  IV-2-7 北大巴山地球化学亚区
 IV-3 碧口地块地球化学区
 IV-4 汉南地球化学区
 IV-5 柴达木地块及其周缘地球化学区
  IV-5-1 柴达木北缘地球化学亚区
  IV-5-2 祁漫塔格地球化学亚区
  IV-5-3 东昆仑地球化学亚区
  IV-5-4 柴达木盆地化探空白区
 IV-6 木孜塔格-巴颜喀拉地球化学区
  IV-6-1 木孜塔格地球化学亚区
  IV-6-2 北巴颜喀拉地球化学亚区
  IV-6-3 南巴颜喀拉地球化学亚区
 IV-7 西昆仑地球化学区
  IV-7-1 塔什库尔干地球化学亚区
  IV-7-2 铁克里克北带地球化学亚区
  IV-7-3 西昆仑东段地球化学亚区
 IV-8 麻扎达坂-甜水海地球化学区
  IV-8-1 麻扎达坂地球化学亚区
  IV-8-2 甜水海地球化学亚区
  IV-8-3 玉龙喀什河地球化学亚区
 IV-9 青南三江地球化学区
  IV-9-1 西金乌兰-玉树地球化学亚区
  IV-9-2 唐古拉-囊谦地球化学亚区
  IV-9-3 赤布张错-格拉丹东地球化学亚区

图例数值：8.78, 2.50, 1.92, 1.72, 1.59, 1.48, 1.33, 1.19, 1.09, 1.00, 0.91, 0.84, 0.77, 0.69, 0.62, 0.57, 0.53, 0.48, 0.41, 0.20

1. 数据来源：各省区获得成图数据的工作时间为1978—2008年之间，数据精度包括1:20万和1:50万两种比例尺。
2. 用滑动平均衬值数据处理方法消除个元素量纲，以便于累加处理。衬值出来内（小）窗口大小为"单点"，外（大）窗口125km×125km，滑动步长为"每点"。
3. 数据网格化：网格距6km×6km、搜索半径15km，数据模型选用指数距离倒数加权的方法。
4. 等量线分级方案：采用了累计频率含量分级方法，数据共分为19级。
5. 投影参数：北京54坐标系，兰伯特等角圆锥坐标系，投影中央子午线经度为93°00′，投影原点纬度为32°00′，第一标准纬线32°00′，第二标准纬线48°00′。
6. 地理内容：引自中国地质调查局发展研究中心统一下发地理底图，对部分内容进行了简化调整。

1:10 000 000

铬元素衬值地球化学图

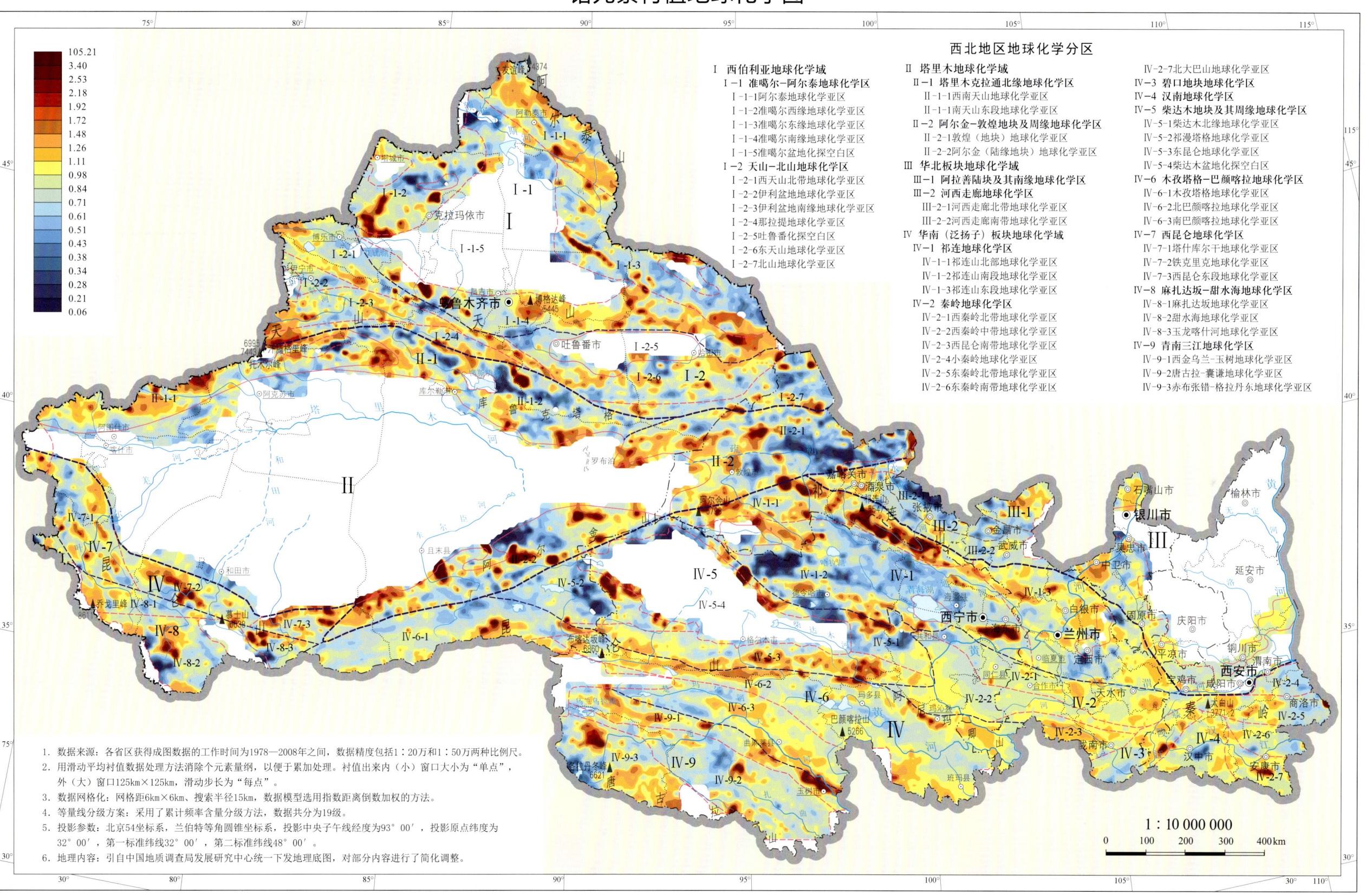

西北地区地球化学分区

I 西伯利亚地球化学域
  I-1 准噶尔-阿尔泰地球化学区
    I-1-1 阿尔泰地球化学亚区
    I-1-2 准噶尔西缘地球化学亚区
    I-1-3 准噶尔东缘地球化学亚区
    I-1-4 准噶尔南缘地球化学亚区
    I-1-5 准噶尔盆地化探空白区
  I-2 天山—北山地球化学区
    I-2-1 西天山北带地球化学亚区
    I-2-2 伊犁盆地地球化学亚区
    I-2-3 伊犁盆地南缘地球化学亚区
    I-2-4 那拉提地球化学亚区
    I-2-5 吐鲁番化探空白区
    I-2-6 东天山地球化学亚区
    I-2-7 北山地球化学亚区

II 塔里木地球化学域
  II-1 塔里木克拉通北缘地球化学区
    II-1-1 西南天山地球化学亚区
    II-1-1 南天山东段地球化学亚区
  II-2 阿尔金-敦煌地块及周缘地球化学区
    II-2-1 敦煌（地块）地球化学亚区
    II-2-2 阿尔金（陆缘地块）地球化学亚区

III 华北板块地球化学域
  III-1 阿拉善陆块及其南缘地球化学区
  III-2 河西走廊地球化学区
    III-2-1 河西走廊北带地球化学亚区
    III-2-2 河西走廊南带地球化学亚区

IV 华南（泛扬子）板块地球化学域
  IV-1 祁连地球化学区
    IV-1-1 祁连山北部地球化学亚区
    IV-1-2 祁连山南段地球化学亚区
    IV-1-3 祁连山东段地球化学亚区
  IV-2 秦岭地球化学区
    IV-2-1 西秦岭北带地球化学亚区
    IV-2-2 西秦岭中带地球化学亚区
    IV-2-3 西昆仑南带地球化学亚区
    IV-2-4 小秦岭地球化学亚区
    IV-2-5 东秦岭北带地球化学亚区
    IV-2-6 东秦岭南带地球化学亚区
    IV-2-7 北大巴山地球化学亚区
  IV-3 碧口地块地球化学区
  IV-4 汉南地球化学区
  IV-5 柴达木地块及其周缘地球化学区
    IV-5-1 柴达木北缘地球化学亚区
    IV-5-2 祁漫塔格地球化学亚区
    IV-5-3 东昆仑地块地球化学亚区
    IV-5-4 柴达木盆地化探空白区
  IV-6 木孜塔格-巴颜喀拉地球化学区
    IV-6-1 木孜塔格地球化学亚区
    IV-6-2 北巴颜喀拉地球化学亚区
    IV-6-3 南巴颜喀拉地球化学亚区
  IV-7 西昆仑地球化学区
    IV-7-1 塔什库尔干地球化学亚区
    IV-7-2 铁克里克地块地球化学亚区
    IV-7-3 西昆仑东段地球化学亚区
  IV-8 麻扎达坂-甜水海地球化学区
    IV-8-1 麻扎达坂地球化学亚区
    IV-8-2 甜水海地球化学亚区
    IV-8-3 玉龙喀什河地球化学亚区
  IV-9 青南三江地球化学区
    IV-9-1 西金乌兰-玉树地球化学亚区
    IV-9-2 唐古拉-囊谦地球化学亚区
    IV-9-3 赤布张错-格拉丹东地球化学亚区

1. 数据来源：各省区获得成图数据的工作时间为1978—2008年之间，数据精度包括1：20万和1：50万两种比例尺。
2. 用滑动平均衬值数据处理方法消除个元素量纲，以便于累加处理。衬值出来内（小）窗口大小为"单点"，外（大）窗口125km×125km，滑动步长为"每点"。
3. 数据网格化：网格距6km×6km，搜索半径15km，数据模型选用指数距离倒数加权的方法。
4. 等量线分级方案：采用了累计频率含量分级方法，数据共分为19级。
5. 投影参数：北京54坐标系，兰伯特等角圆锥坐标系，投影中央子午线经度为93°00′，投影原点纬度为32°00′，第一标准纬线32°00′，第二标准纬线48°00′。
6. 地理内容：引自中国地质调查局发展研究中心统一下发地理底图，对部分内容进行了简化调整。

1:10 000 000

铜元素衬值地球化学图

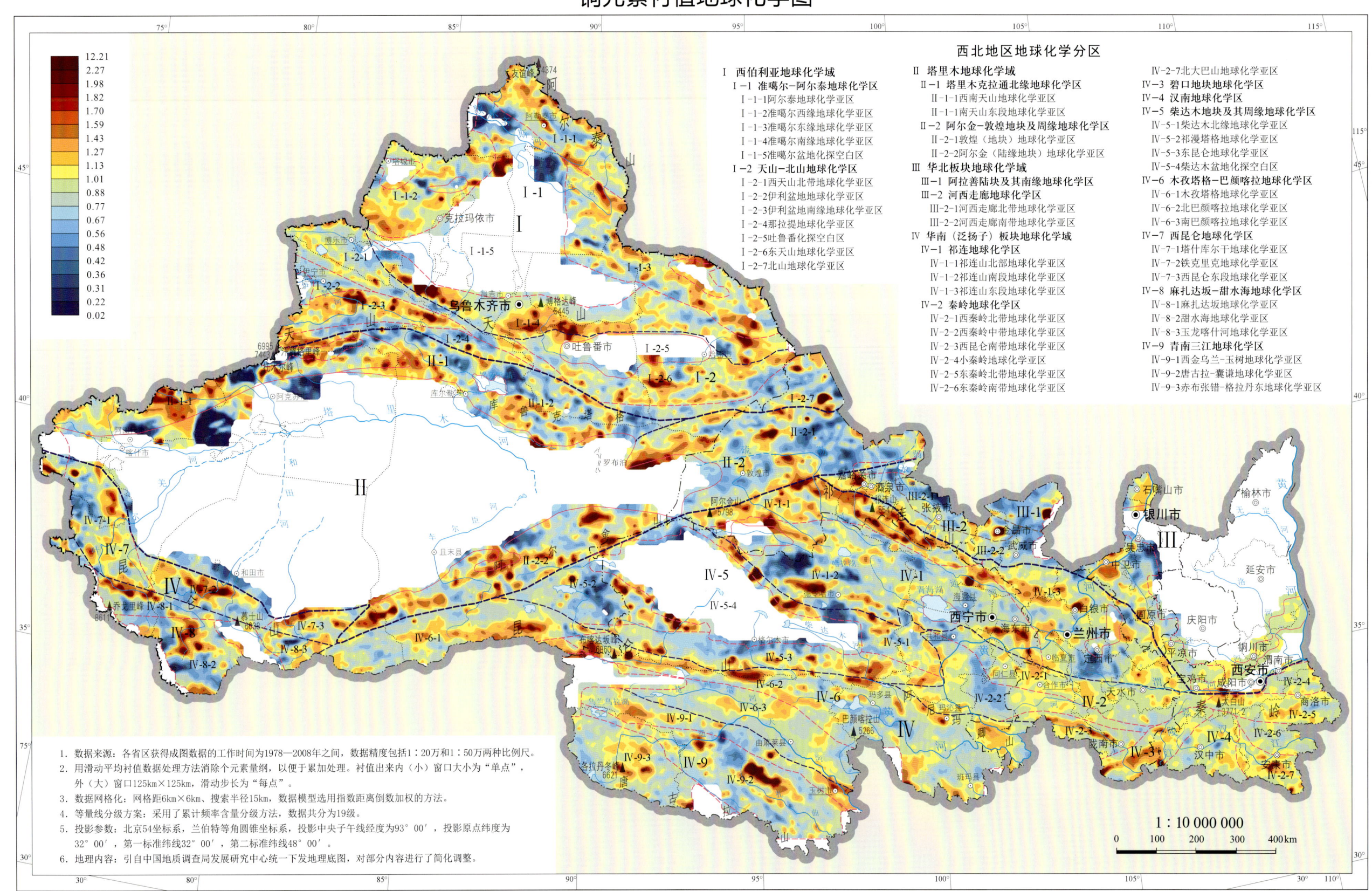

西北地区地球化学分区

I 西伯利亚地球化学域
- I-1 准噶尔-阿尔泰地球化学区
  - I-1-1 阿尔泰地球化学亚区
  - I-1-2 准噶尔西缘地球化学亚区
  - I-1-3 准噶尔东缘地球化学亚区
  - I-1-4 准噶尔南缘地球化学亚区
  - I-1-5 准噶尔盆地化探空白区
- I-2 天山-北山地球化学区
  - I-2-1 东天山北山带地球化学亚区
  - I-2-2 伊利盆地地球化学亚区
  - I-2-3 伊利盆地南缘地球化学亚区
  - I-2-4 那拉提地球化学亚区
  - I-2-5 吐鲁番化探空白区
  - I-2-6 东天山地球化学亚区
  - I-2-7 北山地球化学亚区

II 塔里木地球化学域
- II-1 塔里木克拉通北缘地球化学区
  - II-1-1 西南天山地球化学亚区
  - II-1-1 南天山东段地球化学亚区
- II-2 阿尔金-敦煌地块及周缘地球化学区
  - II-2-1 敦煌（地块）地球化学亚区
  - II-2-2 阿尔金（陆地地块）地球化学亚区

III 华北板块地球化学域
- III-1 阿拉善陆块及其南缘地球化学区
- III-2 河西走廊地球化学区
  - III-2-1 河西走廊北带地球化学亚区
  - III-2-2 河西走廊南带地球化学亚区

IV 华南（泛扬子）板块地球化学域
- IV-1 祁连地球化学区
  - IV-1-1 祁连山北部地带地球化学亚区
  - IV-1-2 祁连山南段地球化学亚区
  - IV-1-3 祁连山东段地球化学亚区
- IV-2 秦岭地球化学区
  - IV-2-1 西秦岭北带地球化学亚区
  - IV-2-2 西秦岭中带地球化学亚区
  - IV-2-3 西昆仑南带地球化学亚区
  - IV-2-4 小秦岭地球化学亚区
  - IV-2-5 东秦岭北带地球化学亚区
  - IV-2-6 东秦岭南带地球化学亚区
  - IV-2-7 北大巴山地球化学亚区
- IV-3 碧口地块地球化学区
- IV-4 汉南地球化学区
- IV-5 柴达木地块及其周缘地球化学区
  - IV-5-1 柴达木北缘地球化学亚区
  - IV-5-2 祁漫塔格地球化学亚区
  - IV-5-3 东昆仑地块地球化学亚区
  - IV-5-4 柴达木盆地化探空白区
- IV-6 木孜塔格-巴颜喀拉地球化学区
  - IV-6-1 木孜塔格地球化学亚区
  - IV-6-2 北巴颜喀拉地球化学亚区
  - IV-6-3 南巴颜喀拉地球化学亚区
- IV-7 西昆仑地球化学区
  - IV-7-1 塔什库尔干地球化学亚区
  - IV-7-2 铁克里克地球化学亚区
  - IV-7-3 西昆仑东段地球化学亚区
- IV-8 麻扎达坂-甜水海地球化学区
  - IV-8-1 麻扎达坂地球化学亚区
  - IV-8-2 甜水海地球化学亚区
  - IV-8-3 玉龙喀什河地球化学亚区
- IV-9 青南三江地球化学区
  - IV-9-1 西金乌兰-玉树地球化学亚区
  - IV-9-2 唐古拉-囊谦地球化学亚区
  - IV-9-3 赤布张错-格拉丹东地球化学亚区

1. 数据来源：各省区获得成图数据的工作时间为1978—2008年之间，数据精度包括1:20万和1:50万两种比例尺。
2. 用滑动平均衬值数据处理方法消除个元素量纲，以便于累加处理。衬值出来内（小）窗口大小为"单点"，外（大）窗口125km×125km，滑动步长为"每点"。
3. 数据网格化：网格距6km×6km，搜索半径15km，数据模型选用指数距离倒数加权的方法。
4. 等量线分级方案：采用了累计频率含量分级方法，数据共分为19级。
5. 投影参数：北京54坐标系，兰伯特等角圆锥坐标系，投影中央子午线经度为93°00′，投影原点纬度为32°00′，第一标准纬线32°00′，第二标准纬线48°00′。
6. 地理内容：引自中国地质调查局发展研究中心统一下发地理底图，对部分内容进行了简化调整。

1:10 000 000

氟元素衬值地球化学图

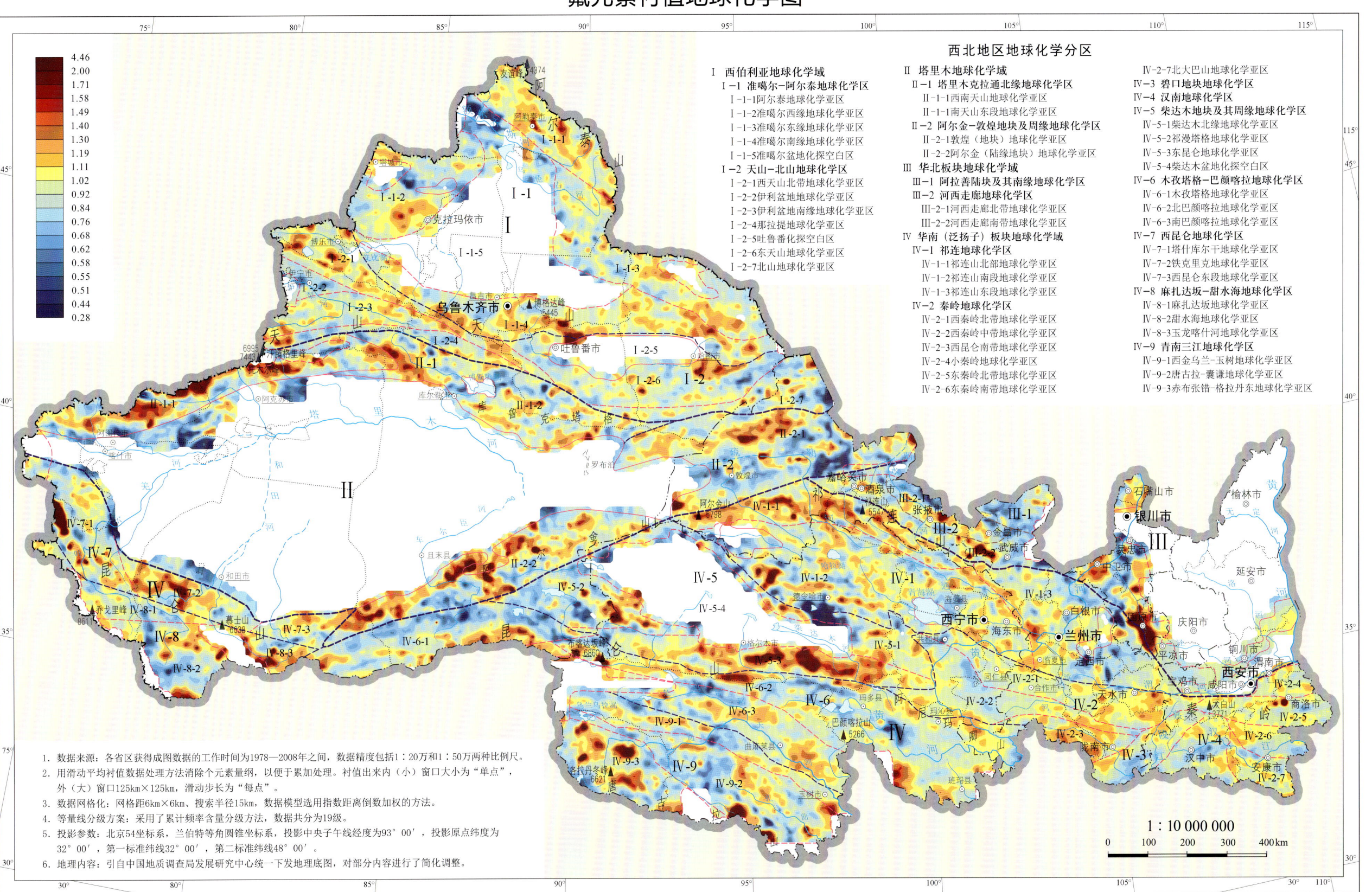

镧元素衬值地球化学图

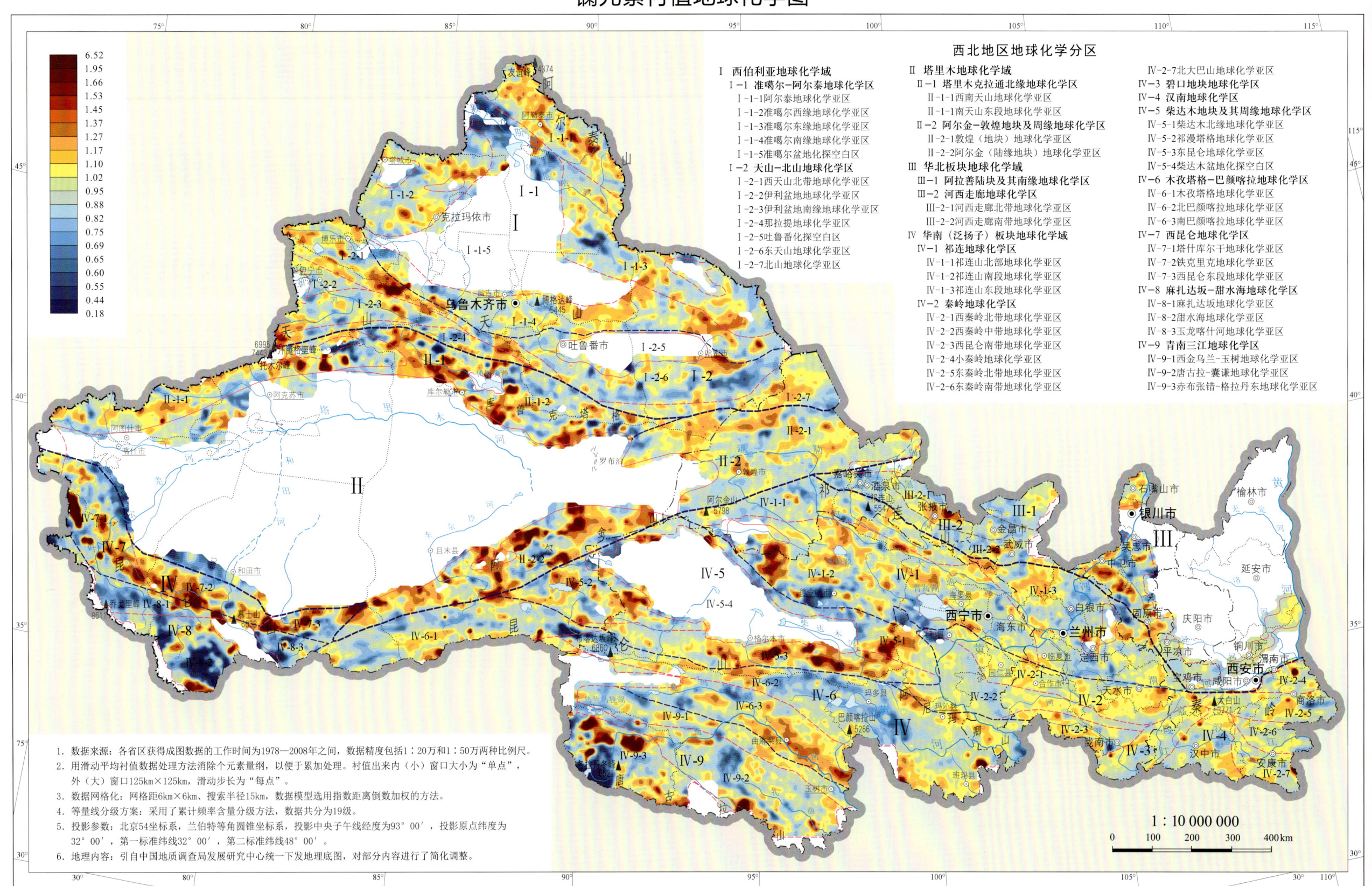

西北地区地球化学分区

Ⅰ 西伯利亚地球化学域
　Ⅰ-1 准噶尔-阿尔泰地球化学区
　　Ⅰ-1-1 阿尔泰地球化学亚区
　　Ⅰ-1-2 准噶尔西缘地球化学亚区
　　Ⅰ-1-3 准噶尔东缘地球化学亚区
　　Ⅰ-1-4 准噶尔南缘地球化学亚区
　　Ⅰ-1-5 准噶尔盆地化探空白区
　Ⅰ-2 天山-北山地球化学区
　　Ⅰ-2-1 西天山北带地球化学亚区
　　Ⅰ-2-2 伊利盆地地球化学亚区
　　Ⅰ-2-3 伊利山南缘地球化学亚区
　　Ⅰ-2-4 那拉提地球化学亚区
　　Ⅰ-2-5 吐鲁番化探空白区
　　Ⅰ-2-6 东天山地球化学亚区
　　Ⅰ-2-7 北山地球化学亚区

Ⅱ 塔里木地球化学域
　Ⅱ-1 塔里木克拉通北缘地球化学区
　　Ⅱ-1-1 西南天山地球化学亚区
　　Ⅱ-1-1 南天山东段地球化学亚区
　Ⅱ-2 阿尔金-敦煌地块及周缘地球化学区
　　Ⅱ-2-1 敦煌（地块）地球化学亚区
　　Ⅱ-2-2 阿尔金（陆缘地块）地球化学亚区

Ⅲ 华北板块地球化学域
　Ⅲ-1 阿拉善陆块及其南缘地球化学区
　Ⅲ-2 河西走廊地球化学区
　　Ⅲ-2-1 河西走廊北带地球化学亚区
　　Ⅲ-2-2 河西走廊南带地球化学亚区

Ⅳ 华南（泛扬子）板块地球化学域
　Ⅳ-1 祁连地球化学区
　　Ⅳ-1-1 祁连山北部地球化学亚区
　　Ⅳ-1-2 祁连山南段地球化学亚区
　　Ⅳ-1-3 祁连山东段地球化学亚区
　Ⅳ-2 秦岭地球化学区
　　Ⅳ-2-1 西秦岭北中带地球化学亚区
　　Ⅳ-2-2 西秦岭中带地球化学亚区
　　Ⅳ-2-3 西昆仑南带地球化学亚区
　　Ⅳ-2-4 小秦岭地球化学亚区
　　Ⅳ-2-5 东秦岭北带地球化学亚区
　　Ⅳ-2-6 东秦岭南带地球化学亚区
　　Ⅳ-2-7 北大巴山地球化学亚区
　Ⅳ-3 碧口地块地球化学区
　Ⅳ-4 汉南地球化学区
　Ⅳ-5 柴达木地块及其周缘地球化学区
　　Ⅳ-5-1 柴达木北缘地球化学亚区
　　Ⅳ-5-2 祁漫塔格地球化学亚区
　　Ⅳ-5-3 东昆仑地球化学亚区
　　Ⅳ-5-4 柴达木盆地化探空白区
　Ⅳ-6 木孜塔格-巴颜喀拉地球化学区
　　Ⅳ-6-1 木孜塔格地球化学亚区
　　Ⅳ-6-2 北巴颜喀拉地球化学亚区
　　Ⅳ-6-3 南巴颜喀拉地球化学亚区
　Ⅳ-7 西昆仑地球化学区
　　Ⅳ-7-1 塔什库尔干地球化学亚区
　　Ⅳ-7-2 铁克里克北带地球化学亚区
　　Ⅳ-7-3 西昆仑东段地球化学亚区
　Ⅳ-8 麻扎达坂-甜水海地球化学区
　　Ⅳ-8-1 麻扎达坂地球化学亚区
　　Ⅳ-8-2 甜水海地球化学亚区
　　Ⅳ-8-3 玉龙喀什河地球化学亚区
　Ⅳ-9 青南三江地球化学区
　　Ⅳ-9-1 西金乌兰-玉树地球化学亚区
　　Ⅳ-9-2 唐古拉-囊谦地球化学亚区
　　Ⅳ-9-3 赤布张错-格拉丹东地球化学亚区

1. 数据来源：各省区获得成图数据的工作时间为1978—2008年之间，数据精度包括1：20万和1：50万两种比例尺。
2. 用滑动平均衬值数据处理方法消除个元素量纲，以便于累加处理。衬值出来内（小）窗口大小为"单点"，窗口125km×125km，滑动步长为"每点"。
3. 数据网格化：网格距6km×6km，搜索半径15km，数据模型选用指数距离倒数加权的方法。
4. 等量线分级方案：采用了累计频率含量分级方法，数据共分为19级。
5. 投影参数：北京54坐标，兰伯特等角圆锥坐标系，投影中央子午线经度为93°00′，投影原点纬度为32°00′，第一标准纬线32°00′，第二标准纬线48°00′。
6. 地理内容：引自中国地质调查局发展研究中心统一下发地理底图，对部分内容进行了简化调整。

1 : 10 000 000

钼元素衬值地球化学图

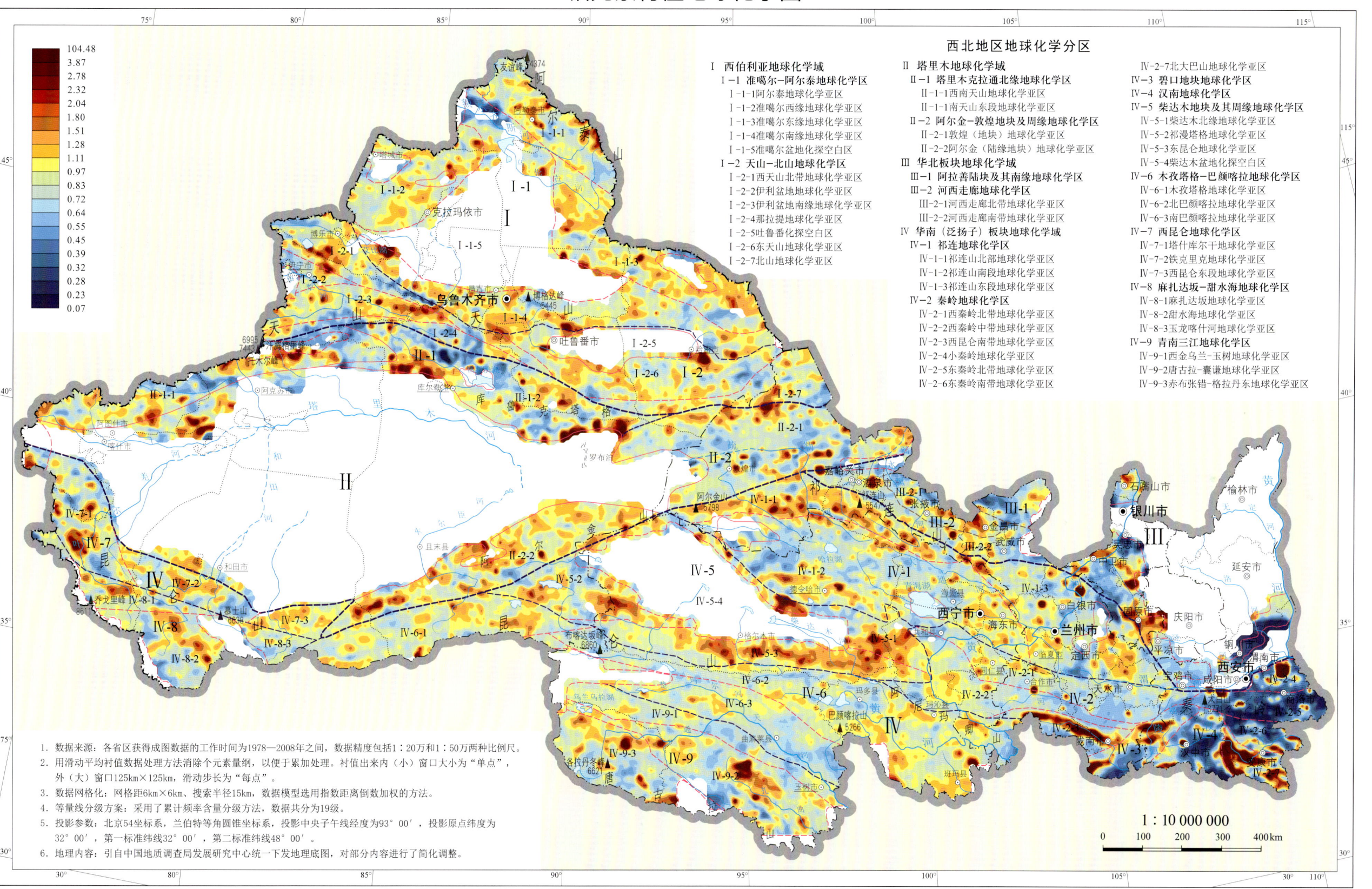

镍元素衬值地球化学图

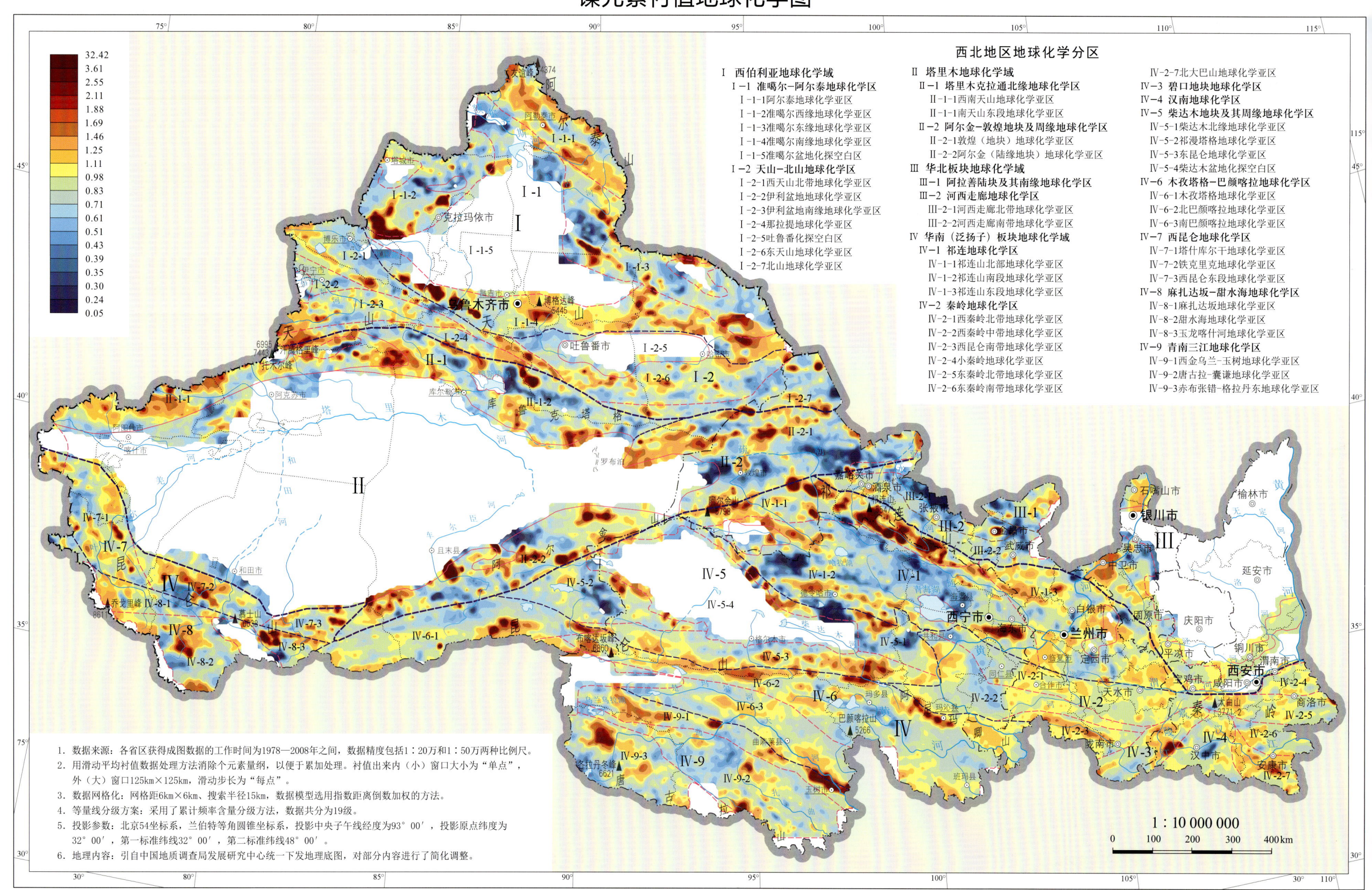

铅元素衬值地球化学图

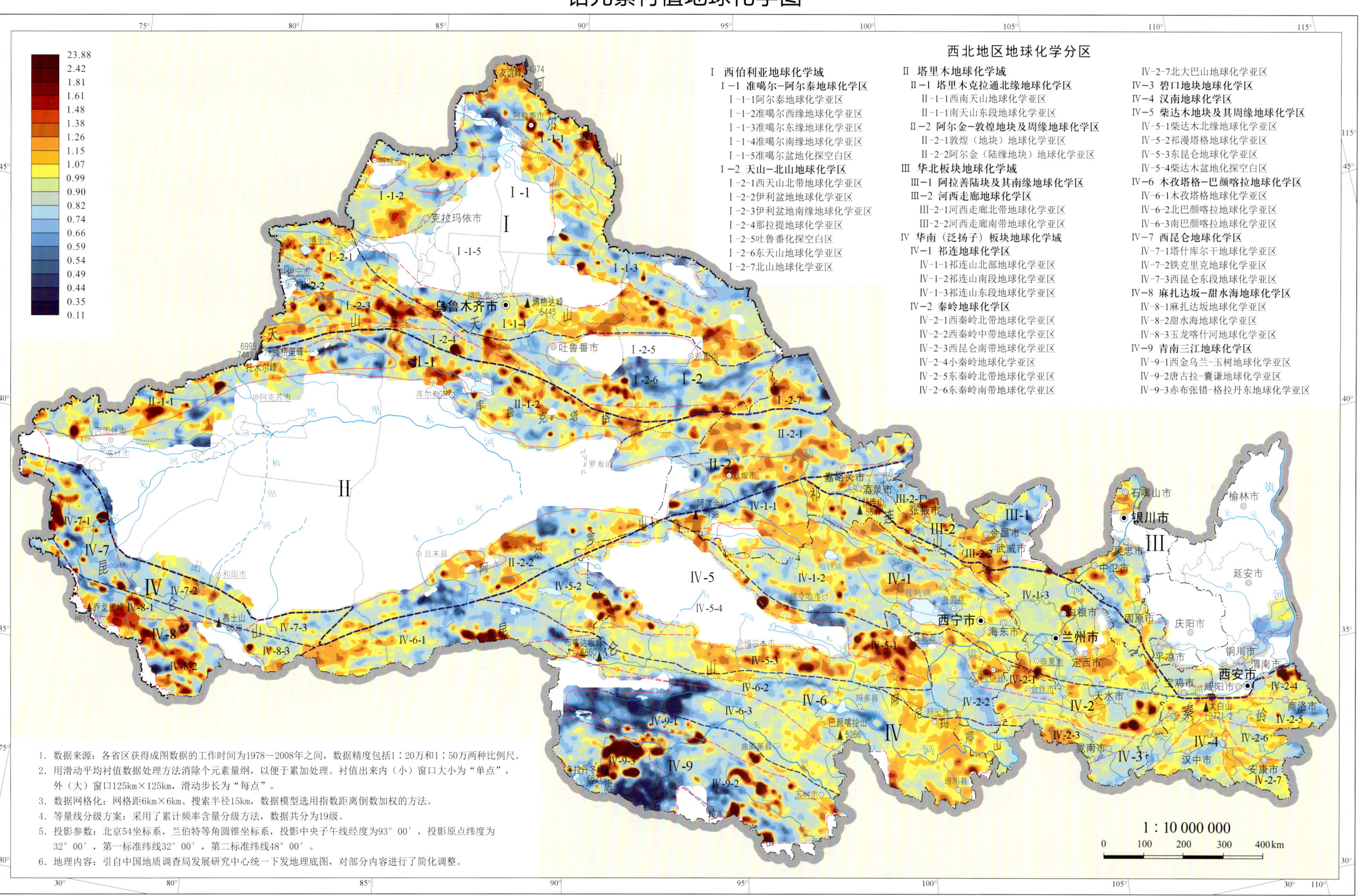

西北地区地球化学分区

I 西伯利亚地球化学域
  I-1 准噶尔—阿尔泰地球化学区
    I-1-1 阿尔泰地球化学亚区
    I-1-2 准噶尔西缘地球化学亚区
    I-1-3 准噶尔东缘地球化学亚区
    I-1-4 准噶尔南缘地球化学亚区
    I-1-5 准噶尔盆地化探空白区
  I-2 天山—北山地球化学区
    I-2-1 西天山北带地球化学亚区
    I-2-2 伊犁盆地边缘地球化学亚区
    I-2-3 伊犁盆地南缘地球化学亚区
    I-2-4 那拉提地球化学亚区
    I-2-5 吐鲁番化探空白区
    I-2-6 东天山地球化学亚区
    I-2-7 北山地球化学亚区

II 塔里木地球化学域
  II-1 塔里木克拉通北缘地球化学区
    II-1-1 西南天山地球化学亚区
    II-1-1 南天山东段地球化学亚区
  II-2 阿尔金—敦煌地块及周缘地球化学区
    II-2-1 敦煌（地块）地球化学亚区
    II-2-2 阿尔金（陆地块）地球化学亚区

III 华北板块地球化学域
  III-1 阿拉善陆块及其南缘地球化学区
  III-2 河西走廊地球化学区
    III-2-1 河西走廊北带地球化学亚区
    III-2-2 河西走廊南带地球化学亚区

IV 华南（泛扬子）板块地球化学域
  IV-1 祁连地球化学区
    IV-1-1 祁连山北部地球化学亚区
    IV-1-2 祁连山南段地球化学亚区
    IV-1-3 祁连山东段地球化学亚区
  IV-2 秦岭地球化学区
    IV-2-1 西秦岭北带地球化学亚区
    IV-2-2 西秦岭中带地球化学亚区
    IV-2-3 西昆仑南带地球化学亚区
    IV-2-4 小秦岭地球化学亚区
    IV-2-5 东秦岭北带地球化学亚区
    IV-2-6 东秦岭南带地球化学亚区
    IV-2-7 北大巴山地球化学亚区
  IV-3 碧口地块地球化学区
  IV-4 汉南地球化学区
  IV-5 柴达木地块及其周缘地球化学区
    IV-5-1 柴达木北缘地球化学亚区
    IV-5-2 祁漫塔格地球化学亚区
    IV-5-3 东昆仑地球化学亚区
    IV-5-4 柴达木盆地化探空白区
  IV-6 木孜塔格—巴颜喀拉地球化学区
    IV-6-1 木孜塔格地球化学亚区
    IV-6-2 北巴颜喀拉地球化学亚区
    IV-6-3 南巴颜喀拉地球化学亚区
  IV-7 西昆仑地球化学区
    IV-7-1 塔什库尔干地球化学亚区
    IV-7-2 铁克里克北带地球化学亚区
    IV-7-3 西昆仑东段地球化学亚区
  IV-8 麻扎达坂—甜水海地球化学区
    IV-8-1 麻扎达坂地球化学亚区
    IV-8-2 甜水海地球化学亚区
    IV-8-3 玉龙喀什河地球化学亚区
  IV-9 青南三江地球化学区
    IV-9-1 西金乌兰—玉树地球化学亚区
    IV-9-2 唐古拉—囊谦地球化学亚区
    IV-9-3 赤布张错—格拉丹东地球化学亚区

1. 数据来源：各省区获得成图数据的工作时间为1978—2008年之间，数据精度包括1:20万和1:50万两种比例尺。
2. 用滑动平均衬值数据处理方法消除个元素量纲，以便于累加处理。衬值出来内（小）窗口大小为"单点"，外（大）窗口125km×125km，滑动步长为"每点"。
3. 数据网格化：网格距6km×6km，搜索半径15km，数据模型选用指数距离倒数加权的方法。
4. 等量线分级方案：采用了累计频率含量分级方法，数据共分为19级。
5. 投影参数：北京54坐标系，兰伯特等角圆锥坐标系，投影中央子午线经度为93°00′，投影原点纬度为32°00′，第一标准纬线32°00′，第二标准纬线48°00′。
6. 地理内容：引自中国地质调查局发展研究中心统一下发地理底图，对部分内容进行了简化调整。

1:10 000 000

锑元素衬值地球化学图

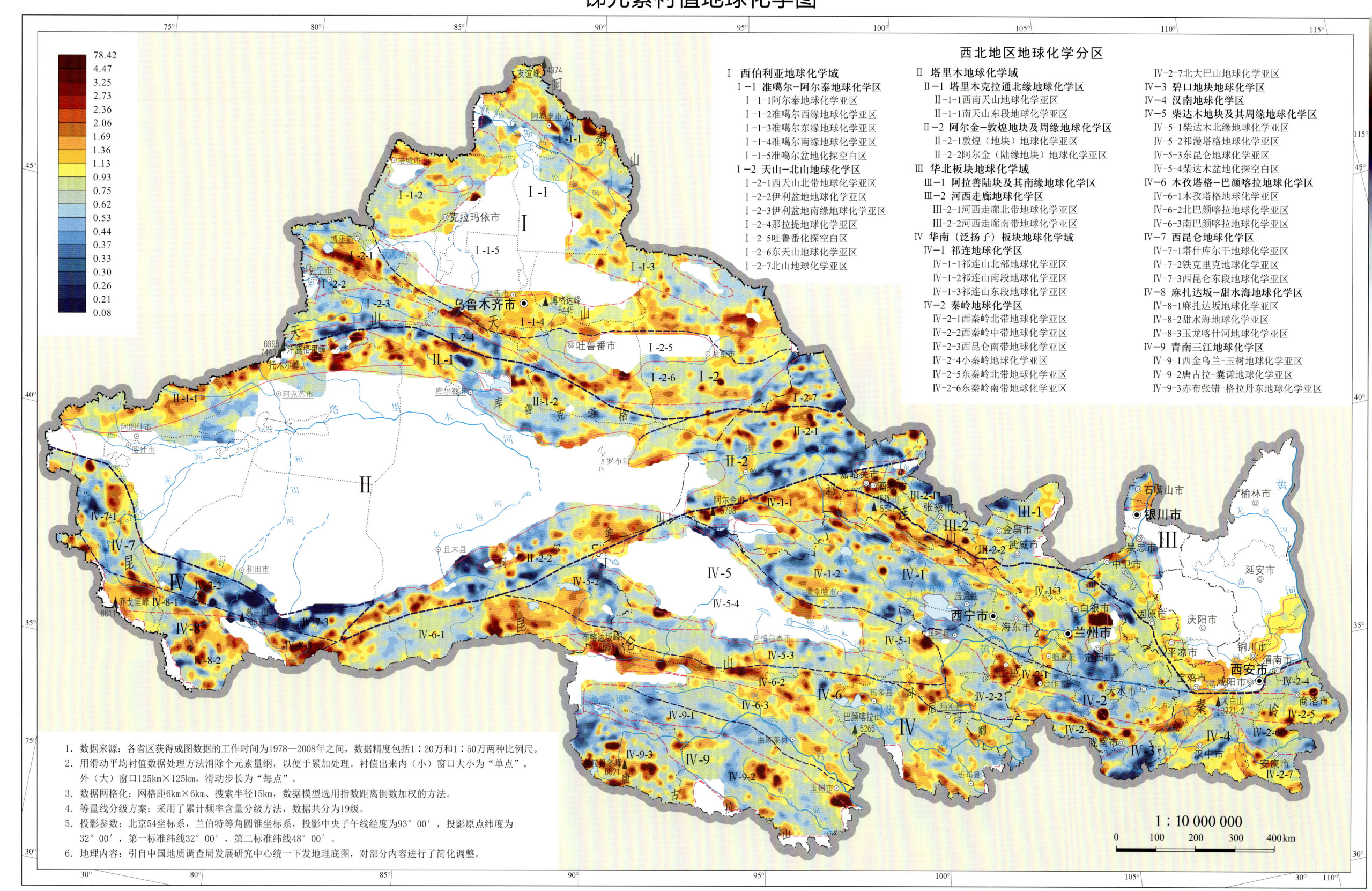

锡元素衬值地球化学图

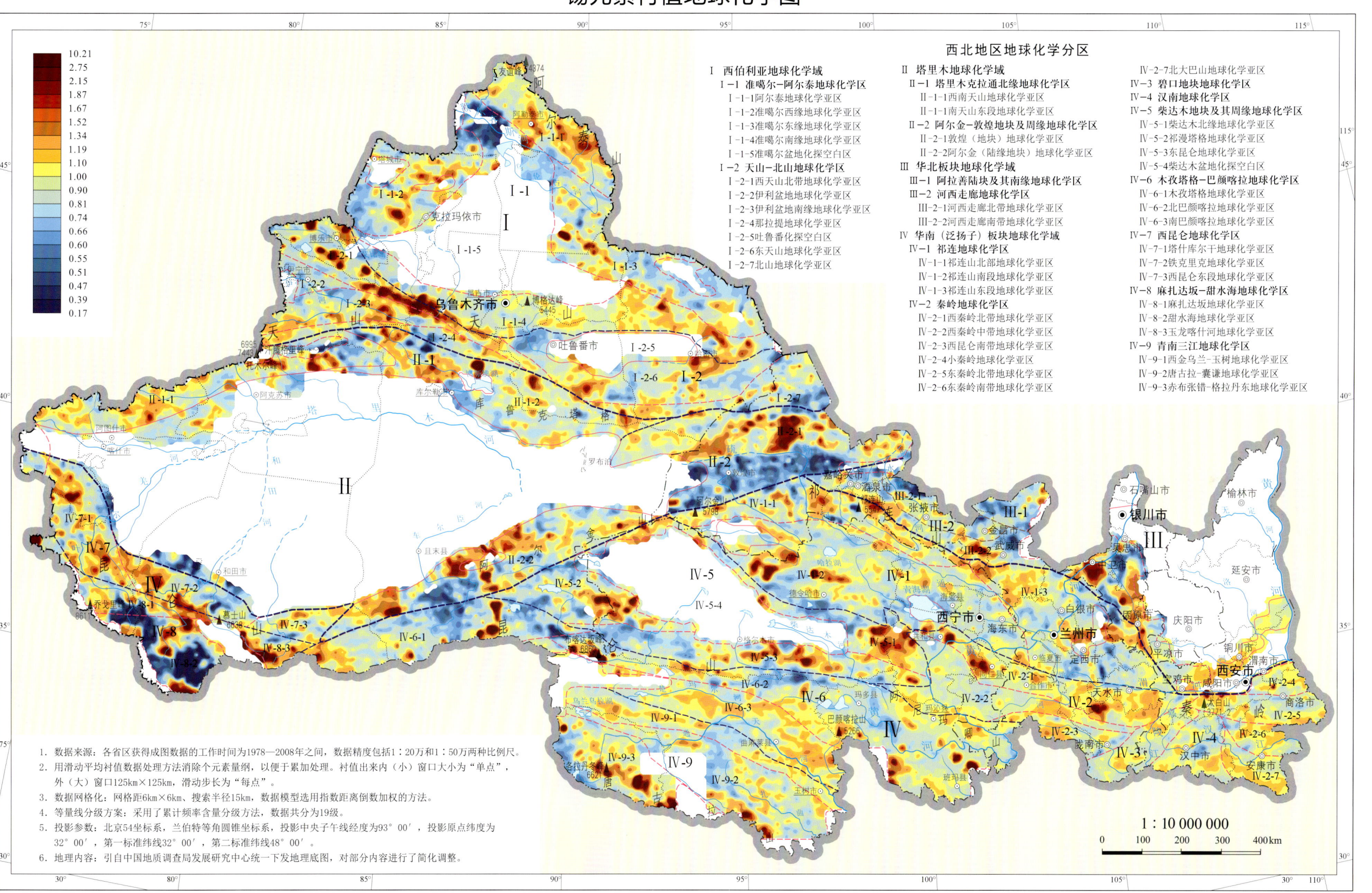

西北地区地球化学分区

I 西伯利亚地球化学域
  I-1 准噶尔-阿尔泰地球化学区
    I-1-1 阿尔泰地球化学亚区
    I-1-2 准噶尔西缘地球化学亚区
    I-1-3 准噶尔东缘地球化学亚区
    I-1-4 准噶尔南缘地球化学亚区
    I-1-5 准噶尔盆地化探空白区
  I-2 天山-北山地球化学区
    I-2-1 西天山北带地球化学亚区
    I-2-2 伊利盆地地球化学亚区
    I-2-3 伊利盆地南缘地球化学亚区
    I-2-4 那拉提北带地球化学亚区
    I-2-5 吐鲁番化探空白区
    I-2-6 东天山地球化学亚区
    I-2-7 北山地球化学亚区

II 塔里木地球化学域
  II-1 塔里木克拉通北缘地球化学区
    II-1-1 西南天山地球化学亚区
    II-1-1 南天山东段地球化学亚区
  II-2 阿尔金-敦煌地块及周缘地球化学区
    II-2-1 敦煌（地块）地球化学亚区
    II-2-2 阿尔金（陆缘地块）地球化学亚区

III 华北板块地球化学域
  III-1 阿拉善陆块及其南缘地球化学区
  III-2 河西走廊地球化学区
    III-2-1 河西走廊北带地球化学亚区
    III-2-2 河西走廊南带地球化学亚区

IV 华南（泛扬子）板块地球化学域
  IV-1 祁连地球化学区
    IV-1-1 祁连山北部地球化学亚区
    IV-1-2 祁连山南段地球化学亚区
    IV-1-3 祁连山东段地球化学亚区
  IV-2 秦岭地球化学区
    IV-2-1 西秦岭北带地球化学亚区
    IV-2-2 西秦岭中带地球化学亚区
    IV-2-3 西昆仑南带地球化学亚区
    IV-2-4 小秦岭地球化学亚区
    IV-2-5 东秦岭北带地球化学亚区
    IV-2-6 东秦岭南带地球化学亚区
    IV-2-7 北大巴山地球化学亚区
  IV-3 碧口地块地球化学区
  IV-4 汉南地球化学区
  IV-5 柴达木地块及其周缘地球化学区
    IV-5-1 柴达木北缘地球化学亚区
    IV-5-2 祁漫塔格地球化学亚区
    IV-5-3 东昆仑东段地球化学亚区
    IV-5-4 柴达木盆地化探空白区
  IV-6 木孜塔格-巴颜喀拉地球化学区
    IV-6-1 木孜塔格地球化学亚区
    IV-6-2 北巴颜喀拉地球化学亚区
    IV-6-3 南巴颜喀拉地球化学亚区
  IV-7 西昆仑地球化学区
    IV-7-1 塔什库尔干地球化学亚区
    IV-7-2 铁克里克地球化学亚区
    IV-7-3 西昆仑东段地球化学亚区
  IV-8 麻扎达坂-甜水海地球化学区
    IV-8-1 麻扎达坂地球化学亚区
    IV-8-2 甜水海地球化学亚区
    IV-8-3 玉龙喀什河地球化学亚区
  IV-9 青南三江地球化学区
    IV-9-1 西金乌兰-玉树地球化学亚区
    IV-9-2 唐古拉-囊谦地球化学亚区
    IV-9-3 赤布张错-格拉丹东地球化学亚区

1. 数据来源：各省区获得成图数据的工作时间为1978—2008年之间，数据精度包括1:20万和1:50万两种比例尺。
2. 用滑动平均衬值数据处理方法消除个元素量纲，以便于累加处理。衬值出来内（小）窗口大小为"单点"，外（大）窗口125km×125km，滑动步长为"每点"。
3. 数据网格化：网格距6km×6km，搜索半径15km，插值模型选用指数距离倒数加权的方法。
4. 等量线分级方案：采用了累计频率含量分级方法，数据共分为19级。
5. 投影参数：北京54坐标系，兰伯特等角圆锥坐标系，投影中央子午线经度为93°00′，投影原点纬度为32°00′，第一标准纬线32°00′，第二标准纬线48°00′。
6. 地理内容：引自中国地质调查局发展研究中心统一下发地理底图，对部分内容进行了简化调整。

1:10 000 000

钨元素衬值地球化学图

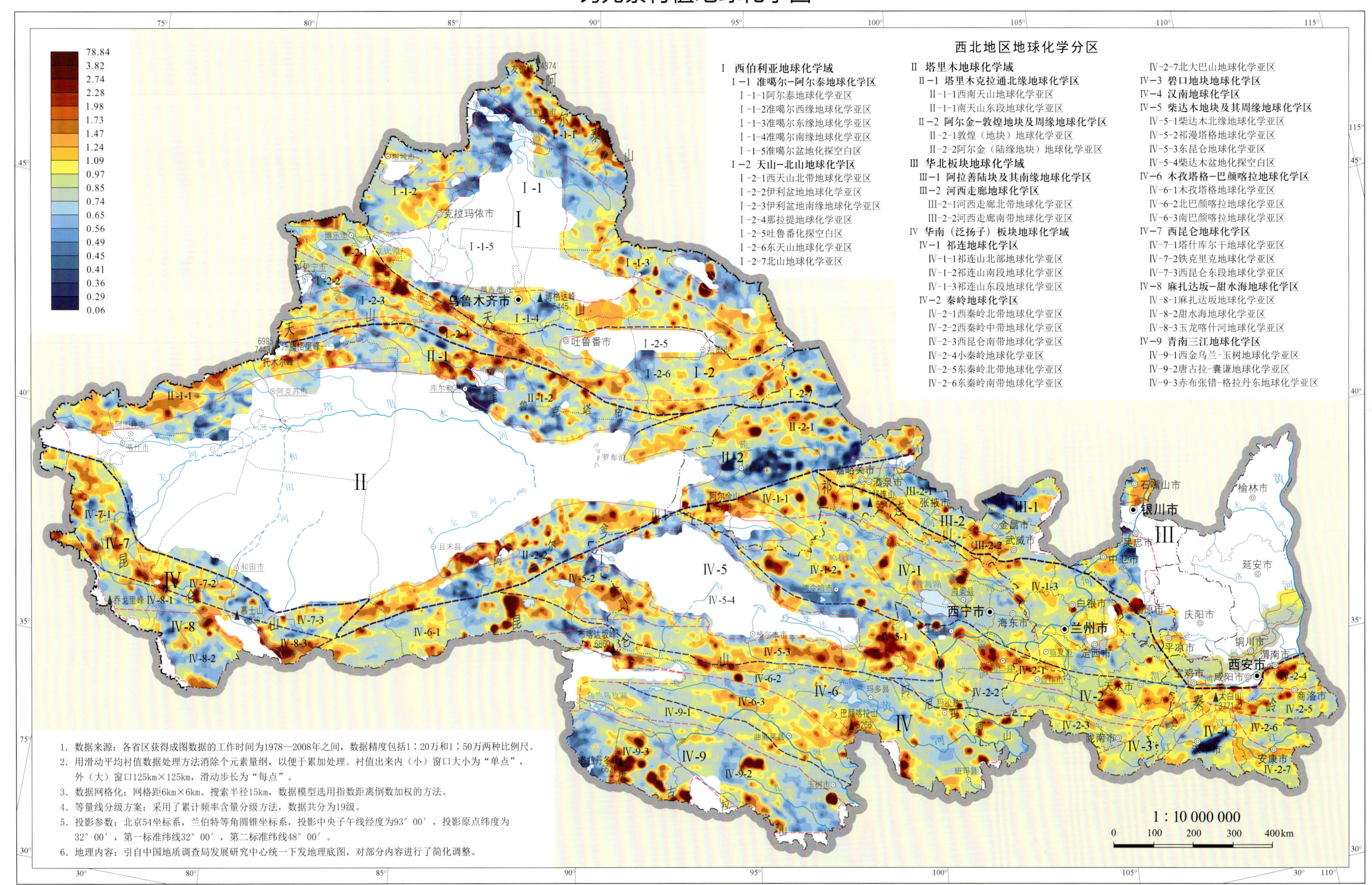

钇元素衬值地球化学图

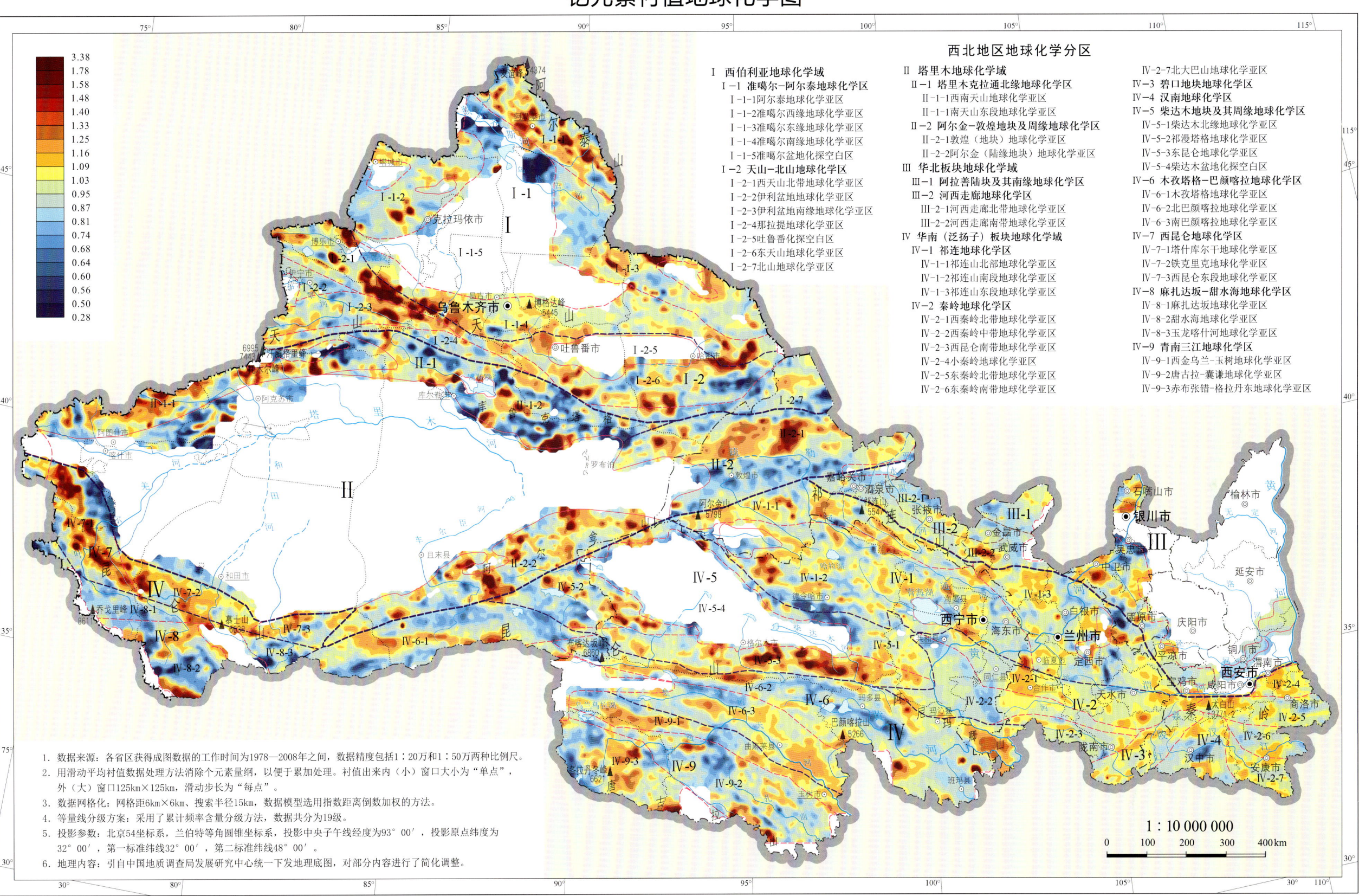

锌元素衬值地球化学图

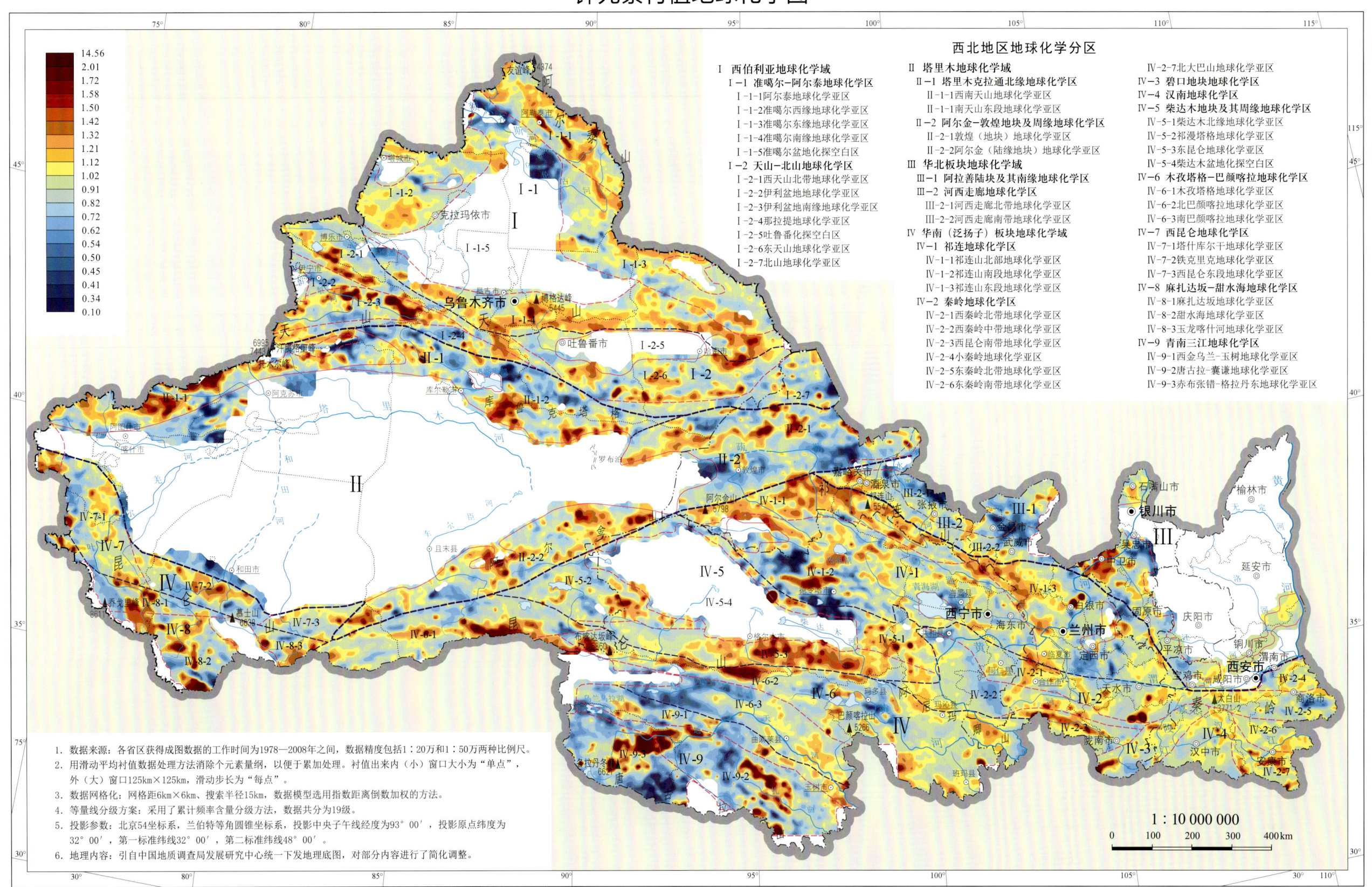

二氧化硅衬值地球化学图

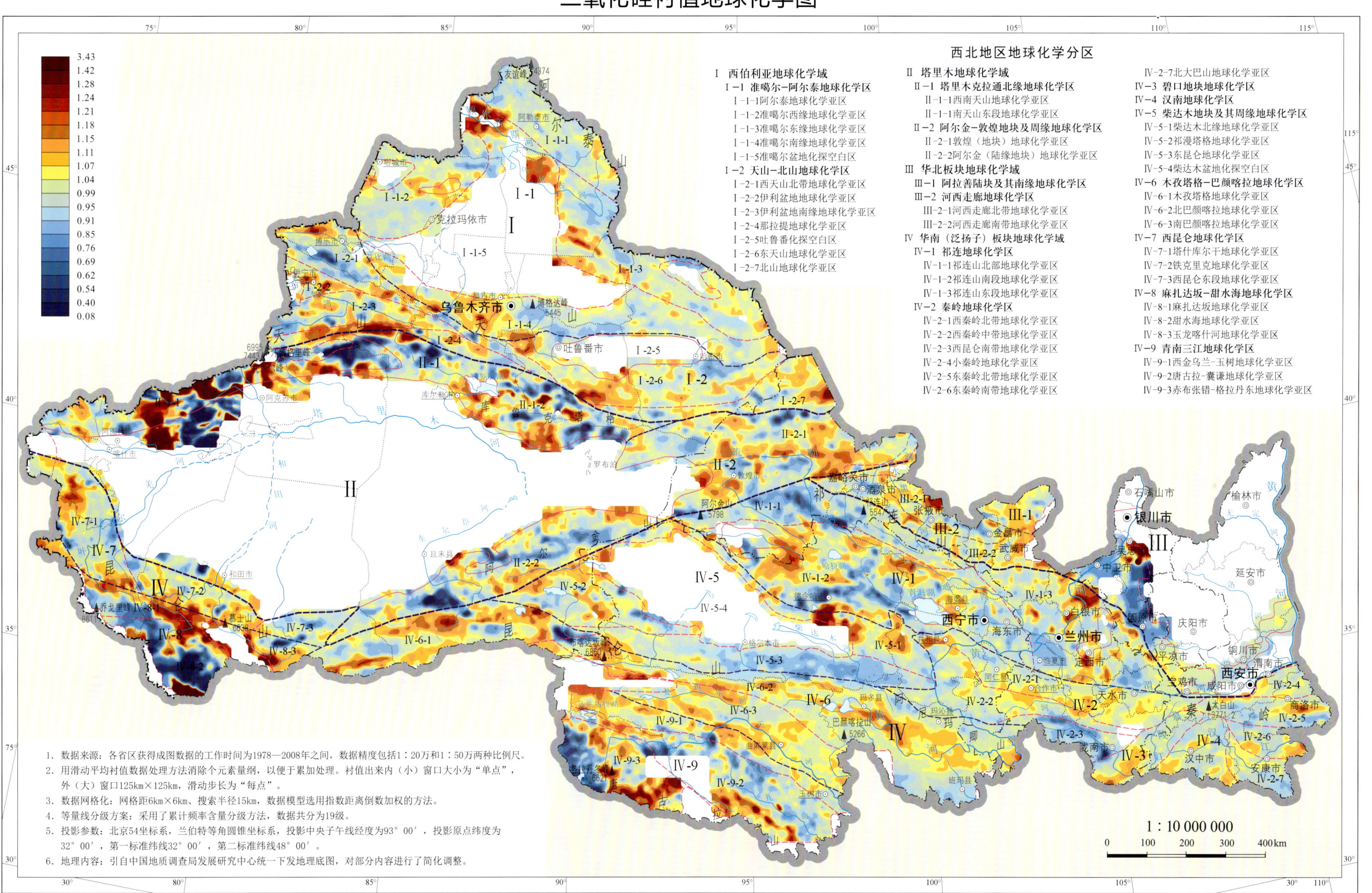

西北地区地球化学分区

I 西伯利亚地球化学域
  I-1 准噶尔-阿尔泰地球化学区
    I-1-1 阿尔泰地球化学亚区
    I-1-2 准噶尔西缘地球化学亚区
    I-1-3 准噶尔东缘地球化学亚区
    I-1-4 准噶尔南缘地球化学亚区
    I-1-5 准噶尔盆地化探空白区
  I-2 天山-北山地球化学区
    I-2-1 西天山北带地球化学亚区
    I-2-2 伊犁盆地地球化学亚区
    I-2-3 伊犁南缘地球化学亚区
    I-2-4 那拉提地球化学亚区
    I-2-5 吐鲁番化探空白区
    I-2-6 东天山地球化学亚区
    I-2-7 北山地球化学亚区

II 塔里木地球化学域
  II-1 塔里木克拉通北缘地球化学区
    II-1-1 西南天山地球化学亚区
    II-1-2 南天山东段地球化学亚区
  II-2 阿尔金-敦煌地块及周缘地球化学区
    II-2-1 敦煌（地块）地球化学亚区
    II-2-2 阿尔金（陆缘地块）地球化学亚区

III 华北板块地球化学域
  III-1 阿拉善陆块及其南缘地球化学区
  III-2 河西走廊地球化学区
    III-2-1 河西走廊北带地球化学亚区
    III-2-2 河西走廊南带地球化学亚区

IV 华南（泛扬子）板块地球化学域
  IV-1 祁连地球化学区
    IV-1-1 祁连山北部地球化学亚区
    IV-1-2 祁连山中段地球化学亚区
    IV-1-3 祁连山东段地球化学亚区
  IV-2 秦岭地球化学区
    IV-2-1 西秦岭北带地球化学亚区
    IV-2-2 秦岭中带地球化学亚区
    IV-2-3 西昆仑南带地球化学亚区
    IV-2-4 小秦岭地球化学亚区
    IV-2-5 东秦岭北带地球化学亚区
    IV-2-6 东秦岭南带地球化学亚区
    IV-2-7 北大巴山地球化学亚区
  IV-3 碧口地块地球化学区
  IV-4 汉南地球化学区
  IV-5 柴达木地块及其周缘地球化学区
    IV-5-1 柴达木北缘地球化学亚区
    IV-5-2 祁漫塔格地球化学亚区
    IV-5-3 东昆仑地块地球化学亚区
    IV-5-4 柴达木盆地化探空白区
  IV-6 木孜塔格-巴颜喀拉地球化学区
    IV-6-1 木孜塔格地球化学亚区
    IV-6-2 北巴颜喀拉地球化学亚区
    IV-6-3 南巴颜喀拉地球化学亚区
  IV-7 西昆仑地球化学区
    IV-7-1 塔什库尔干地球化学亚区
    IV-7-2 铁克里克地块地球化学亚区
    IV-7-3 西昆仑东段地球化学亚区
  IV-8 麻扎达坂-甜水海地球化学区
    IV-8-1 麻扎达坂地球化学亚区
    IV-8-2 甜水海地球化学亚区
    IV-8-3 玉龙喀什河地球化学亚区
  IV-9 青南三江地球化学区
    IV-9-1 西金乌兰-玉树地球化学亚区
    IV-9-2 唐古拉-囊谦地球化学亚区
    IV-9-3 赤布张错-格拉丹东地球化学亚区

1. 数据来源：各省区获得成图数据的工作时间为1978—2008年之间，数据精度包括1:20万和1:50万两种比例尺。
2. 用滑动平均衬值数据处理方法消除个元素量纲，以便于累加处理。衬值出来内（小）窗口大小为"单点"，外（大）窗口125km×125km，滑动步长为"每点"。
3. 数据网格化：网格距6km×6km，搜索半径15km，数据模型选用指数距离倒数加权的方法。
4. 等量线分级方案：采用了累计频率含量分级方法，数据共分为19级。
5. 投影参数：北京54坐标系，兰伯特等角圆锥坐标系，投影中央子午线经度为93°00′，投影原点纬度为32°00′，第一标准纬线32°00′，第二标准纬线48°00′。
6. 地理内容：引自中国地质调查局发展研究中心统一下发地理底图，对部分内容进行了简化调整。

1 : 10 000 000

三氧化二铝衬值地球化学图

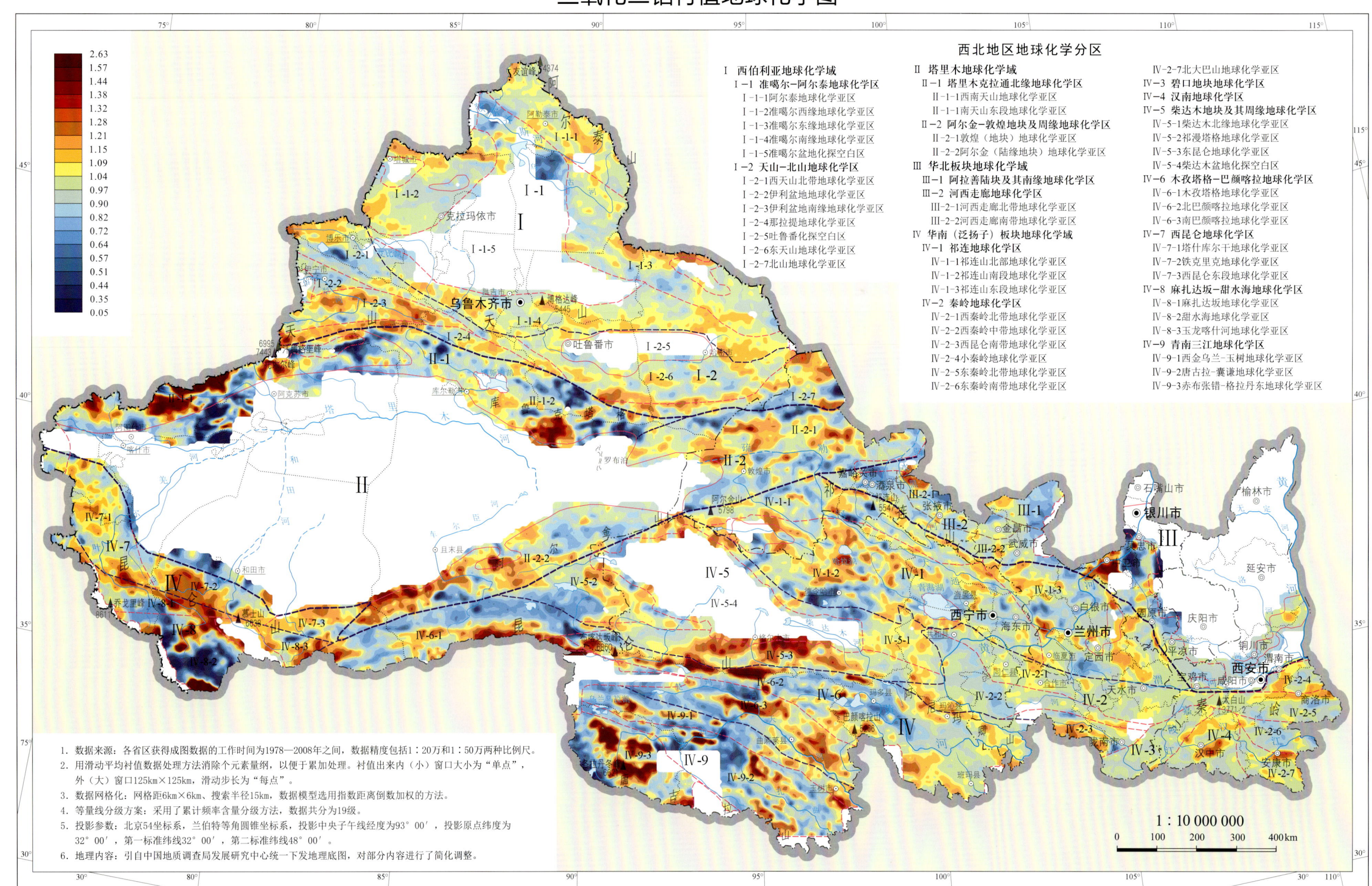

西北地区地球化学分区

I 西伯利亚地球化学域
  I-1 准噶尔-阿尔泰地球化学区
    I-1-1 阿尔泰地球化学亚区
    I-1-2 准噶尔西缘地球化学亚区
    I-1-3 准噶尔东缘地球化学亚区
    I-1-4 准噶尔南缘地球化学亚区
    I-1-5 准噶尔盆地化探空白区
  I-2 天山-北山地球化学区
    I-2-1 西天山北带地球化学亚区
    I-2-2 伊利盆地地球化学亚区
    I-2-3 伊利盆地南缘地球化学亚区
    I-2-4 那拉提地球化学亚区
    I-2-5 吐鲁番化探空白区
    I-2-6 东天山地球化学亚区
    I-2-7 北山地球化学亚区

II 塔里木地球化学域
  II-1 塔里木克拉通北缘地球化学区
    II-1-1 西南天山地球化学亚区
    II-1-1 南天山东段地球化学亚区
  II-2 阿尔金-敦煌地块及周缘地球化学区
    II-2-1 敦煌(地块)地球化学亚区
    II-2-2 阿尔金(陆缘地块)地球化学亚区

III 华北板块地球化学域
  III-1 阿拉善陆块及其南缘地球化学区
  III-2 河西走廊地球化学区
    III-2-1 河西走廊北带地球化学亚区
    III-2-1 河西走廊南带地球化学亚区

IV 华南(泛扬子)板块地球化学域
  IV-1 祁连地球化学区
    IV-1-1 祁连山北部地球化学亚区
    IV-1-2 祁连山南段地球化学亚区
    IV-1-3 祁连山东段地球化学亚区
  IV-2 秦岭地球化学区
    IV-2-1 西秦岭北带地球化学亚区
    IV-2-2 西秦岭中带地球化学亚区
    IV-2-3 西昆仑中带地球化学亚区
    IV-2-4 小秦岭地球化学亚区
    IV-2-5 东秦岭北带地球化学亚区
    IV-2-6 东秦岭南带地球化学亚区
    IV-2-7 北大巴山地球化学亚区
  IV-3 碧口地块地球化学区
  IV-4 汉南地球化学区
  IV-5 柴达木地块及其周缘地球化学区
    IV-5-1 柴达木北缘地球化学亚区
    IV-5-2 祁漫塔格地球化学亚区
    IV-5-3 东昆仑地球化学亚区
    IV-5-4 柴达木盆地化探空白区
  IV-6 木孜塔格-巴颜喀拉地球化学区
    IV-6-1 木孜塔格地球化学亚区
    IV-6-2 北巴颜喀拉地球化学亚区
    IV-6-3 南巴颜喀拉地球化学亚区
  IV-7 西昆仑地球化学区
    IV-7-1 喀什库尔干地球化学亚区
    IV-7-2 铁克里克地球化学亚区
    IV-7-3 西昆仑东段地球化学亚区
  IV-8 麻扎达坂-甜水海地球化学区
    IV-8-1 麻扎达坂地球化学亚区
    IV-8-2 甜水海地球化学亚区
    IV-8-3 玉龙喀什河地球化学亚区
  IV-9 青南三江地球化学区
    IV-9-1 西金乌兰-玉树地球化学亚区
    IV-9-2 唐古拉-囊谦地球化学亚区
    IV-9-3 赤布张错-格拉丹东地球化学亚区

图例数值:
2.63, 1.57, 1.44, 1.38, 1.32, 1.28, 1.21, 1.15, 1.09, 1.04, 0.97, 0.90, 0.82, 0.72, 0.64, 0.57, 0.51, 0.44, 0.35, 0.05

1. 数据来源：各省区获得成图数据的工作时间为1978—2008年之间，数据精度包括1:20万和1:50万两种比例尺。
2. 用滑动平均衬值数据处理方法消除个元素量纲，以便于累加处理。衬值出来内(小)窗口大小为"单点"，外(大)窗口125km×125km，滑动步长为"每点"。
3. 数据网格化：网格距6km×6km，搜索半径15km，数据模型选用指数距离倒数加权的方法。
4. 等量线分级方案：采用了累计频率含量分级方法，数据共分为19级。
5. 投影参数：北京54坐标系，兰伯特等角圆锥坐标系，投影中央子午线经度为93°00′，投影原点纬度为32°00′，第一标准纬线32°00′，第二标准纬线48°00′。
6. 地理内容：引自中国地质调查局发展研究中心统一下发地理底图，对部分内容进行了简化调整。

1:10 000 000

三氧化二铁衬值地球化学图

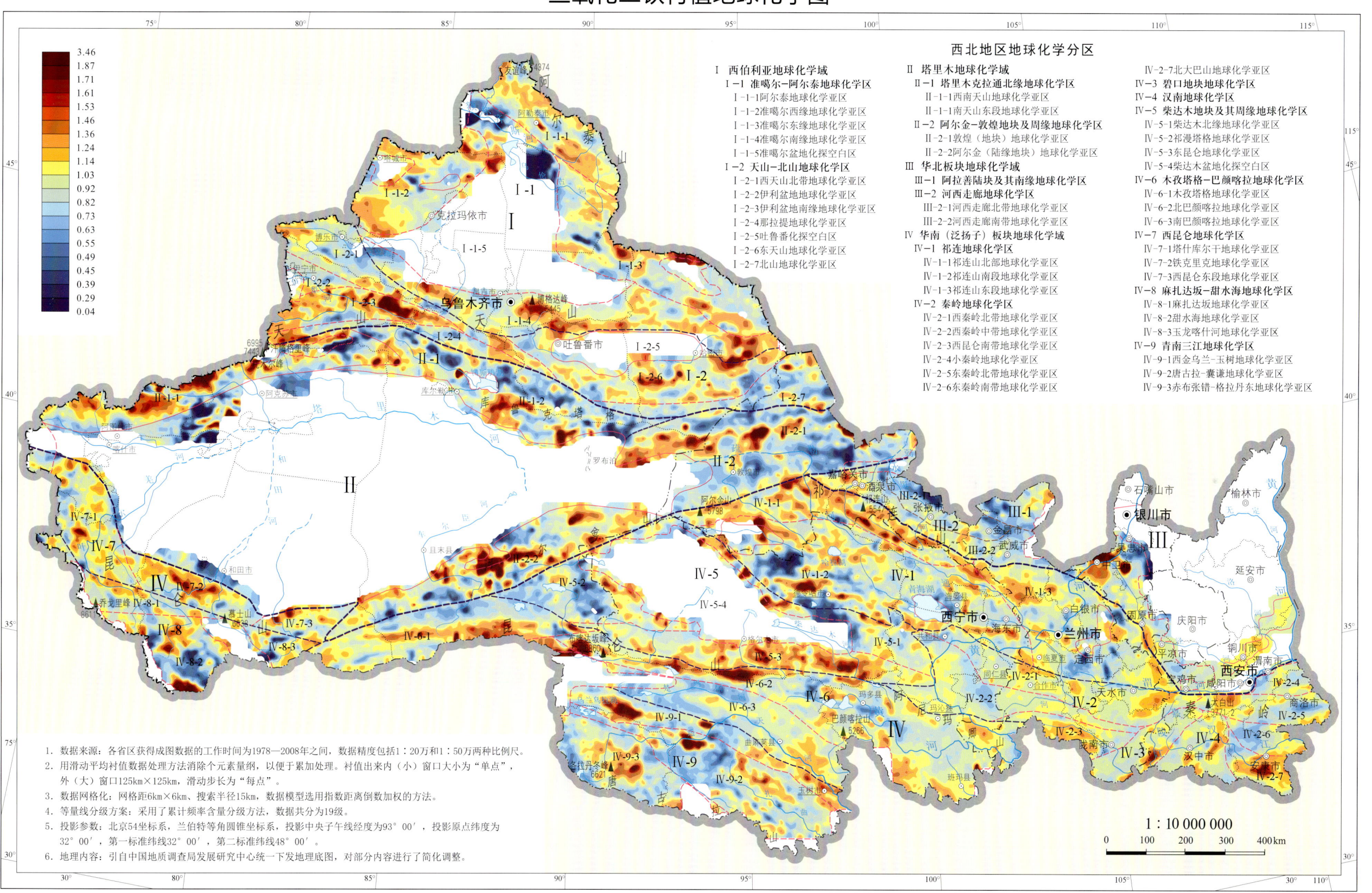

西北地区地球化学分区

I 西伯利亚地球化学域
- I-1 准噶尔—阿尔泰地球化学区
  - I-1-1 阿尔泰地球化学亚区
  - I-1-2 准噶尔西缘地球化学亚区
  - I-1-3 准噶尔东缘地球化学亚区
  - I-1-4 准噶尔南缘地球化学亚区
  - I-1-5 准噶尔盆地化探空白区
- I-2 天山—北山地球化学区
  - I-2-1 西天山北带地球化学亚区
  - I-2-2 伊犁盆地地球化学亚区
  - I-2-3 伊犁盆地南缘地球化学亚区
  - I-2-4 那拉提地球化学亚区
  - I-2-5 吐鲁番地化探空白区
  - I-2-6 东天山地球化学亚区
  - I-2-7 北山地球化学亚区

II 塔里木地球化学域
- II-1 塔里木克拉通北缘地球化学区
  - II-1-1 西南天山廊地球化学亚区
  - II-1-1 南天山东段地球化学亚区
- II-2 阿尔金—敦煌地块及周缘地球化学区
  - II-2-1 敦煌（地块）地球化学亚区
  - II-2-2 阿尔金（陆缘地块）地球化学亚区

III 华北板块地球化学域
- III-1 阿拉善陆块及其南缘地球化学区
- III-2 河西走廊地球化学区
  - III-2-1 河西走廊北带地球化学亚区
  - III-2-2 河西走廊南带地球化学亚区

IV 华南（泛扬子）板块地球化学域
- IV-1 祁连地球化学区
  - IV-1-1 祁连山北部地球化学亚区
  - IV-1-2 祁连山南段地球化学亚区
  - IV-1-3 祁连山东段地球化学亚区
- IV-2 秦岭地球化学区
  - IV-2-1 西秦岭北带地球化学亚区
  - IV-2-2 西秦岭南带地球化学亚区
  - IV-2-3 西昆仑南带地球化学亚区
  - IV-2-4 小秦岭地球化学亚区
  - IV-2-5 东秦岭北带地球化学亚区
  - IV-2-6 东秦岭南带地球化学亚区
  - IV-2-7 北大巴山地球化学亚区
- IV-3 碧口地块地球化学区
- IV-4 汉南地球化学区
- IV-5 柴达木地块及其周缘地球化学区
  - IV-5-1 柴达木北缘地球化学亚区
  - IV-5-2 祁漫塔格地球化学亚区
  - IV-5-3 东昆仑北缘地球化学亚区
  - IV-5-4 柴达木盆地化探空白区
- IV-6 木孜塔格—巴颜喀拉地球化学区
  - IV-6-1 木孜塔格地球化学亚区
  - IV-6-2 北巴颜喀拉地球化学亚区
  - IV-6-3 南巴颜喀拉地球化学亚区
- IV-7 西昆仑地球化学区
  - IV-7-1 塔什库尔干地球化学亚区
  - IV-7-2 铁克里克东段地球化学亚区
  - IV-7-3 西昆仑东段地球化学亚区
- IV-8 麻扎达坂—甜水海地球化学区
  - IV-8-1 麻扎达坂地球化学亚区
  - IV-8-2 甜水海地球化学亚区
  - IV-8-3 玉龙喀什河地球化学亚区
- IV-9 青南三江地球化学区
  - IV-9-1 西金乌兰—玉树地球化学亚区
  - IV-9-2 唐古拉—囊谦地球化学亚区
  - IV-9-3 赤布张错—格拉丹东地球化学亚区

---

1. 数据来源：各省区获得成图数据的工作时间为1978—2008年之间，数据精度包括1:20万和1:50万两种比例尺。
2. 用滑动平均衬值数据处理方法消除个元素量纲，以便于累加处理。衬值出来内（小）窗口大小为"单点"，外（大）窗口125km×125km，滑动步长为"每点"。
3. 数据网格化：网格距6km×6km，搜索半径15km，数据模型选用指数距离倒数加权的方法。
4. 等量线分级方案：采用了累计频率含量分级方法，数据共分为19级。
5. 投影参数：北京54坐标系，兰伯特等角圆锥坐标系，投影中央子午线经度为93°00′，投影原点纬度为32°00′，第一标准纬线32°00′，第二标准纬线48°00′。
6. 地理内容：引自中国地质调查局发展研究中心统一下发地理底图，对部分内容进行了简化调整。

1:10 000 000

氧化镁衬值地球化学图

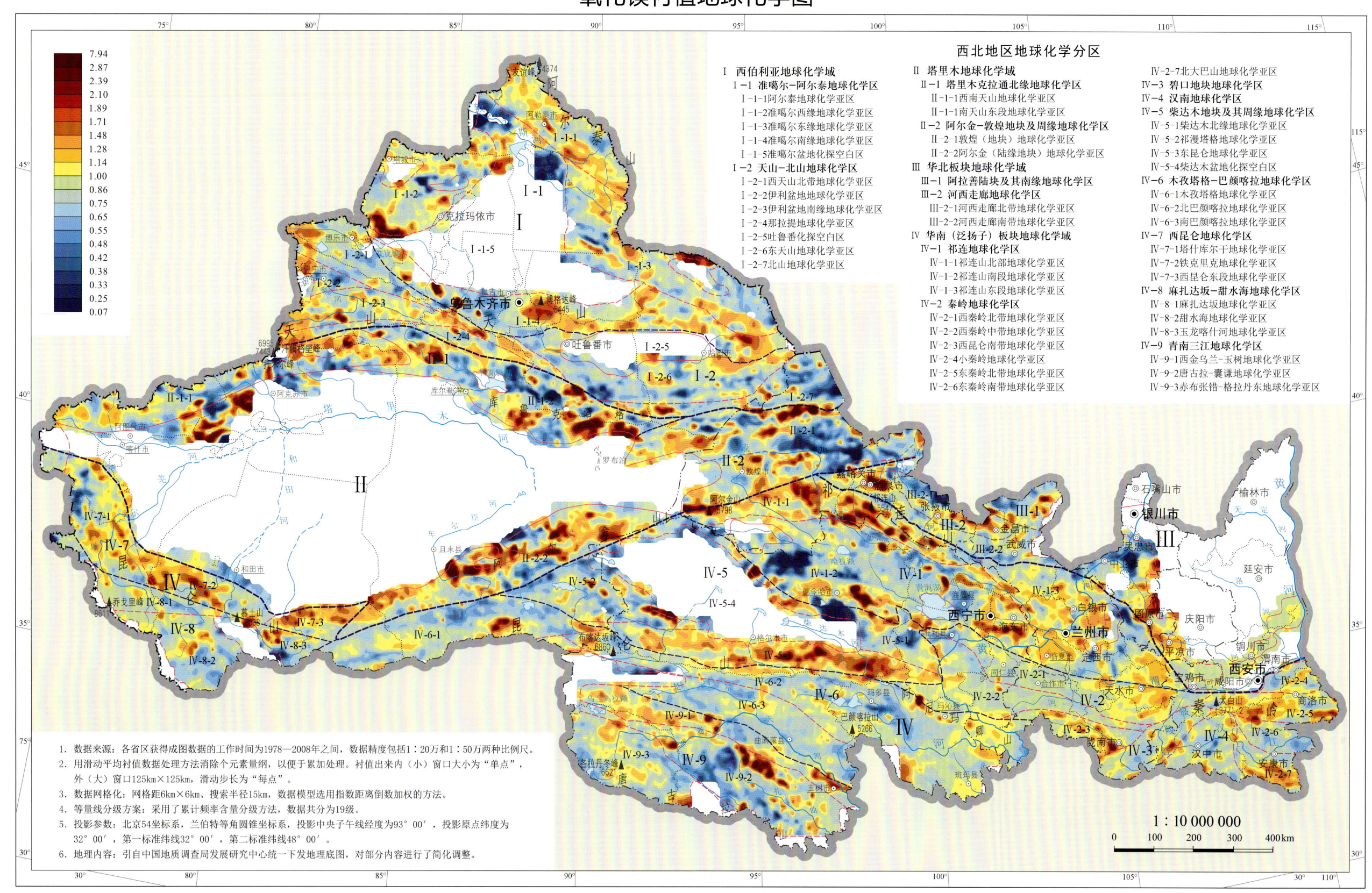

西北地区地球化学分区

I 西伯利亚地球化学域
  I-1 准噶尔-阿尔泰地球化学区
    I-1-1 阿尔泰地球化学亚区
    I-1-2 准噶尔西缘地球化学亚区
    I-1-3 准噶尔东缘地球化学亚区
    I-1-4 准噶尔南缘地球化学亚区
    I-1-5 准噶尔盆地化探空白区
  I-2 天山-北山地球化学区
    I-2-1 西天山北带地球化学亚区
    I-2-2 伊犁盆地地球化学亚区
    I-2-3 伊犁盆地南缘地球化学亚区
    I-2-4 那拉提地球化学亚区
    I-2-5 吐鲁番化探空白区
    I-2-6 东天山地球化学亚区
    I-2-7 北山地球化学亚区

II 塔里木地球化学域
  II-1 塔里木克拉通北缘地球化学区
    II-1-1 西南天山地球化学亚区
    II-1-1 南天山东段地球化学亚区
  II-2 阿尔金-敦煌地块及周缘地球化学区
    II-2-1 敦煌（地块）地球化学亚区
    II-2-2 阿尔金（陆缘地块）地球化学亚区

III 华北板块地球化学域
  III-1 阿拉善陆块及其南缘地球化学区
  III-2 河西走廊地球化学区
    III-2-1 河西走廊北带地球化学亚区
    III-2-2 河西走廊南带地球化学亚区

IV 华南（泛扬子）板块地球化学域
  IV-1 祁连地球化学区
    IV-1-1 祁连山北部地球化学亚区
    IV-1-2 祁连山南段地球化学亚区
    IV-1-3 祁连山东段地球化学亚区
  IV-2 秦岭地球化学区
    IV-2-1 秦岭北带地球化学亚区
    IV-2-2 西秦岭中带地球化学亚区
    IV-2-3 西秦岭南带地球化学亚区
    IV-2-4 小秦岭地球化学亚区
    IV-2-5 东秦岭北带地球化学亚区
    IV-2-6 东秦岭南带地球化学亚区
    IV-2-7 北大巴山地球化学亚区
  IV-3 碧口地块地球化学区
  IV-4 汉南地球化学区
  IV-5 柴达木地块及其周缘地球化学区
    IV-5-1 柴达木北缘地球化学亚区
    IV-5-2 祁漫塔格地球化学亚区
    IV-5-3 东昆仑东段地球化学亚区
    IV-5-4 柴达木盆地化探空白区
  IV-6 木孜塔格-巴颜喀拉地球化学区
    IV-6-1 木孜塔格地球化学亚区
    IV-6-2 北巴颜喀拉地球化学亚区
    IV-6-3 南巴颜喀拉地球化学亚区
  IV-7 西昆仑地球化学区
    IV-7-1 塔什库尔干地球化学亚区
    IV-7-2 铁克里克地球化学亚区
    IV-7-3 西昆仑东段地球化学亚区
  IV-8 麻扎达坂-甜水海地球化学区
    IV-8-1 麻扎达坂地球化学亚区
    IV-8-2 甜水海地球化学亚区
    IV-8-3 玉龙喀什河地球化学亚区
  IV-9 青南三江地球化学区
    IV-9-1 西金乌兰-玉树地球化学亚区
    IV-9-2 唐古拉-囊谦地球化学亚区
    IV-9-3 赤布张错-格拉丹东地球化学亚区

1. 数据来源：各省区获得成图数据的工作时间为1978—2008年之间，数据精度包括1:20万和1:50万两种比例尺。
2. 用滑动平均衬值数据处理方法消除个元素量纲，以便于累加处理。衬值出来内（小）窗口大小为"单点"，外（大）窗口125km×125km，滑动步长为"每点"。
3. 数据网格化：网格距6km×6km、搜索半径15km，数据模型选用指数距离倒数加权的方法。
4. 等量线分级方案：采用了累计频率含量分级方法，数据共分为19级。
5. 投影参数：北京54坐标系，兰伯特等角圆锥坐标系，投影中央子午线经度为93°00′，投影原点纬度为32°00′，第一标准纬线32°00′，第二标准纬线48°00′。
6. 地理内容：引自中国地质调查局发展研究中心统一下发地理底图，对部分内容进行了简化调整。

1 : 10 000 000

氧化钙衬值地球化学图

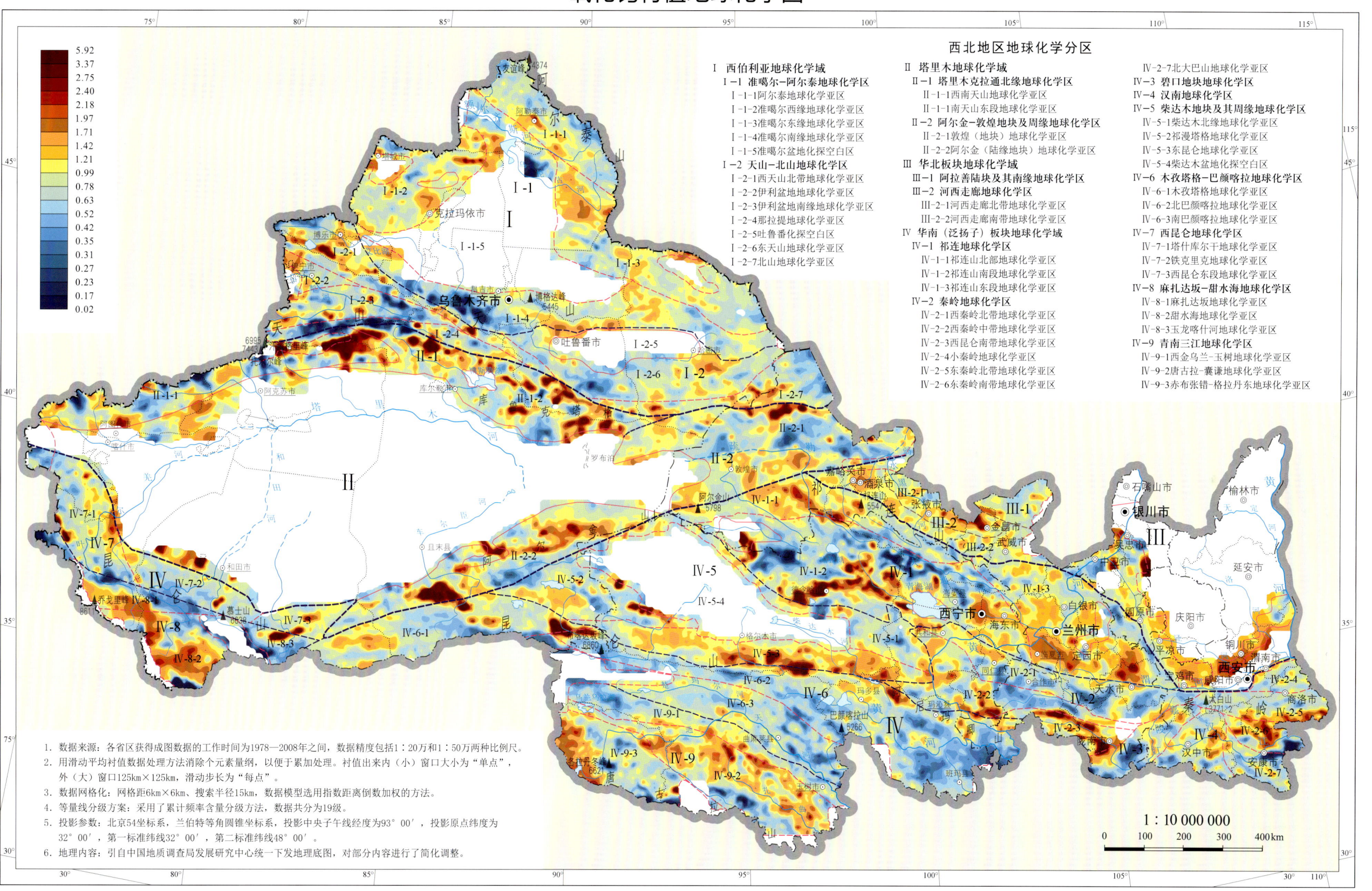

西北地区地球化学分区

I 西伯利亚地球化学域
- I-1 准噶尔-阿尔泰地球化学区
  - I-1-1 阿尔泰地球化学亚区
  - I-1-2 准噶尔西缘地球化学亚区
  - I-1-3 准噶尔东缘地球化学亚区
  - I-1-4 准噶尔南缘地球化学亚区
  - I-1-5 准噶尔盆地化探空白区
- I-2 天山-北山地球化学区
  - I-2-1 西天山北带地球化学亚区
  - I-2-2 伊犁盆地地球化学亚区
  - I-2-3 伊犁地南缘地球化学亚区
  - I-2-4 那拉提地球化学亚区
  - I-2-5 吐鲁番化探空白区
  - I-2-6 东天山地球化学亚区
  - I-2-7 北山地球化学亚区

II 塔里木地球化学域
- II-1 塔里木克拉通北缘地球化学区
  - II-1-1 西南天山地球化学亚区
  - II-1-1 南天山东段地球化学亚区
- II-2 阿尔金-敦煌地块及周缘地球化学区
  - II-2-1 敦煌（地块）地球化学亚区
  - II-2-2 阿尔金（陆缘地块）地球化学亚区

III 华北板块地球化学域
- III-1 阿拉善陆块及其南缘地球化学区
- III-2 河西走廊地球化学区
  - III-2-1 河西走廊北带地球化学亚区
  - III-2-2 河西走廊南带地球化学亚区

IV 华南（泛扬子）板块地球化学域
- IV-1 祁连地球化学区
  - IV-1-1 祁连山北段地球化学亚区
  - IV-1-2 祁连山中段地球化学亚区
  - IV-1-3 祁连山东段地球化学亚区
- IV-2 秦岭地球化学区
  - IV-2-1 西秦岭北带地球化学亚区
  - IV-2-2 西秦岭中带地球化学亚区
  - IV-2-3 东昆仑南带地球化学亚区
  - IV-2-4 小秦岭地球化学亚区
  - IV-2-5 东秦岭北带地球化学亚区
  - IV-2-6 东秦岭南带地球化学亚区
  - IV-2-7 北大巴山地球化学亚区
- IV-3 碧口地块地球化学区
- IV-4 汉南地球化学区
- IV-5 柴达木地块及其周缘地球化学区
  - IV-5-1 柴达木北缘地球化学亚区
  - IV-5-2 祁漫塔格地球化学亚区
  - IV-5-3 东昆仑地球化学亚区
  - IV-5-4 柴达木盆地化探空白区
- IV-6 木孜塔格-巴颜喀拉地球化学区
  - IV-6-1 木孜塔格地球化学亚区
  - IV-6-2 北巴颜喀拉地球化学亚区
  - IV-6-3 南巴颜喀拉地球化学亚区
- IV-7 西昆仑地球化学区
  - IV-7-1 塔什库尔干地球化学亚区
  - IV-7-2 铁克里克地块地球化学亚区
  - IV-7-3 西昆仑东段地球化学亚区
- IV-8 麻扎达坂-甜水海地球化学区
  - IV-8-1 麻扎达坂地球化学亚区
  - IV-8-2 甜水海地球化学亚区
  - IV-8-3 玉龙喀什河地球化学亚区
- IV-9 青南三江地球化学区
  - IV-9-1 西金乌兰-玉树地球化学亚区
  - IV-9-2 唐古拉-囊谦地球化学亚区
  - IV-9-3 赤布张错-格拉丹东地球化学亚区

1. 数据来源：各省区获得成图数据的工作时间为1978—2008年之间，数据精度包括1∶20万和1∶50万两种比例尺。
2. 用滑动平均衬值数据处理方法消除个元素量纲，以便于累加处理。衬值出来内（小）窗口大小为"单点"，外（大）窗口125km×125km，滑动步长为"每点"。
3. 数据网格化：网格距6km×6km，搜索半径15km，数据模型选用指数距离倒数加权的方法。
4. 等量线分级方案：采用了累计频率含量分级方法，数据共分为19级。
5. 投影参数：北京54坐标系，兰伯特等角圆锥坐标系，投影中央子午线经度为93°00′，投影原点纬度为32°00′，第一标准纬线32°00′，第二标准纬线48°00′。
6. 地理内容：引自中国地质调查局发展研究中心统一下发地理底图，对部分内容进行了简化调整。

1∶10 000 000

氧化钠衬值地球化学图

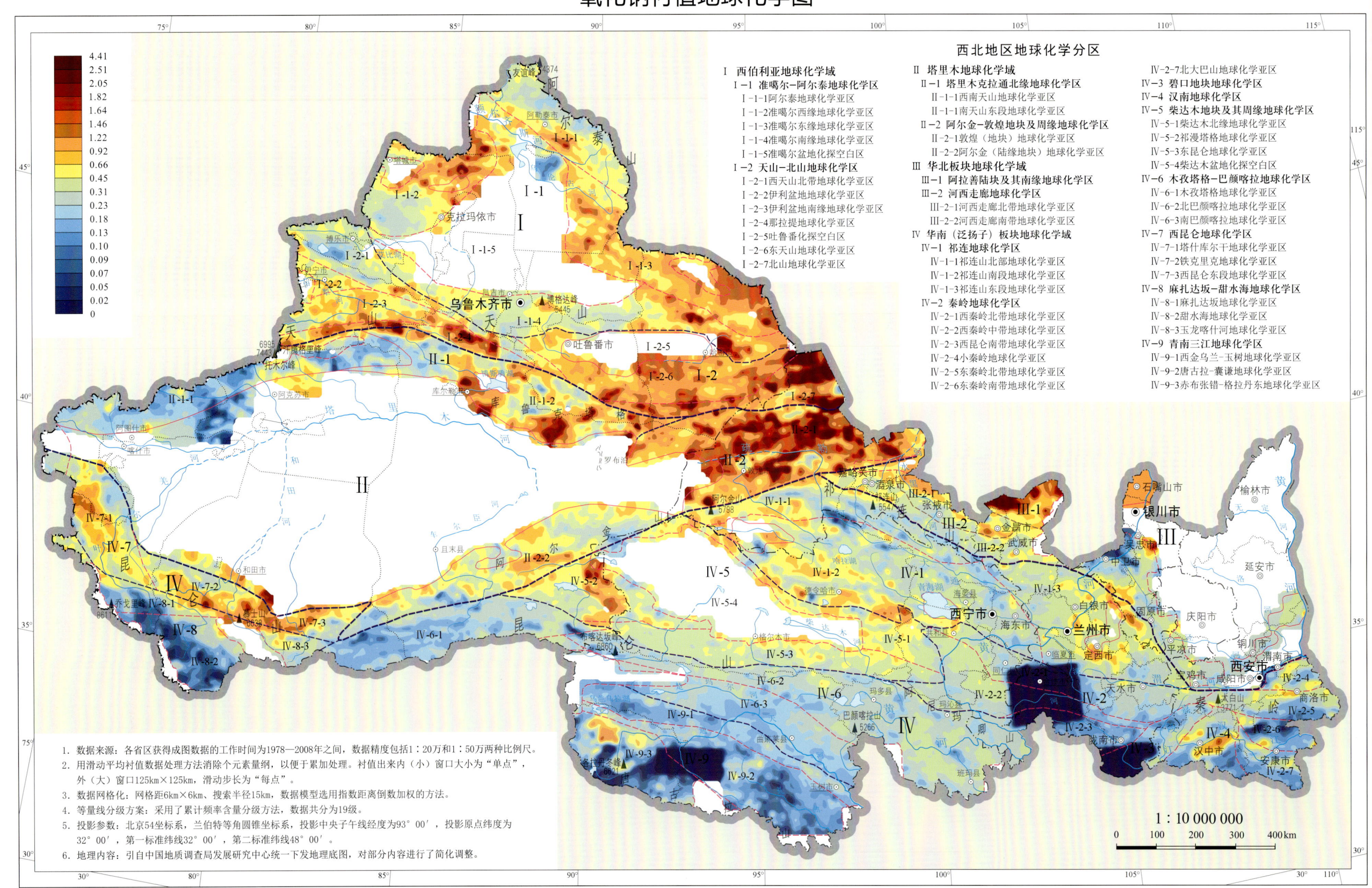

西北地区地球化学分区

I 西伯利亚地球化学域
　I-1 准噶尔-阿尔泰地球化学区
　　I-1-1 阿尔泰地球化学亚区
　　I-1-2 准噶尔西缘地球化学亚区
　　I-1-3 准噶尔东缘地球化学亚区
　　I-1-4 准噶尔南缘地球化学亚区
　　I-1-5 准噶尔盆地化探空白区
　I-2 天山-北山地球化学区
　　I-2-1 西天山北带地球化学亚区
　　I-2-2 伊犁盆地地球化学亚区
　　I-2-3 伊犁地南缘地球化学亚区
　　I-2-4 那拉提地球化学亚区
　　I-2-5 吐鲁番化探空白区
　　I-2-6 东天山地球化学亚区
　　I-2-7 北山地球化学亚区

II 塔里木地球化学域
　II-1 塔里木克拉通北缘地球化学区
　　II-1-1 西南天山地球化学亚区
　　II-1-1 南天山东段地球化学亚区
　II-2 阿尔金-敦煌地块及周缘地球化学区
　　II-2-1 敦煌（地块）北缘地球化学亚区
　　II-2-2 阿尔金（陆缘地块）地球化学亚区

III 华北板块地球化学域
　III-1 阿拉善陆块及其南缘地球化学区
　III-2 河西走廊地球化学区
　　III-2-1 河西走廊北带地球化学亚区
　　III-2-2 河西走廊南带地球化学亚区

IV 华南（泛扬子）板块地球化学域
　IV-1 祁连地球化学区
　　IV-1-1 祁连山北段地球化学亚区
　　IV-1-2 祁连山南段地球化学亚区
　　IV-1-3 祁连山东段地球化学亚区
　IV-2 秦岭地球化学区
　　IV-2-1 西秦岭北带地球化学亚区
　　IV-2-2 西秦岭中带地球化学亚区
　　IV-2-3 西昆仑南带地球化学亚区
　　IV-2-4 小秦岭地球化学亚区
　　IV-2-5 东秦岭北带地球化学亚区
　　IV-2-6 东秦岭南带地球化学亚区
　　IV-2-7 北大巴山地球化学亚区
　IV-3 碧口地块地球化学区
　IV-4 汉南地球化学区
　IV-5 柴达木地块及其周缘地球化学区
　　IV-5-1 柴达木北缘地球化学亚区
　　IV-5-2 祁漫塔格地球化学亚区
　　IV-5-3 东昆仑地球化学亚区
　　IV-5-4 柴达木盆地化探空白区
　IV-6 木孜塔格-巴颜喀拉地球化学区
　　IV-6-1 木孜塔格地球化学亚区
　　IV-6-2 北巴颜喀拉地球化学亚区
　　IV-6-3 南巴颜喀拉地球化学亚区
　IV-7 西昆仑地球化学区
　　IV-7-1 塔什库尔干地球化学亚区
　　IV-7-2 铁克里克地球化学亚区
　　IV-7-3 西昆仑东段地球化学亚区
　IV-8 麻扎达坂-甜水海地球化学区
　　IV-8-1 麻扎达坂地球化学亚区
　　IV-8-2 甜水海地球化学亚区
　　IV-8-3 玉龙喀什河地球化学亚区
　IV-9 青南三江地球化学区
　　IV-9-1 西金乌兰-玉树地球化学亚区
　　IV-9-2 唐古拉-囊谦地球化学亚区
　　IV-9-3 赤布张错-格拉丹东地球化学亚区

1. 数据来源：各省区获得成图数据的工作时间为1978—2008年之间，数据精度包括1∶20万和1∶50万两种比例尺。
2. 用滑动平均衬值数据处理方法消除个元素量纲，以便于累加处理。衬值出来内（小）窗口大小为"单点"，外（大）窗口125km×125km，滑动步长为"每点"。
3. 数据网格化：网格距6km×6km，搜索半径15km，数据模型选用指数距离倒数加权的方法。
4. 等量线分级方案：采用了累计频率含量分级方法，数据共分为19级。
5. 投影参数：北京54坐标系，兰伯特等角圆锥坐标系，投影中央子午线经度为93°00′，投影原点纬度为32°00′，第一标准纬线32°00′，第二标准纬线48°00′。
6. 地理内容：引自中国地质调查局发展研究中心统一下发地理底图，对部分内容进行了简化调整。

1∶10 000 000

衬值地球化学异常图

银元素衬值地球化学异常图

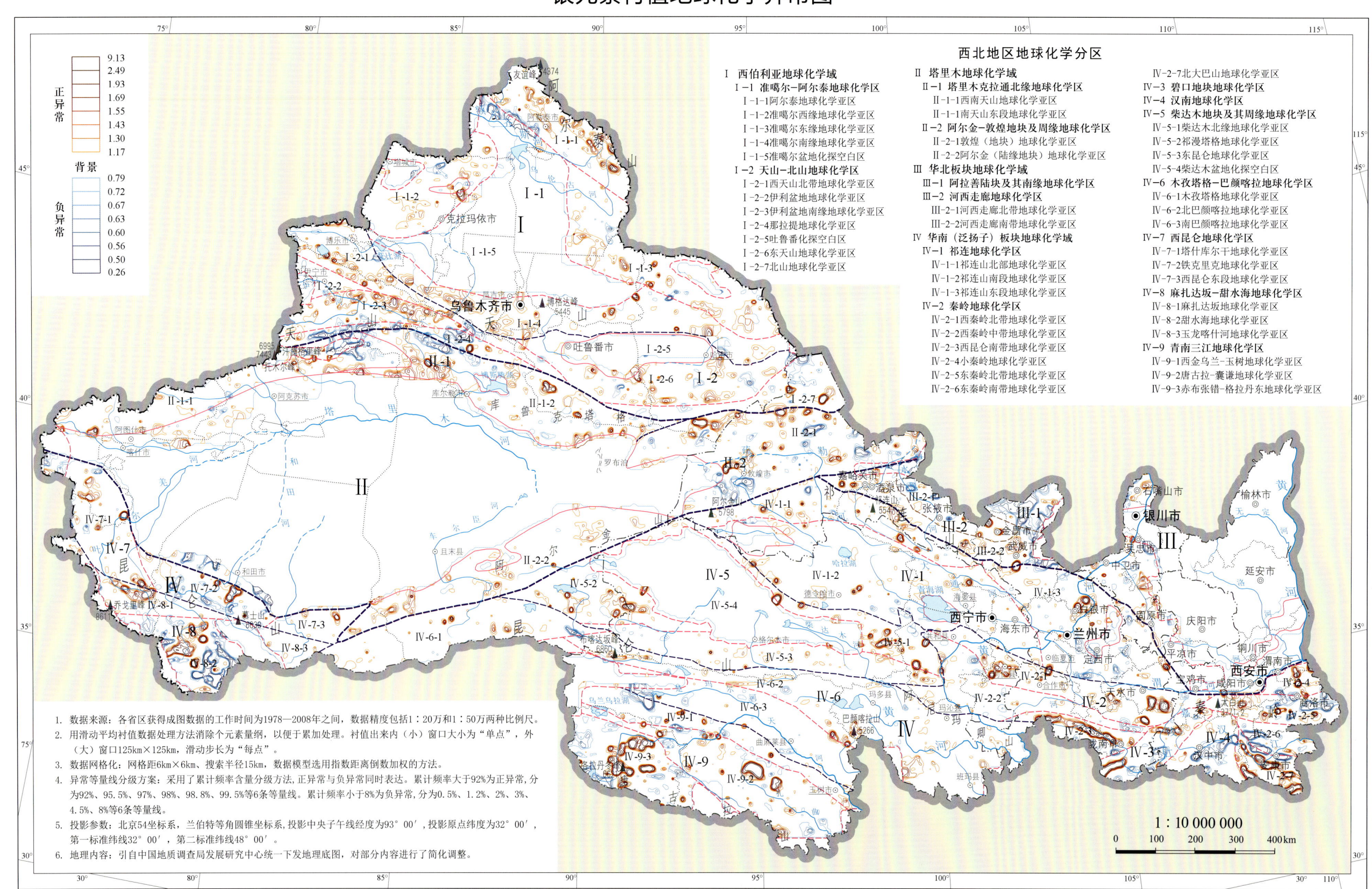

砷元素衬值地球化学异常图

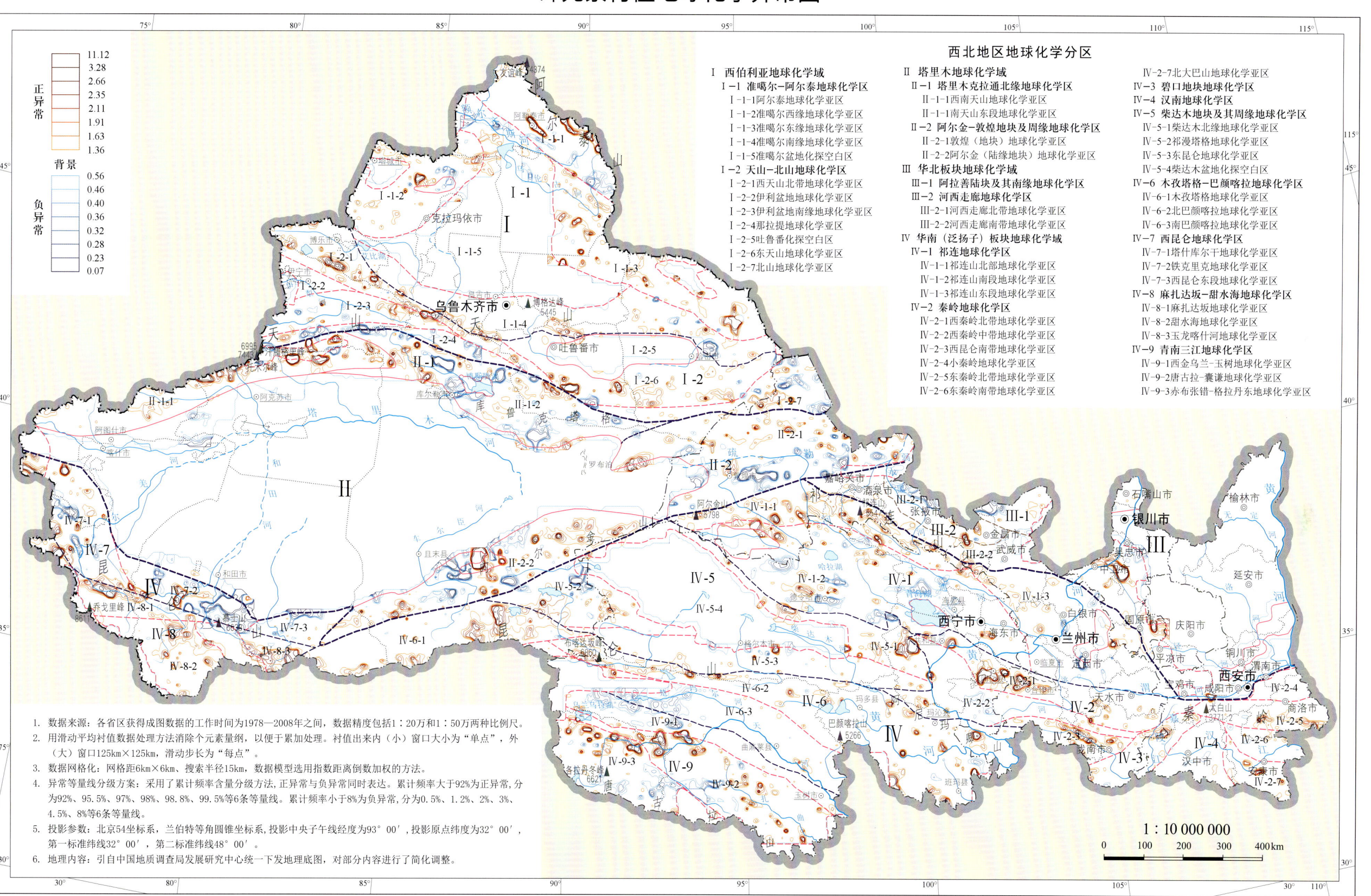

西北地区地球化学分区

I 西伯利亚地球化学域
- I-1 准噶尔—阿尔泰地球化学区
  - I-1-1 阿尔泰地球化学亚区
  - I-1-2 准噶尔西缘地球化学亚区
  - I-1-3 准噶尔东缘地球化学亚区
  - I-1-4 准噶尔南缘地球化学亚区
  - I-1-5 准噶尔盆地化探空白区
- I-2 天山—北山地球化学区
  - I-2-1 西天山北带地球化学亚区
  - I-2-2 伊利盆地地球化学亚区
  - I-2-3 伊利盆地南缘地球化学亚区
  - I-2-4 那拉提地球化学亚区
  - I-2-5 吐鲁番化探空白区
  - I-2-6 东天山地球化学亚区
  - I-2-7 北山地球化学亚区

II 塔里木地球化学域
- II-1 塔里木克拉通北缘地球化学区
  - II-1-1 西南天山地球化学亚区
  - II-1-1 南天山东段地球化学亚区
- II-2 阿尔金—敦煌地块及周缘地球化学区
  - II-2-1 敦煌（地块）地球化学亚区
  - II-2-2 阿尔金（陆缘地块）地球化学亚区

III 华北板块地球化学域
- III-1 阿拉善陆块及其南缘地球化学区
- III-2 河西走廊地球化学区
  - III-2-1 河西走廊北带地球化学亚区
  - III-2-2 河西走廊南带地球化学亚区

IV 华南（泛扬子）板块地球化学域
- IV-1 祁连地球化学区
  - IV-1-1 祁连山北部地球化学亚区
  - IV-1-2 祁连山南段地球化学亚区
  - IV-1-3 祁连山东段地球化学亚区
- IV-2 秦岭地球化学区
  - IV-2-1 西秦岭北带地球化学亚区
  - IV-2-2 西秦岭中带地球化学亚区
  - IV-2-3 西昆仑南带地球化学亚区
  - IV-2-4 小秦岭地球化学亚区
  - IV-2-5 东秦岭北带地球化学亚区
  - IV-2-6 东秦岭南带地球化学亚区
  - IV-2-7 北大巴山地球化学亚区
- IV-3 碧口地块地球化学区
- IV-4 汉南地球化学区
- IV-5 柴达木地块及其周缘地球化学区
  - IV-5-1 柴达木北缘地球化学亚区
  - IV-5-2 祁漫塔格地球化学亚区
  - IV-5-3 东昆仑北缘地球化学亚区
  - IV-5-4 柴达木盆地化探空白区
- IV-6 木孜塔格—巴颜喀拉地球化学区
  - IV-6-1 木孜塔格地球化学亚区
  - IV-6-2 北巴颜喀拉地球化学亚区
  - IV-6-3 南巴颜喀拉地球化学亚区
- IV-7 西昆仑地球化学区
  - IV-7-1 塔什库尔干地球化学亚区
  - IV-7-2 铁克里克地球化学亚区
  - IV-7-3 西昆仑东段地球化学亚区
- IV-8 麻扎达坂—甜水海地球化学区
  - IV-8-1 麻扎达坂地球化学亚区
  - IV-8-2 甜水海地球化学亚区
  - IV-8-3 玉龙喀什河地球化学亚区
- IV-9 青南三江地球化学区
  - IV-9-1 西金乌兰—玉树地球化学亚区
  - IV-9-2 唐古拉—囊谦地球化学亚区
  - IV-9-3 赤布张错—格拉丹东地球化学亚区

---

1. 数据来源：各省区获得成图数据的工作时间为1978—2008年之间，数据精度包括1:20万和1:50万两种比例尺。
2. 用滑动平均衬值数据处理方法消除个元素含量网，以便于累加处理。衬值出来内（小）窗口大小为"单点"，外（大）窗口125km×125km，滑动步长为"每点"。
3. 数据网格化：网格距6km×6km，搜索半径15km，数据模型选用指数距离倒数加权的方法。
4. 异常等量线分级方案：采用了累计频率含量分级方法，正异常与负异常同时表达。累计频率大于92%为正异常，分为92%、95.5%、97%、98%、98.8%、99.5%等6条等量线。累计频率小于8%为负异常，分为0.5%、1.2%、2%、3%、4.5%、8%等6条等量线。
5. 投影参数：北京54坐标系，兰伯特等角圆锥坐标系，投影中央子午线经度为93°00′，投影原点纬度为32°00′，第一标准纬线32°00′，第二标准纬线48°00′。
6. 地理内容：引自中国地质调查局发展研究中心统一下发地理底图，对部分内容进行了简化调整。

1:10 000 000

金元素衬值地球化学异常图

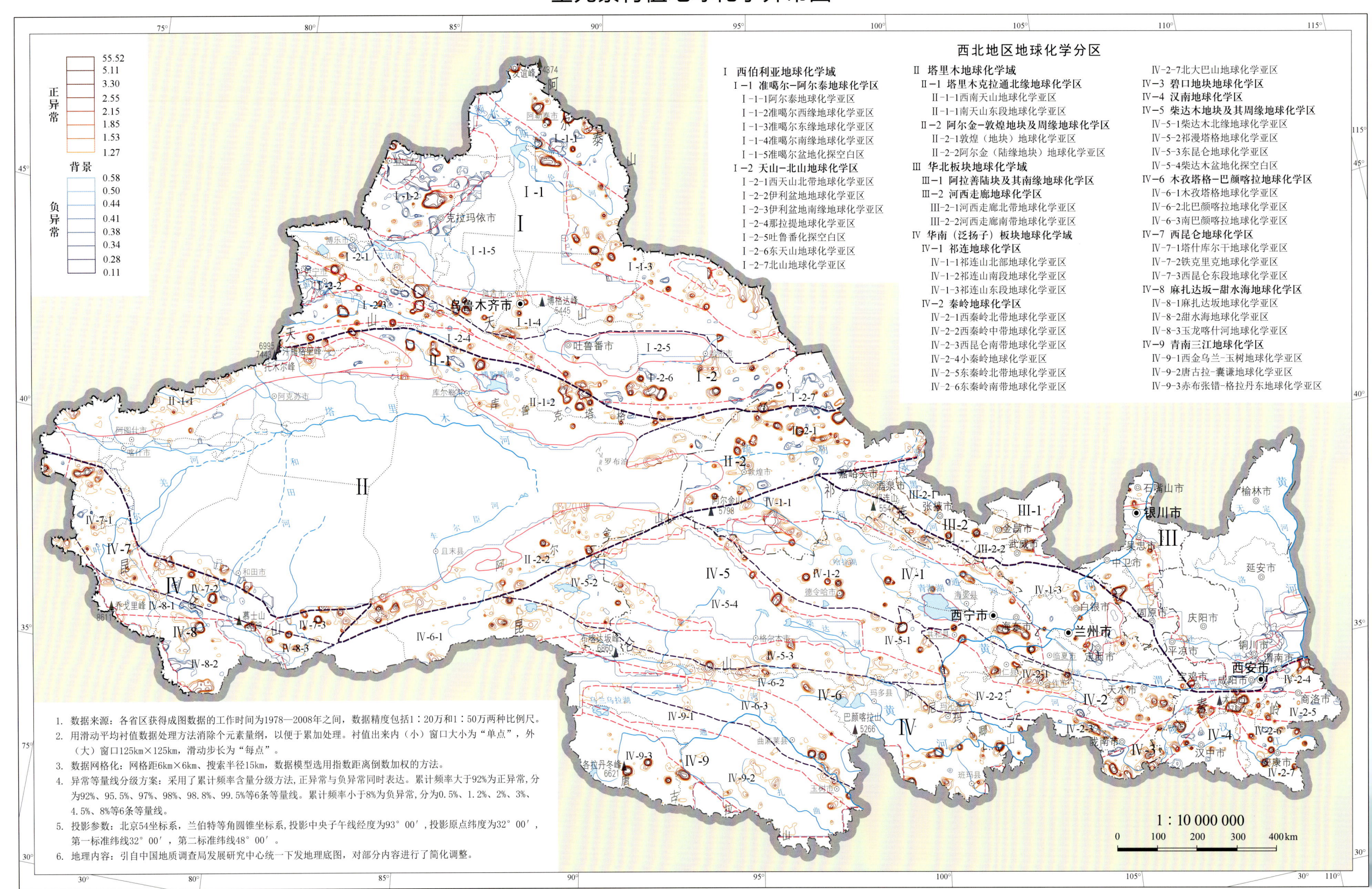

西北地区地球化学分区

I 西伯利亚地球化学域
　I-1 准噶尔-阿尔泰地球化学区
　　I-1-1 阿尔泰地球化学亚区
　　I-1-2 准噶尔西缘地球化学亚区
　　I-1-3 准噶尔东缘地球化学亚区
　　I-1-4 准噶尔南缘地球化学亚区
　　I-1-5 准噶尔盆地化探空白区
　I-2 天山-北山地球化学区
　　I-2-1 西天山北带地球化学亚区
　　I-2-2 伊利盆地地球化学亚区
　　I-2-3 伊利盆地南缘地球化学亚区
　　I-2-4 那拉提地球化学亚区
　　I-2-5 吐鲁番化探空白区
　　I-2-6 东天山地球化学亚区
　　I-2-7 北山地球化学亚区

II 塔里木地球化学域
　II-1 塔里木克拉通北缘地球化学区
　　II-1-1 西南天山地球化学亚区
　　II-1-1 南天山东段地球化学亚区
　II-2 阿尔金-敦煌地块及周缘地球化学区
　　II-2-1 敦煌（地块）地球化学亚区
　　II-2-2 阿尔金（陆缘地块）地球化学亚区

III 华北板块地球化学域
　III-1 阿拉善陆块及其南缘地球化学区
　III-2 河西走廊地球化学区
　　III-2-1 河西走廊北带地球化学亚区
　　III-2-2 河西走廊南带地球化学亚区

IV 华南（泛扬子）板块地球化学域
　IV-1 祁连地球化学区
　　IV-1-1 祁连山北部地球化学亚区
　　IV-1-2 祁连山南段地球化学亚区
　　IV-1-3 祁连山东段地球化学亚区
　IV-2 秦岭地球化学区
　　IV-2-1 西秦岭北带地球化学亚区
　　IV-2-2 西秦岭中带地球化学亚区
　　IV-2-3 西昆仑南带地球化学亚区
　　IV-2-4 小秦岭地球化学亚区
　　IV-2-5 东秦岭北带地球化学亚区
　　IV-2-6 东秦岭南带地球化学亚区

　　IV-2-7 北大巴山地球化学亚区
　IV-3 碧口地块地球化学区
　IV-4 汉南地球化学区
　IV-5 柴达木地块及其周缘地球化学区
　　IV-5-1 柴达木北缘地球化学亚区
　　IV-5-2 祁漫塔格地球化学亚区
　　IV-5-3 东昆仑地球化学亚区
　　IV-5-4 柴达木盆地化探空白区
　IV-6 木孜塔格-巴颜喀拉地球化学区
　　IV-6-1 木孜塔格地球化学亚区
　　IV-6-2 北巴颜喀拉地球化学亚区
　　IV-6-3 南巴颜喀拉地球化学亚区
　IV-7 西昆仑地球化学区
　　IV-7-1 塔什库尔干地球化学亚区
　　IV-7-2 铁克里克地块地球化学亚区
　　IV-7-3 西昆仑东段地球化学亚区
　IV-8 麻扎达坂-甜水海地球化学区
　　IV-8-1 麻扎达坂地球化学亚区
　　IV-8-2 甜水海地球化学亚区
　　IV-8-3 玉龙喀什河地球化学亚区
　IV-9 青南三江地球化学区
　　IV-9-1 西金乌兰-玉树地球化学亚区
　　IV-9-2 唐古拉-囊谦地球化学亚区
　　IV-9-3 赤布张错-格拉丹东地球化学亚区

图例

正异常	55.52 / 5.11 / 3.30 / 2.55 / 2.15 / 1.85 / 1.53 / 1.27
背景	0.58 / 0.50 / 0.44
负异常	0.41 / 0.38 / 0.34 / 0.28 / 0.11

说明

1. 数据来源：各省区获得成图数据的工作时间为1978—2008年之间，数据精度包括1:20万和1:50万两种比例尺。
2. 用滑动平均衬值数据处理方法消除个元素量纲，以便于累加处理。衬值出来内（小）窗口大小为"单点"，外（大）窗口125km×125km，滑动步长为"每点"。
3. 数据网格化：网格距6km×6km，搜索半径15km，数据模型选用指数距离倒数加权的方法。
4. 异常等量线分级方案：采用了累计频率含量分级方法，正异常与负异常同时表达。累计频率大于92%为正异常，分为92%、95.5%、97%、98%、98.8%、99.5%等6条等量线。累计频率小于8%为负异常，分为0.5%、1.2%、2%、3%、4.5%、8%等6条等量线。
5. 投影参数：北京54坐标系，兰伯特等角圆锥坐标系，投影中央子午线经度为93°00′，投影原点纬度为32°00′，第一标准纬线32°00′，第二标准纬线48°00′。
6. 地理内容：引自中国地质调查局发展研究中心统一下发地理底图，对部分内容进行了简化调整。

1:10 000 000

0　100　200　300　400 km

硼元素衬值地球化学异常图

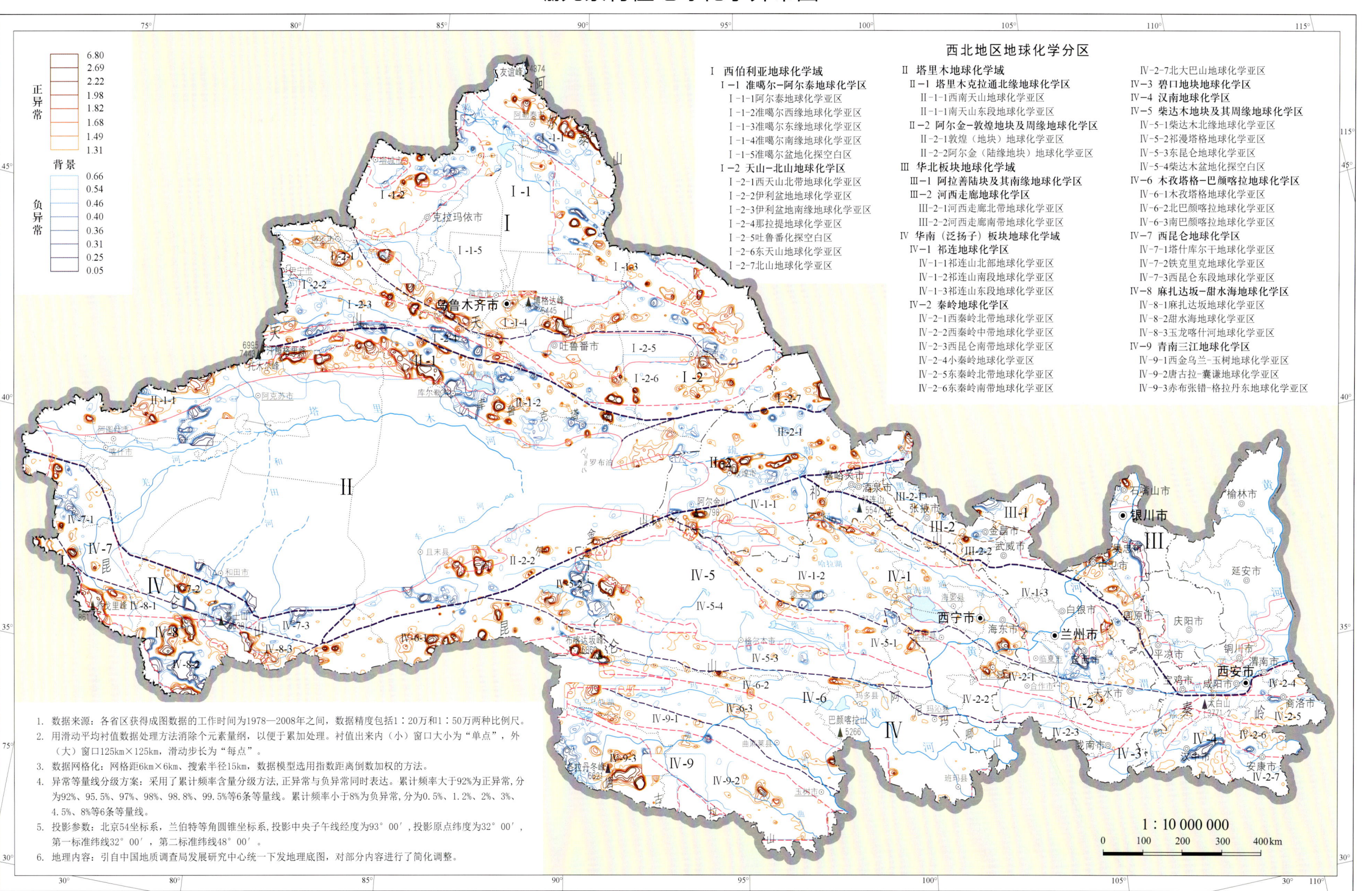

西北地区地球化学分区

I 西伯利亚地球化学域
　I-1 准噶尔-阿尔泰地球化学区
　　I-1-1 阿尔泰地球化学亚区
　　I-1-2 准噶尔西缘地球化学亚区
　　I-1-3 准噶尔东缘地球化学亚区
　　I-1-4 准噶尔南缘地球化学亚区
　　I-1-5 准噶尔盆地化探空白区
　I-2 天山-北山地球化学区
　　I-2-1 西天山北带地球化学亚区
　　I-2-2 伊利盆地地球化学亚区
　　I-2-3 西天山南缘地球化学亚区
　　I-2-4 那拉提地球化学亚区
　　I-2-5 吐鲁番化探空白区
　　I-2-6 东天山地球化学亚区
　　I-2-7 北山地球化学亚区

II 塔里木地球化学域
　II-1 塔里木克拉通北缘地球化学区
　　II-1-1 西南天山地球化学亚区
　　II-1-1 南天山东段地球化学亚区
　II-2 阿尔金-敦煌地块及周缘地球化学区
　　II-2-1 敦煌（地块）地球化学亚区
　　II-2-2 阿尔金（陆缘地块）地球化学亚区

III 华北板块地球化学域
　III-1 阿拉善陆块及其南缘地球化学区
　III-2 河西走廊地球化学区
　　III-2-1 河西走廊北带地球化学亚区
　　III-2-2 河西走廊南带地球化学亚区

IV 华南（泛扬子）板块地球化学域
　IV-1 祁连地球化学区
　　IV-1-1 祁连山北部地球化学亚区
　　IV-1-2 祁连山南段地球化学亚区
　　IV-1-3 祁连山东段地球化学亚区
　IV-2 秦岭地球化学区
　　IV-2-1 西秦岭北带地球化学亚区
　　IV-2-2 西秦岭中带地球化学亚区
　　IV-2-3 西昆仑南带地球化学亚区
　　IV-2-4 小秦岭地球化学亚区
　　IV-2-5 东秦岭北带地球化学亚区
　　IV-2-6 东秦岭南带地球化学亚区
　　IV-2-7 北大巴山地球化学亚区
　IV-3 碧口地块地球化学区
　IV-4 汉南地球化学区
　IV-5 柴达木地块及其周缘地球化学区
　　IV-5-1 柴达木北缘地球化学亚区
　　IV-5-2 祁漫塔格地球化学亚区
　　IV-5-3 东昆仑地球化学亚区
　　IV-5-4 柴达木盆地化探空白区
　IV-6 木孜塔格-巴颜喀拉地球化学区
　　IV-6-1 木孜塔格地球化学亚区
　　IV-6-2 巴颜喀拉地球化学亚区
　　IV-6-3 南巴颜喀拉地球化学亚区
　IV-7 西昆仑地球化学区
　　IV-7-1 塔什库尔干地球化学亚区
　　IV-7-2 铁克里克地球化学亚区
　　IV-7-3 西昆仑东段地球化学亚区
　IV-8 麻扎达坂-甜水海地球化学区
　　IV-8-1 麻扎达坂地球化学亚区
　　IV-8-2 甜水海地球化学亚区
　　IV-8-3 玉龙喀什河地球化学亚区
　IV-9 青南三江地球化学区
　　IV-9-1 西金乌兰-玉树地球化学亚区
　　IV-9-2 唐古拉-囊谦地球化学亚区
　　IV-9-3 赤布张错-格拉丹东地球化学亚区

图例

正异常: 6.80, 2.69, 2.22, 1.98, 1.82, 1.68, 1.49, 1.31
背景: 0.66, 0.54, 0.46, 0.40, 0.36
负异常: 0.31, 0.25, 0.05

1. 数据来源：各省区获得成图数据的工作时间为1978—2008年之间，数据精度包括1:20万和1:50万两种比例尺。
2. 用滑动平均衬值数据处理方法消除个元素量纲，以便于累加处理。衬出来内（小）窗口大小为"单点"，外（大）窗口125km×125km，滑动步长为"每点"。
3. 数据网格化：网格距6km×6km，搜索半径15km，数据模型选用指数距离倒数加权的方法。
4. 异常等量线分级方案：采用了累计频率含量分级方法，正异常与负异常同时表达。累计频率大于92%为正异常，分为92%、95.5%、97%、98%、98.8%、99.5%等6条等量线。累计频率小于8%为负异常，分为0.5%、1.2%、2%、3%、4.5%、8%等6条等量线。
5. 投影参数：北京54坐标系，兰伯特等角圆锥坐标系，投影中央子午线经度为93°00′，投影原点纬度为32°00′，第一标准纬线32°00′，第二标准纬线48°00′。
6. 地理内容：引自中国地质调查局发展研究中心统一下发地理底图，对部分内容进行了简化调整。

1:10 000 000

钡元素衬值地球化学异常图

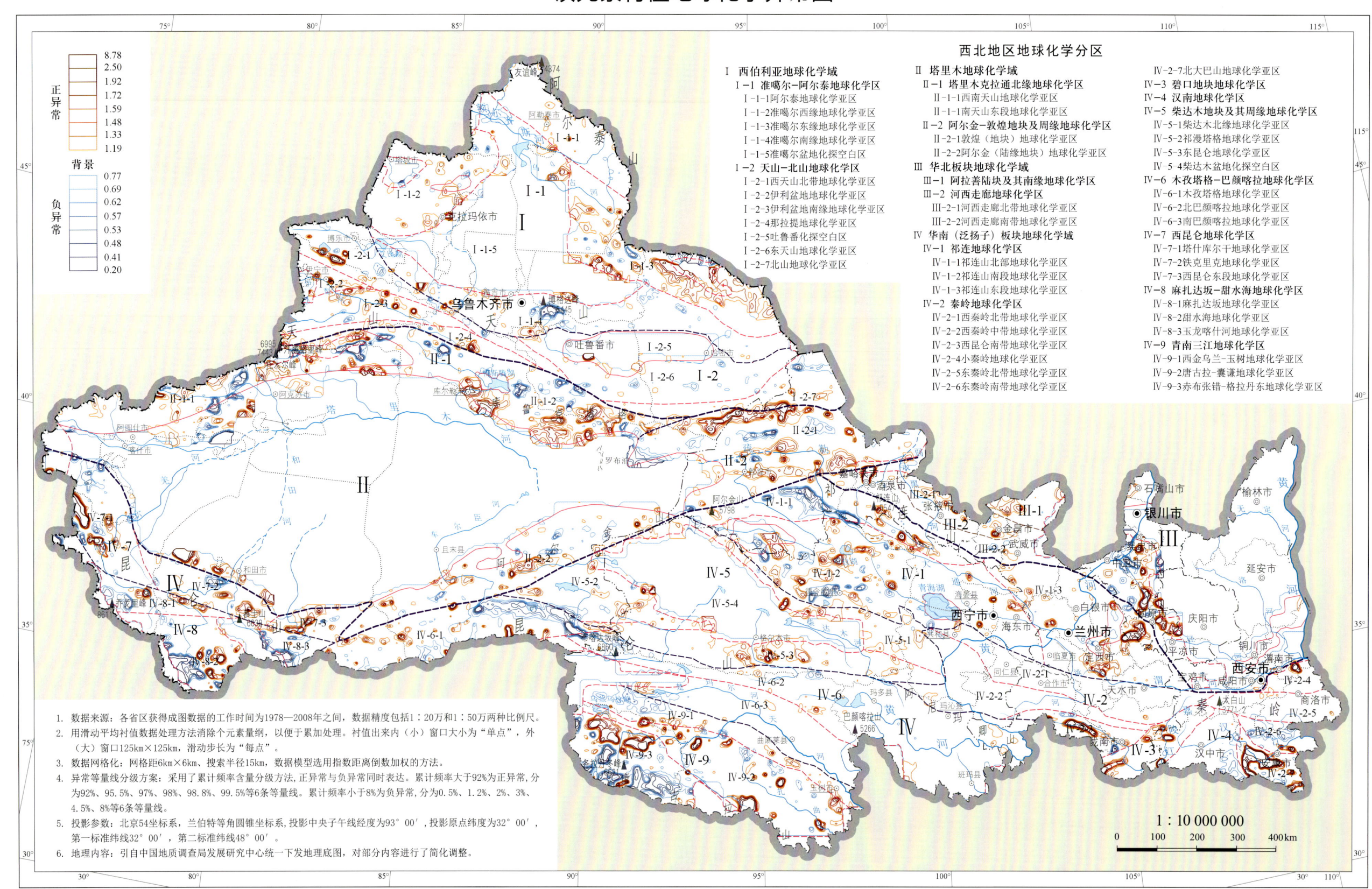

铬元素衬值地球化学异常图

铜元素衬值地球化学异常图

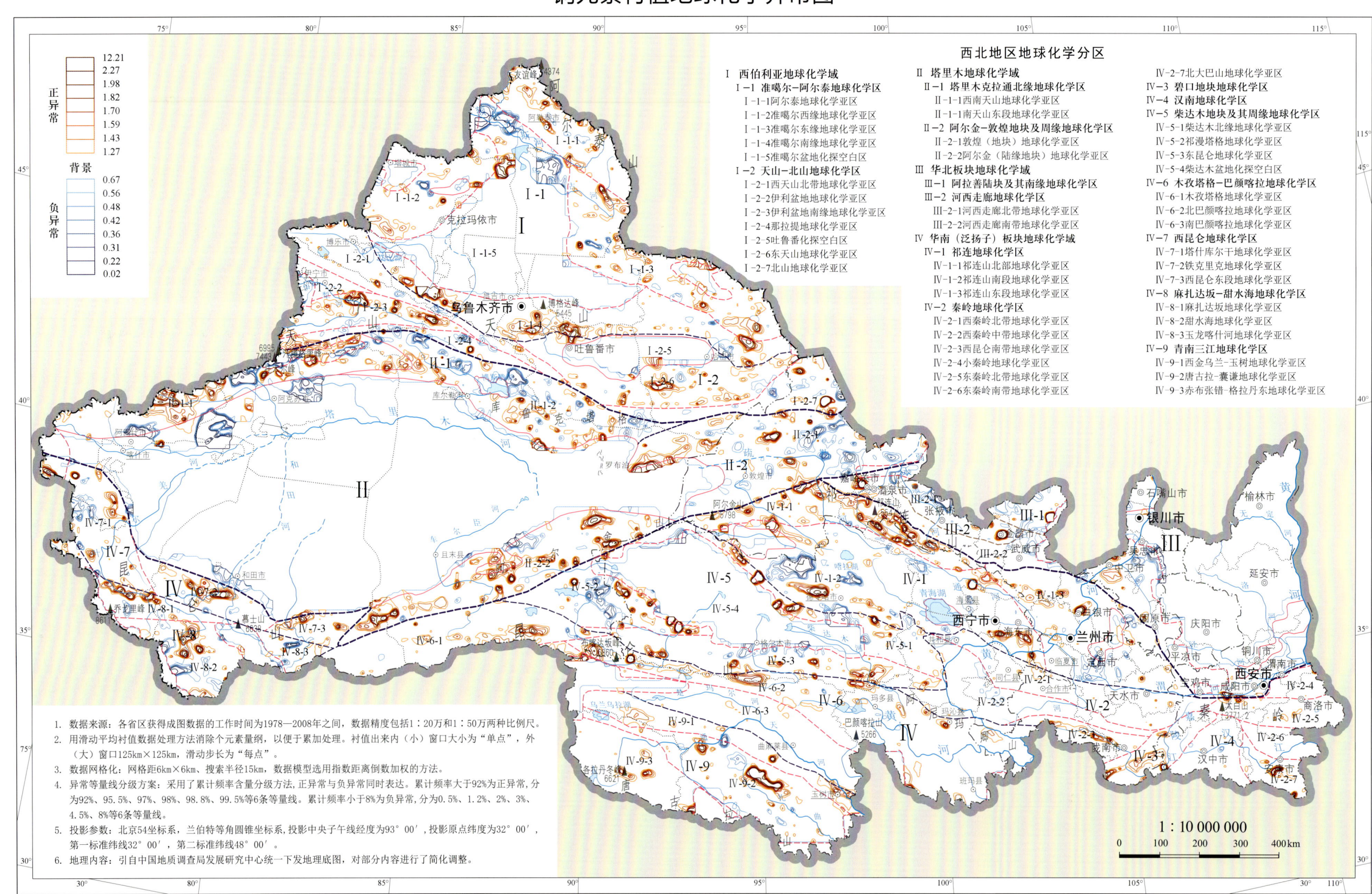

西北地区地球化学分区

I 西伯利亚地球化学域
  I-1 准噶尔-阿尔泰地球化学区
    I-1-1 阿尔泰地球化学亚区
    I-1-2 准噶尔西缘地球化学亚区
    I-1-3 准噶尔东缘地球化学亚区
    I-1-4 准噶尔南缘地球化学亚区
    I-1-5 准噶尔盆地化探空白区
  I-2 天山-北山地球化学区
    I-2-1 西天山北带地球化学亚区
    I-2-2 伊利盆地地球化学亚区
    I-2-3 伊利山南缘地球化学亚区
    I-2-4 那拉提地球化学亚区
    I-2-5 吐鲁番化探空白区
    I-2-6 东天山地球化学亚区
    I-2-7 北山地球化学亚区

II 塔里木地球化学域
  II-1 塔里木克拉通北缘地球化学区
    II-1-1 西南天山地球化学亚区
    II-1-1 南天山东段地球化学亚区
  II-2 阿尔金-敦煌地块及周缘地球化学区
    II-2-1 敦煌（地块）地球化学亚区
    II-2-2 阿尔金（陆缘地块）地球化学亚区

III 华北板块地球化学域
  III-1 阿拉善陆块及其南缘地球化学区
  III-2 河西走廊地球化学区
    III-2-1 河西走廊北带地球化学亚区
    III-2-2 河西走廊南带地球化学亚区

IV 华南（泛扬子）板块地球化学域
  IV-1 祁连地球化学区
    IV-1-1 祁连山北部地球化学亚区
    IV-1-2 祁连山南段地球化学亚区
    IV-1-3 祁连山东段地球化学亚区
  IV-2 秦岭地球化学区
    IV-2-1 西秦岭北带地球化学亚区
    IV-2-2 西秦岭南带地球化学亚区
    IV-2-3 西昆仑南带地球化学亚区
    IV-2-4 小秦岭地球化学亚区
    IV-2-5 东秦岭北带地球化学亚区
    IV-2-6 东秦岭南带地球化学亚区
    IV-2-7 北大巴山地球化学亚区
  IV-3 碧口地块地球化学区
  IV-4 汉南地球化学区
  IV-5 柴达木地块及其周缘地球化学区
    IV-5-1 柴达木北缘地球化学亚区
    IV-5-2 祁漫塔格地球化学亚区
    IV-5-3 东昆仑北缘地球化学亚区
    IV-5-4 柴达木盆地化探空白区
  IV-6 木孜塔格-巴颜喀拉地球化学区
    IV-6-1 木孜塔格地球化学亚区
    IV-6-2 北巴颜喀拉地球化学亚区
    IV-6-3 南巴颜喀拉地球化学亚区
  IV-7 西昆仑地球化学区
    IV-7-1 塔什库尔干地球化学亚区
    IV-7-2 铁克里克地块地球化学亚区
    IV-7-3 西昆仑东段地球化学亚区
  IV-8 麻扎达坂-甜水海地球化学区
    IV-8-1 麻扎达坂地球化学亚区
    IV-8-2 甜水海地球化学亚区
    IV-8-3 玉龙喀什河地球化学亚区
  IV-9 青南三江地球化学区
    IV-9-1 西金乌兰-玉树地球化学亚区
    IV-9-2 唐古拉-囊谦地球化学亚区
    IV-9-3 赤布张错-格拉丹东地球化学亚区

图例

正异常：12.21, 2.27, 1.98, 1.82, 1.70, 1.59, 1.43, 1.27
背景：0.67
负异常：0.56, 0.48, 0.42, 0.36, 0.31, 0.22, 0.02

1. 数据来源：各省区获得成图数据的工作时间为1978—2008年之间，数据精度包括1∶20万和1∶50万两种比例尺。
2. 用滑动平均衬值数据处理方法消除个元素量纲，以便于累加处理。衬值出来内（小）窗口大小为"单点"，外（大）窗口125km×125km，滑动步长为"每点"。
3. 数据网格化：网格距6km×6km，搜索半径15km，插值模型选用指数距离倒数加权的方法。
4. 异常等量线分级方案：采用了累计频率含量分级方法，正异常与负异常同时表达。累计频率大于92%为正异常，分为92%、95.5%、97%、98%、98.8%、99.5%等6条等量线。累计频率小于8%为负异常，分为0.5%、1.2%、2%、3%、4.5%、8%等6条等量线。
5. 投影参数：北京54坐标系，兰伯特等角圆锥坐标系，投影中央子午线经度为93°00′，投影原点纬度为32°00′，第一标准纬线32°00′，第二标准纬线48°00′。
6. 地理内容：引自中国地质调查局发展研究中心统一下发地理底图，对部分内容进行了简化调整。

1:10 000 000
0 100 200 300 400km

氟元素衬值地球化学异常图

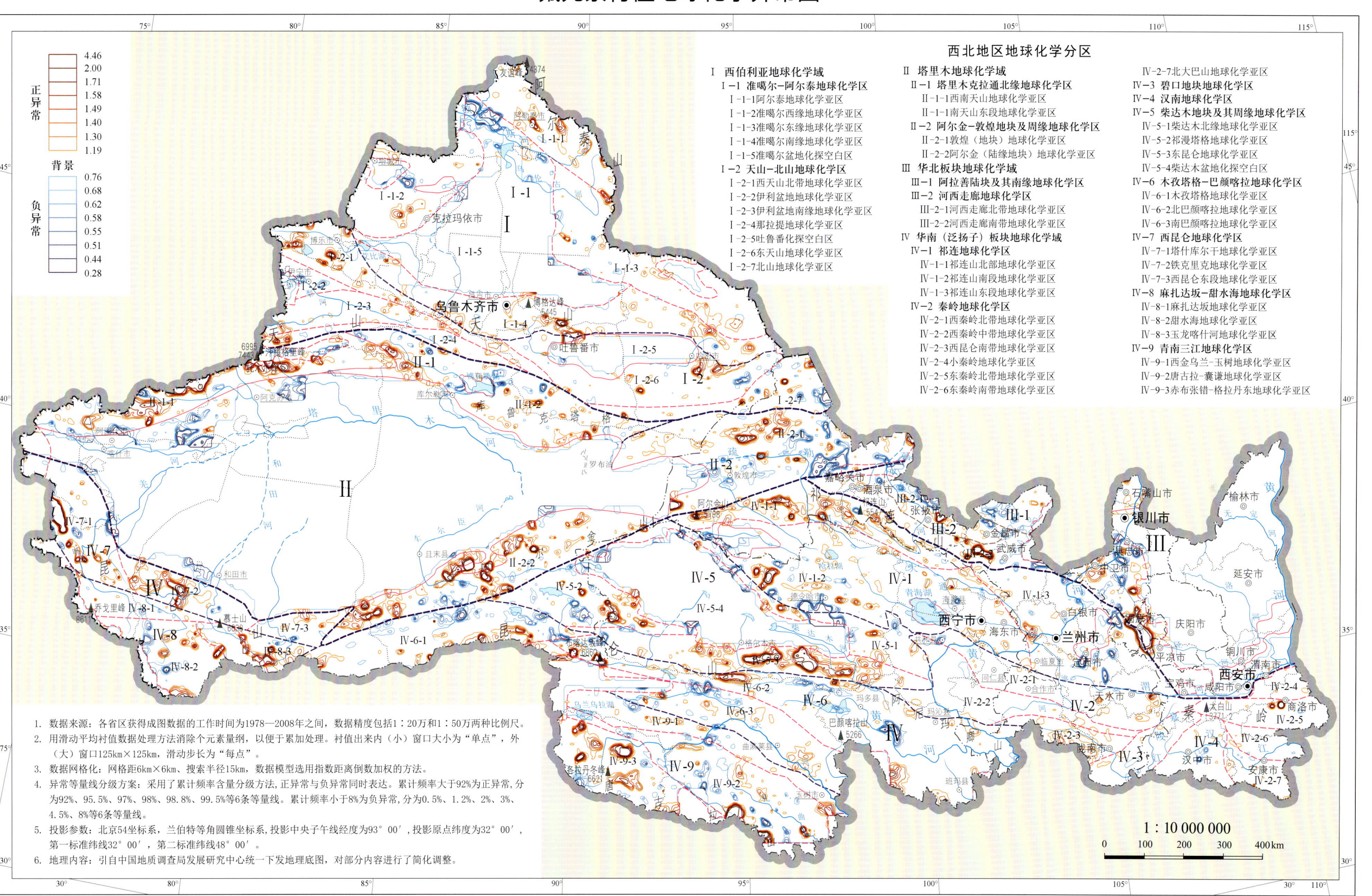

西北地区地球化学分区

I 西伯利亚地球化学域
- I-1 准噶尔-阿尔泰地球化学区
  - I-1-1 阿尔泰地球化学亚区
  - I-1-2 准噶尔西缘地球化学亚区
  - I-1-3 准噶尔东缘地球化学亚区
  - I-1-4 准噶尔南缘地球化学亚区
  - I-1-5 准噶尔盆地化探空白区
- I-2 天山-北山地球化学区
  - I-2-1 西天山北带地球化学亚区
  - I-2-2 伊利盆地地球化学亚区
  - I-2-3 伊利盆地南缘地球化学亚区
  - I-2-4 那拉提地球化学亚区
  - I-2-5 吐鲁番化探空白区
  - I-2-6 东天山地球化学亚区
  - I-2-7 北山地球化学亚区

II 塔里木地球化学域
- II-1 塔里木克拉通北缘地球化学区
  - II-1-1 西南天山地球化学亚区
  - II-1-1 南天山东段地球化学亚区
- II-2 阿尔金-敦煌地块及周缘地球化学区
  - II-2-1 敦煌(地块)地球化学亚区
  - II-2-2 阿尔金(陆缘地块)地球化学亚区

III 华北板块地球化学域
- III-1 阿拉善陆块及其南缘地球化学区
- III-2 河西走廊地球化学区
  - III-2-1 河西走廊北带地球化学亚区
  - III-2-2 河西走廊南带地球化学亚区

IV 华南(泛扬子)板块地球化学域
- IV-1 祁连地球化学区
  - IV-1-1 祁连山北部地球化学亚区
  - IV-1-2 祁连山南段地球化学亚区
  - IV-1-3 祁连山东段地球化学亚区
- IV-2 秦岭地球化学区
  - IV-2-1 西秦岭北带地球化学亚区
  - IV-2-2 西秦岭中带地球化学亚区
  - IV-2-3 西昆南带地球化学亚区
  - IV-2-4 小秦岭地球化学亚区
  - IV-2-5 东秦岭北带地球化学亚区
  - IV-2-6 东秦岭南带地球化学亚区
  - IV-2-7 北大巴山地球化学亚区
- IV-3 碧口地块地球化学区
- IV-4 汉南地球化学区
- IV-5 柴达木地块及其周缘地球化学区
  - IV-5-1 柴达木北缘地球化学亚区
  - IV-5-2 祁漫塔格地球化学亚区
  - IV-5-3 东昆仑地球化学亚区
  - IV-5-4 柴达木盆地化探空白区
- IV-6 木孜塔格-巴颜喀拉地球化学区
  - IV-6-1 木孜塔格地球化学亚区
  - IV-6-2 北巴颜喀拉地球化学亚区
  - IV-6-3 南巴颜喀拉地球化学亚区
- IV-7 西昆仑地球化学区
  - IV-7-1 塔什库尔干地球化学亚区
  - IV-7-2 铁克里克地球化学亚区
  - IV-7-3 西昆仑东段地球化学亚区
- IV-8 麻扎达坂-甜水海地球化学区
  - IV-8-1 麻扎达坂地球化学亚区
  - IV-8-2 甜水海地球化学亚区
  - IV-8-3 玉龙喀什河地球化学亚区
- IV-9 青南三江地球化学区
  - IV-9-1 西金乌兰-玉树地球化学亚区
  - IV-9-2 唐古拉-囊谦地球化学亚区
  - IV-9-3 赤布张错-格拉丹东地球化学亚区

图例:
正异常: 4.46, 2.00, 1.71, 1.58, 1.49, 1.40, 1.30, 1.19
背景: 0.76
负异常: 0.68, 0.62, 0.58, 0.55, 0.51, 0.44, 0.28

1. 数据来源:各省区获得成图数据的工作时间为1978—2008年之间,数据精度包括1:20万和1:50万两种比例尺。
2. 用滑动平均衬值数据处理方法消除个元素量纲,以便于累加处理。衬值出来内(小)窗口大小为"单点",外(大)窗口125km×125km,滑动步长为"每点"。
3. 数据网格化:网格距6km×6km、搜索半径15km,数据模型选用指数距离倒数加权的方法。
4. 异常等量线分级方案:采用了累计频率含量分级方法,正异常与负异常同时表达。累计频率大于92%为正异常,分为92%、95.5%、97%、98%、98.8%、99.5%等6条等量线。累计频率小于8%为负异常,分为0.5%、1.2%、2%、3%、4.5%、8%等6条等量线。
5. 投影参数:北京54坐标系,兰伯特等角圆锥坐标系,投影中央子午线经度为93°00′,投影原点纬度为32°00′,第一标准纬线32°00′,第二标准纬线48°00′。
6. 地理内容:引自中国地质调查局发展研究中心统一下发地理底图,对部分内容进行了简化调整。

1:10 000 000

镧元素衬值地球化学异常图

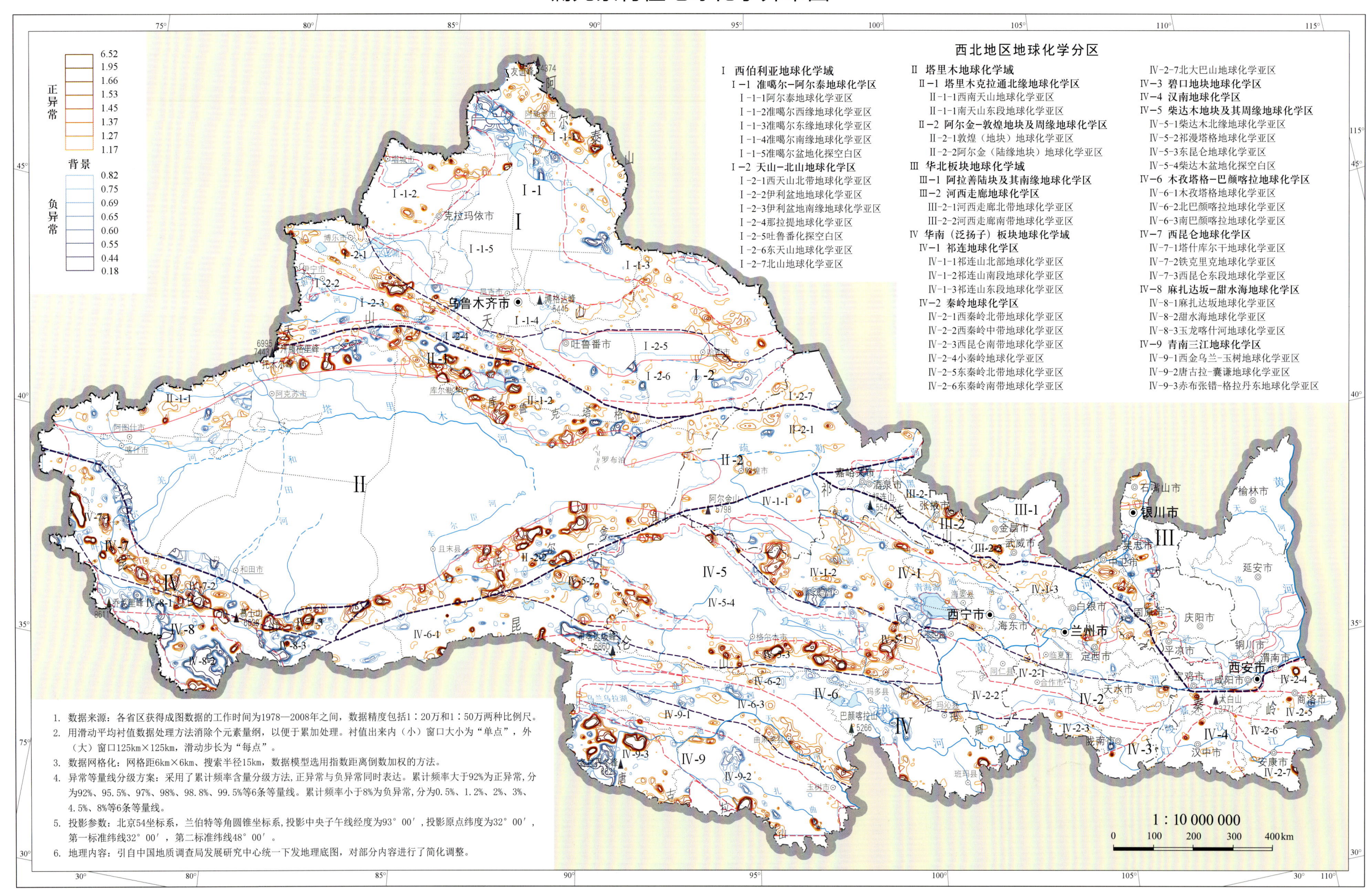

钼元素衬值地球化学异常图

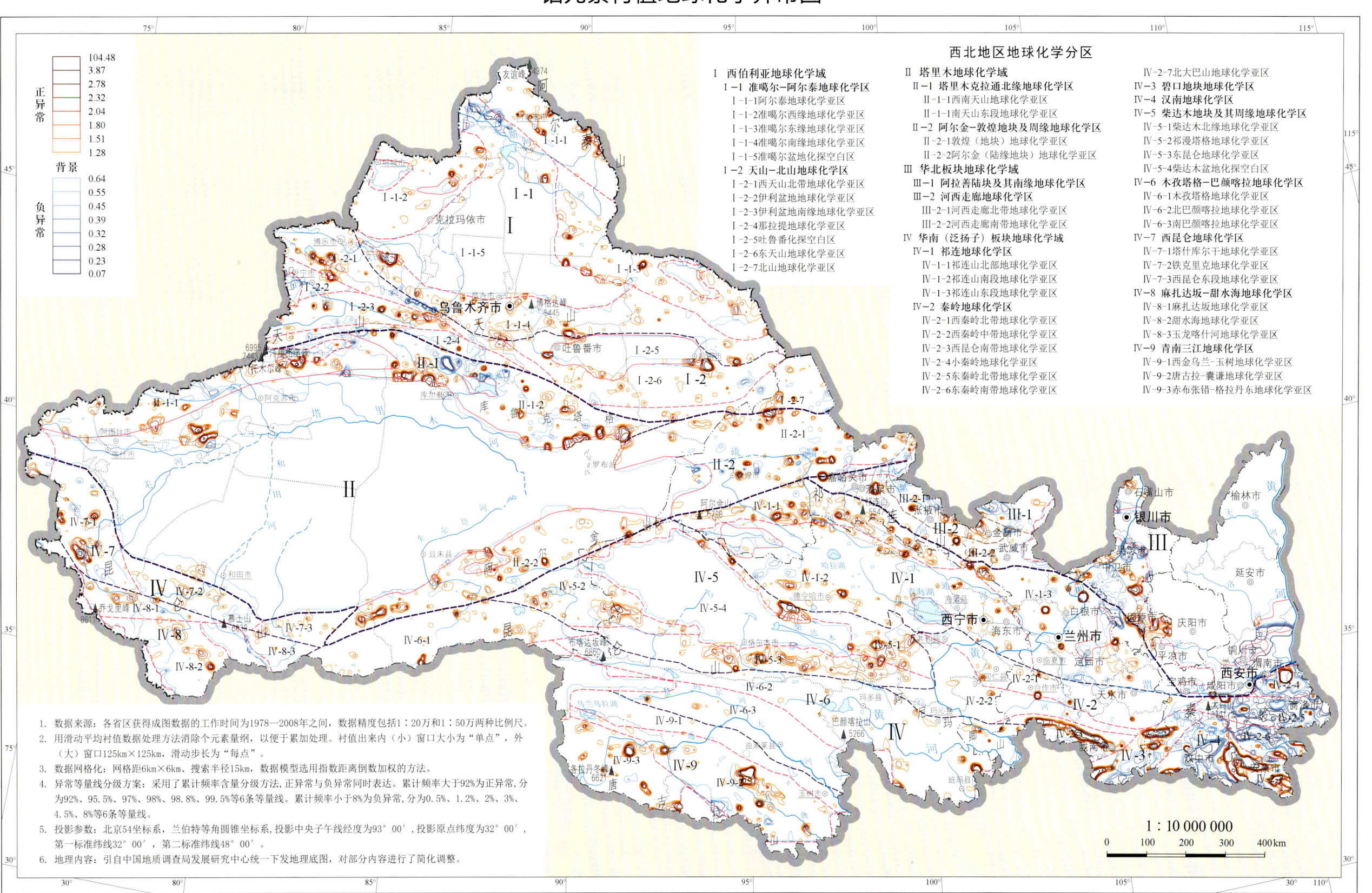

西北地区地球化学分区

I 西伯利亚地球化学域
- I-1 准噶尔-阿尔泰地球化学区
  - I-1-1 阿尔泰地球化学亚区
  - I-1-2 准噶尔西缘地球化学亚区
  - I-1-3 准噶尔东缘地球化学亚区
  - I-1-4 准噶尔南缘地球化学亚区
  - I-1-5 准噶尔盆地化探空白区
- I-2 天山-北山地球化学区
  - I-2-1 西天山北带地球化学亚区
  - I-2-2 伊犁盆地地球化学亚区
  - I-2-3 伊犁盆地南缘地球化学亚区
  - I-2-4 那拉提地球化学亚区
  - I-2-5 吐鲁番化探空白区
  - I-2-6 东天山地球化学亚区
  - I-2-7 北山地球化学亚区

II 塔里木地球化学域
- II-1 塔里木克拉通北缘地球化学区
  - II-1-1 西南天山地球化学亚区
  - II-1-2 南天山东段地球化学亚区
- II-2 阿尔金-敦煌地块及周缘地球化学区
  - II-2-1 敦煌（地块）地球化学亚区
  - II-2-2 阿尔金（陆缘地块）地球化学亚区

III 华北板块地球化学域
- III-1 阿拉善陆块及其南缘地球化学区
- III-2 河西走廊地球化学区
  - III-2-1 河西走廊北带地球化学亚区
  - III-2-2 河西走廊南带地球化学亚区

IV 华南（泛扬子）板块地球化学域
- IV-1 祁连地球化学区
  - IV-1-1 祁连山北部地球化学亚区
  - IV-1-2 祁连山南段地球化学亚区
  - IV-1-3 祁连山东段地球化学亚区
- IV-2 秦岭地球化学区
  - IV-2-1 西秦岭北带地球化学亚区
  - IV-2-2 西秦岭南带地球化学亚区
  - IV-2-3 西昆仑南带地球化学亚区
  - IV-2-4 小秦岭地球化学亚区
  - IV-2-5 东秦岭北带地球化学亚区
  - IV-2-6 东秦岭南带地球化学亚区
- IV-2-7 北大巴山地球化学亚区
- IV-3 碧口地块地球化学区
- IV-4 汉南地球化学区
- IV-5 柴达木地块及其边缘地球化学区
  - IV-5-1 柴达木北缘地球化学亚区
  - IV-5-2 祁漫塔格地球化学亚区
  - IV-5-3 东昆仑地球化学亚区
  - IV-5-4 柴达木盆地化探空白区
- IV-6 木孜塔格-巴颜喀拉地球化学区
  - IV-6-1 木孜塔格地球化学亚区
  - IV-6-2 北巴颜喀拉地球化学亚区
  - IV-6-3 南巴颜喀拉地球化学亚区
- IV-7 西昆仑地球化学区
  - IV-7-1 塔什库尔干地球化学亚区
  - IV-7-2 铁克里克北地球化学亚区
  - IV-7-3 西昆仑东段地球化学亚区
- IV-8 麻扎达坂-甜水海地球化学区
  - IV-8-1 麻扎达坂地球化学亚区
  - IV-8-2 甜水海地球化学亚区
  - IV-8-3 玉龙喀什河地球化学亚区
- IV-9 青南三江地球化学区
  - IV-9-1 西金乌兰-玉树地球化学亚区
  - IV-9-2 唐古拉-囊谦地球化学亚区
  - IV-9-3 赤布张错-格拉丹东地球化学亚区

图例

正异常
104.48, 3.87, 2.78, 2.32, 2.04, 1.80, 1.51, 1.28

背景
0.64, 0.55, 0.45, 0.39, 0.32, 0.28, 0.23, 0.07

负异常

说明

1. 数据来源：各省区获得成图数据的工作时间为1978—2008年之间，数据精度包括1∶20万和1∶50万两种比例尺。
2. 用滑动平均衬值数据处理方法消除个元素量纲，以便于累加处理。衬值出来内（小）窗口大小为"单点"，外（大）窗口125km×125km，滑动步长为"每点"。
3. 数据网格化：网格距6km×6km，搜索半径15km，数据模型选用指数距离倒数加权的方法。
4. 异常等量线分级方案：采用了累计频率含量分级方法，正异常与负异常同时表达。累计频率为92%为正异常，分为92%、95.5%、97%、98%、98.8%、99.5%等6条等量线。累计频率小于8%为负异常，分为0.5%、1.2%、2%、3%、4.5%、8%等6条等量线。
5. 投影参数：北京54坐标系，兰伯特等角圆锥坐标系，投影中央子午线经度为93°00′，投影原点纬度为32°00′，第一标准纬线32°00′，第二标准纬线48°00′。
6. 地理内容：引自中国地质调查局发展研究中心统一下发地理底图，对部分内容进行了简化调整。

1 : 10 000 000

0 100 200 300 400km

镍元素衬值地球化学异常图

铅元素衬值地球化学异常图

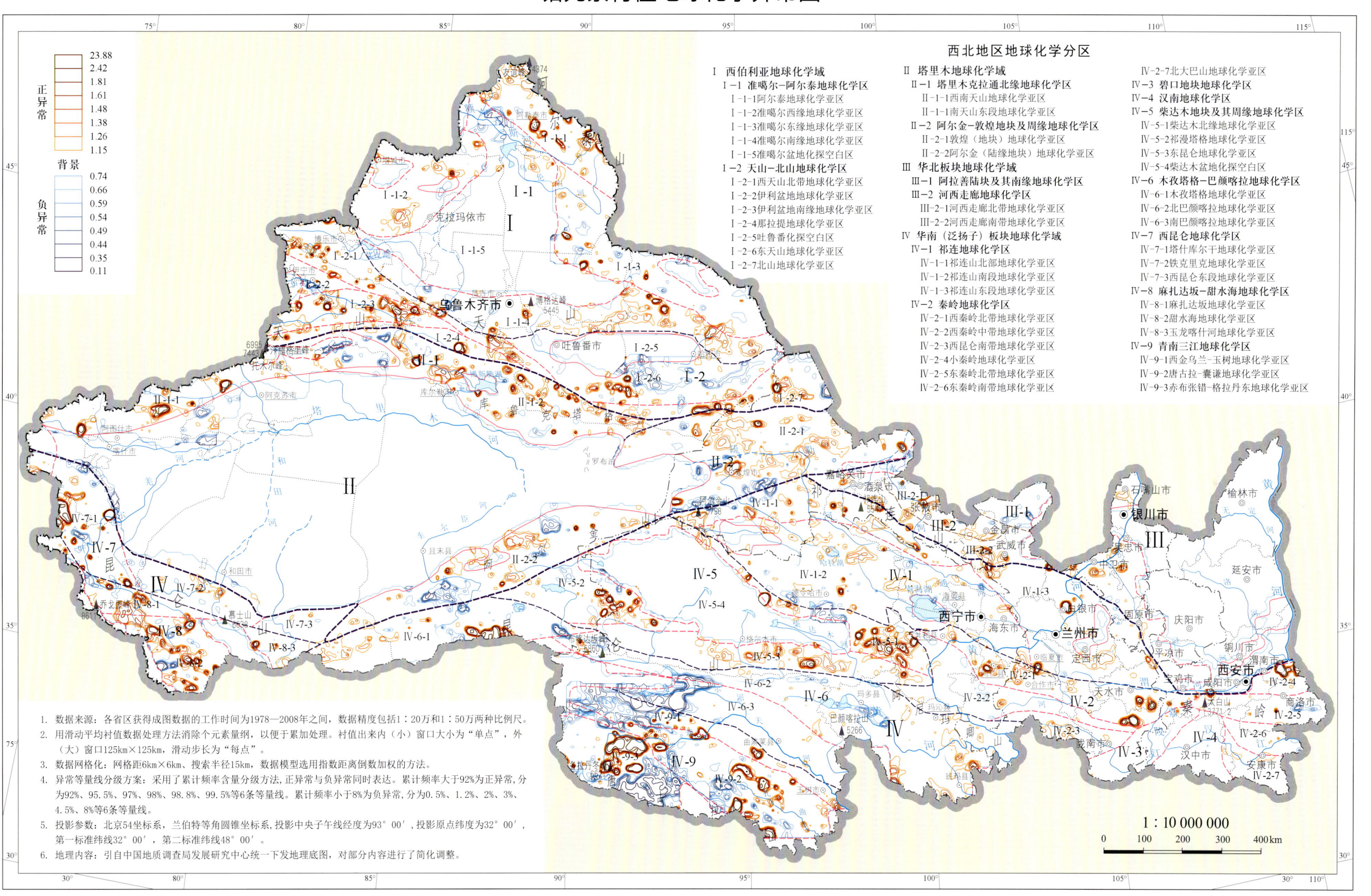

西北地区地球化学分区

I 西伯利亚地球化学域
  I-1 准噶尔-阿尔泰地球化学区
    I-1-1 阿尔泰地球化学亚区
    I-1-2 准噶尔西缘地球化学亚区
    I-1-3 准噶尔东缘地球化学亚区
    I-1-4 准噶尔南缘地球化学亚区
    I-1-5 准噶尔盆地探空白区
  I-2 天山-北山地球化学区
    I-2-1 西天山北带地球化学亚区
    I-2-2 伊利盆地地球化学亚区
    I-2-3 伊利盆地南缘地球化学亚区
    I-2-4 那拉提地球化学亚区
    I-2-5 吐鲁番地探空白区
    I-2-6 东天山地球化学亚区
    I-2-7 北山地球化学亚区

II 塔里木地球化学域
  II-1 塔里木克拉通北缘地球化学区
    II-1-1 西南天山北带地球化学亚区
    II-1-1 南天山东段地球化学亚区
  II-2 阿尔金-敦煌地块及周缘地球化学区
    II-2-1 敦煌（地块）地球化学亚区
    II-2-2 阿尔金（陆缘地块）地球化学亚区

III 华北板块地球化学域
  III-1 阿拉善陆块及其南缘地球化学区
  III-2 河西走廊地球化学区
    III-2-1 河西走廊北带地球化学亚区
    III-2-2 河西走廊南带地球化学亚区

IV 华南（泛扬子）板块地球化学域
  IV-1 祁连地球化学区
    IV-1-1 祁连山北部地球化学亚区
    IV-1-2 祁连山南段地球化学亚区
    IV-1-3 祁连山东段地球化学亚区
  IV-2 秦岭地球化学区
    IV-2-1 西秦岭北带地球化学亚区
    IV-2-2 西秦岭南带地球化学亚区
    IV-2-3 西昆仑南带地球化学亚区
    IV-2-4 小秦岭地球化学亚区
    IV-2-5 东秦岭北带地球化学亚区
    IV-2-6 东秦岭南带地球化学亚区
    IV-2-7 北大巴山地球化学亚区
  IV-3 碧口地块地球化学区
  IV-4 汉南地球化学区
  IV-5 柴达木地块及其周缘地球化学区
    IV-5-1 柴达木北缘地球化学亚区
    IV-5-2 祁漫塔格地球化学亚区
    IV-5-3 东昆仑地球化学亚区
    IV-5-4 柴达木盆地探空白区
  IV-6 木孜塔格-巴颜喀拉地球化学区
    IV-6-1 木孜塔格地球化学亚区
    IV-6-2 北巴颜喀拉地球化学亚区
    IV-6-3 南巴颜喀拉地球化学亚区
  IV-7 西昆仑地球化学区
    IV-7-1 塔什库尔干地球化学亚区
    IV-7-2 铁克里克地球化学亚区
    IV-7-3 西昆仑东段地球化学亚区
  IV-8 麻扎达坂-甜水海地球化学区
    IV-8-1 麻扎达坂地球化学亚区
    IV-8-2 甜水海地球化学亚区
    IV-8-3 玉龙喀什河地球化学亚区
  IV-9 青南三江地球化学区
    IV-9-1 西金乌兰-玉树地球化学亚区
    IV-9-2 唐古拉-囊谦地球化学亚区
    IV-9-3 赤布张错-格拉丹东地球化学亚区

图例

正异常：23.88, 2.42, 1.81, 1.61, 1.48, 1.38, 1.26, 1.15
背景：0.74, 0.66, 0.59, 0.54, 0.49, 0.44, 0.35, 0.11
负异常

1. 数据来源：各省区获得成图数据的工作时间为1978—2008年之间，数据精度包括1:20万和1:50万两种比例尺。
2. 用滑动平均衬值数据处理方法消除个元素量纲，以便于累加处理。衬值出来内（小）窗口大小为"单点"，外（大）窗口125km×125km，滑动步长为"每点"。
3. 数据网格化：网格距6km×6km、搜索半径15km，数据模型选用指数距离倒数加权的方法。
4. 异常等量线分级方案：采用了累计频率含量分级方法，正异常与负异常同时表达。累计频率大于92%为正异常，分为92%、95.5%、97%、98%、98.8%、99.5%等6条等量线。累计频率小于8%为负异常，分为0.5%、1.2%、2%、3%、4.5%、8%等6条等量线。
5. 投影参数：北京54坐标系，兰伯特等角圆锥坐标系，投影中央子午线经度为93°00′，投影原点纬度为32°00′，第一标准纬线32°00′，第二标准纬线48°00′。
6. 地理内容：引自中国地质调查局发展研究中心统一下发地理底图，对部分内容进行了简化调整。

1:10 000 000

锑元素衬值地球化学异常图

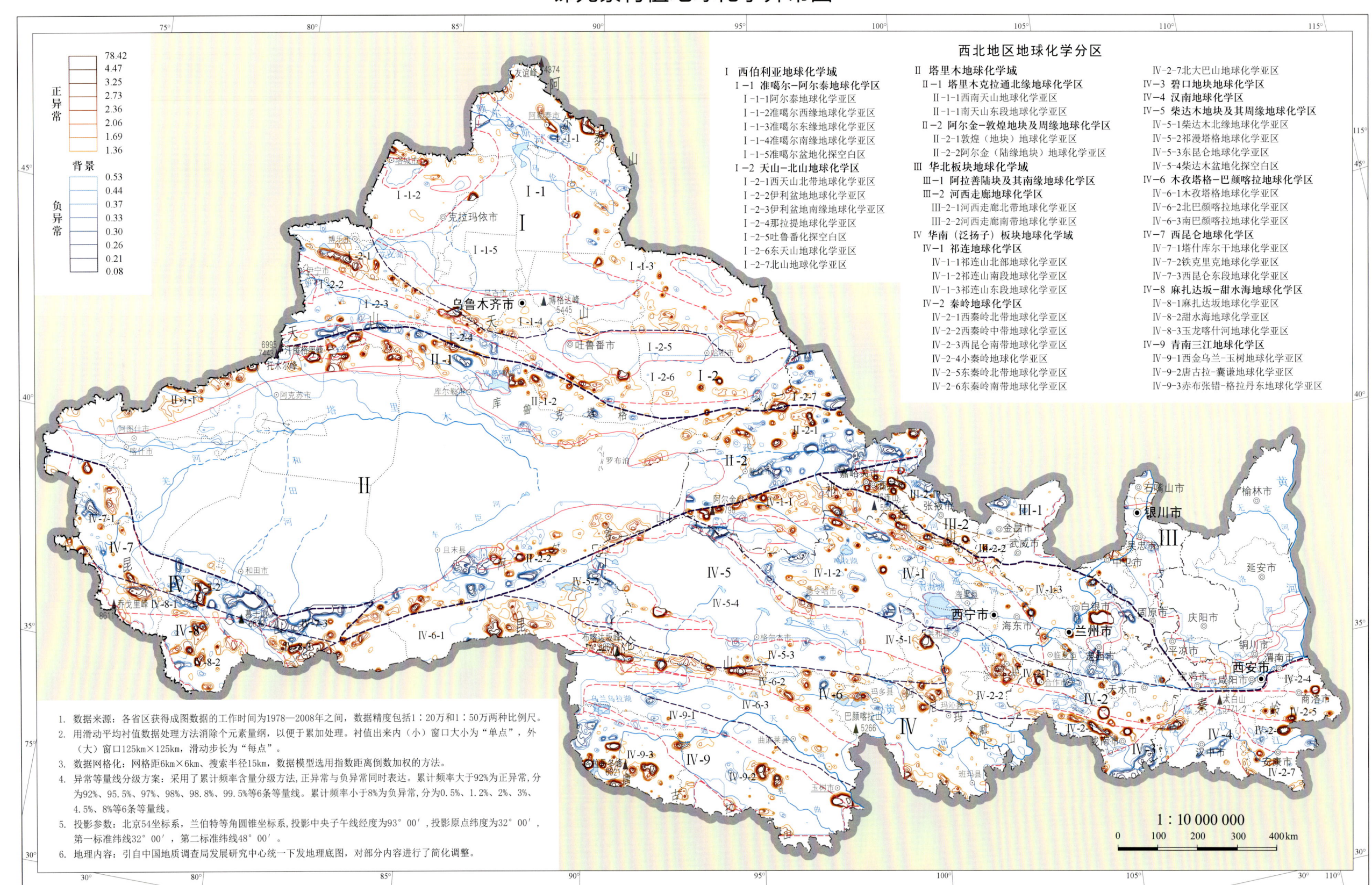

西北地区地球化学分区

I 西伯利亚地球化学域
- I-1 准噶尔-阿尔泰地球化学区
  - I-1-1 阿尔泰地球化学亚区
  - I-1-2 准噶尔西缘地球化学亚区
  - I-1-3 准噶尔东缘地球化学亚区
  - I-1-4 准噶尔南缘地球化学亚区
  - I-1-5 准噶尔盆地化探空白区
- I-2 天山-北山地球化学区
  - I-2-1 西天山北带地球化学亚区
  - I-2-2 伊犁盆地地球化学亚区
  - I-2-3 天山南缘地球化学亚区
  - I-2-4 那拉提地球化学亚区
  - I-2-5 吐鲁番地化探空白区
  - I-2-6 东天山地球化学亚区
  - I-2-7 北山地球化学亚区

II 塔里木地球化学域
- II-1 塔里木克拉通北缘地球化学区
  - II-1-1 西南天山地球化学亚区
  - II-1-2 南天山南段地球化学亚区
- II-2 阿尔金-敦煌地块及周缘地球化学区
  - II-2-1 敦煌（地块）地球化学亚区
  - II-2-2 阿尔金（陆缘地块）地球化学亚区

III 华北板块地球化学域
- III-1 阿拉善陆块及其南缘地球化学区
- III-2 河西走廊地球化学区
  - III-2-1 河西走廊北带地球化学亚区
  - III-2-2 河西走廊南带地球化学亚区

IV 华南（泛扬子）板块地球化学域
- IV-1 祁连地球化学区
  - IV-1-1 祁连山北段地球化学亚区
  - IV-1-2 祁连山南段地球化学亚区
  - IV-1-3 祁连山东段地球化学亚区
- IV-2 秦岭地球化学区
  - IV-2-1 西秦岭北带地球化学亚区
  - IV-2-2 西秦岭中带地球化学亚区
  - IV-2-3 西昆仑南带地球化学亚区
  - IV-2-4 小秦岭地球化学亚区
  - IV-2-5 东秦岭北带地球化学亚区
  - IV-2-6 东秦岭南带地球化学亚区
- IV-2-7 北大巴山地球化学亚区
- IV-3 碧口地块地球化学区
- IV-4 汉南地球化学区
- IV-5 柴达木地块及其周缘地球化学区
  - IV-5-1 柴达木北缘地球化学亚区
  - IV-5-2 祁漫塔格地球化学亚区
  - IV-5-3 东昆仑地球化学亚区
  - IV-5-4 柴达木盆地化探空白区
- IV-6 木孜塔格-巴颜喀拉地球化学区
  - IV-6-1 木孜塔格地球化学亚区
  - IV-6-2 北巴颜喀拉地球化学亚区
  - IV-6-3 南巴颜喀拉地球化学亚区
- IV-7 西昆仑地球化学区
  - IV-7-1 塔什库尔干地球化学亚区
  - IV-7-2 铁克里克地球化学亚区
  - IV-7-3 西昆仑东段地球化学亚区
- IV-8 麻扎达坂-甜水海地球化学区
  - IV-8-1 麻扎达坂地球化学亚区
  - IV-8-2 甜水海地球化学亚区
  - IV-8-3 玉龙喀什河地球化学亚区
- IV-9 青南三江地球化学区
  - IV-9-1 西金乌兰-玉树地球化学亚区
  - IV-9-2 唐古拉-囊谦地球化学亚区
  - IV-9-3 赤布张错-格拉丹东地球化学亚区

图例（正异常 / 背景 / 负异常）: 78.42, 4.47, 3.25, 2.73, 2.36, 2.06, 1.69, 1.36, 0.53, 0.44, 0.37, 0.33, 0.30, 0.26, 0.21, 0.08

1. 数据来源：各省区获得成图数据的工作时间为1978—2008年之间，数据精度包括1:20万和1:50万两种比例尺。
2. 用滑动平均衬值数据处理方法消除个元素量纲，以便于累加处理。衬值出来内（小）窗口大小为"单点"，外（大）窗口125km×125km，滑动步长为"每点"。
3. 数据网格化：网格距6km×6km，搜索半径15km，数据模型选用指数距离倒数加权的方法。
4. 异常等量线分级方案：采用了累计频率含量分级方法，正异常与负异常同时表达。累计频率大于92%为正异常，分为92%、95.5%、97%、98%、98.8%、99.5%等6条等量线。累计频率小于8%为负异常，分为0.5%、1.2%、2%、3%、4.5%、8%等6条等量线。
5. 投影参数：北京54坐标系，兰伯特等角圆锥坐标系，投影中央子午线经度为93°00′，投影原点纬度为32°00′，第一标准纬线32°00′，第二标准纬线48°00′。
6. 地理内容：引自中国地质调查局发展研究中心统一下发地理底图，对部分内容进行了简化调整。

1:10 000 000

锡元素衬值地球化学异常图

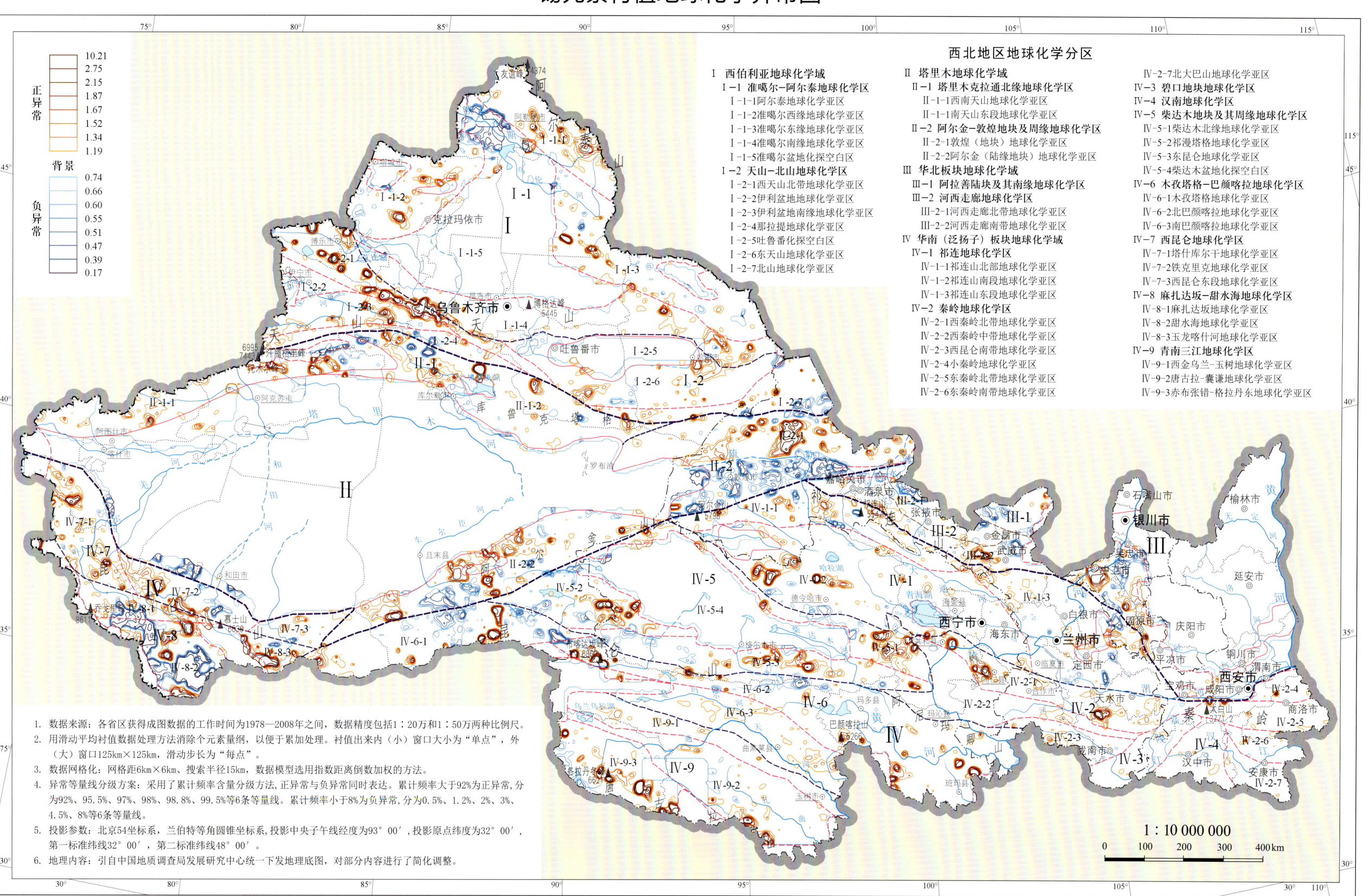

西北地区地球化学分区

I 西伯利亚地球化学域
  I-1 准噶尔-阿尔泰地球化学区
    I-1-1 阿尔泰地球化学亚区
    I-1-2 准噶尔西缘地球化学亚区
    I-1-3 准噶尔东缘地球化学亚区
    I-1-4 准噶尔南缘地球化学亚区
    I-1-5 准噶尔盆地化探空白区
  I-2 天山-北山地球化学区
    I-2-1 西天山北带地球化学亚区
    I-2-2 伊利盆地地球化学亚区
    I-2-3 准噶尔南缘地球化学亚区
    I-2-4 那拉提地球化学亚区
    I-2-5 吐鲁番化探空白区
    I-2-6 东天山地球化学亚区
    I-2-7 北山地球化学亚区

II 塔里木地球化学域
  II-1 塔里木克拉通北缘地球化学区
    II-1-1 西南天山地球化学亚区
    II-1-2 南天山东段地球化学亚区
  II-2 阿尔金-敦煌地块及周缘地球化学区
    II-2-1 敦煌（地块）地球化学亚区
    II-2-2 阿尔金（陆缘地块）地球化学亚区

III 华北板块地球化学域
  III-1 阿拉善陆块及其南缘地球化学区
  III-2 河西走廊地球化学区
    III-2-1 河西走廊北带地球化学亚区
    III-2-2 河西走廊南带地球化学亚区

IV 华南（泛扬子）板块地球化学域
  IV-1 祁连地球化学区
    IV-1-1 祁连山北部地球化学亚区
    IV-1-2 祁连山南段地球化学亚区
    IV-1-3 祁连山东段地球化学亚区
  IV-2 秦岭地球化学区
    IV-2-1 西秦岭北带地球化学亚区
    IV-2-2 西秦岭中带地球化学亚区
    IV-2-3 西昆仑南带地球化学亚区
    IV-2-4 小秦岭地球化学亚区
    IV-2-5 东秦岭北带地球化学亚区
    IV-2-6 东秦岭南带地球化学亚区
    IV-2-7 北大巴山地球化学亚区
  IV-3 碧口地块地球化学区
  IV-4 汉南地球化学区
  IV-5 柴达木地块及其周缘地球化学区
    IV-5-1 柴达木北缘地球化学亚区
    IV-5-2 祁漫塔格地球化学亚区
    IV-5-3 东昆仑地球化学亚区
    IV-5-4 柴达木盆地化探空白区
  IV-6 木孜塔格-巴颜喀拉地球化学区
    IV-6-1 木孜塔格地球化学亚区
    IV-6-2 北巴颜喀拉地球化学亚区
    IV-6-3 南巴颜喀拉地球化学亚区
  IV-7 西昆仑地球化学区
    IV-7-1 塔什库尔干地球化学亚区
    IV-7-2 铁克里克地球化学亚区
    IV-7-3 西昆仑东段地球化学亚区
  IV-8 麻扎达坂-甜水海地球化学区
    IV-8-1 麻扎达坂地球化学亚区
    IV-8-2 甜水海地球化学亚区
    IV-8-3 玉龙喀什河地球化学亚区
  IV-9 青南三江地球化学区
    IV-9-1 西金乌兰-玉树地球化学亚区
    IV-9-2 唐古拉-囊谦地球化学亚区
    IV-9-3 赤布张错-格拉丹东地球化学亚区

图例

正异常： 10.21, 2.75, 2.15, 1.87, 1.67, 1.52, 1.34, 1.19
背景： 0.74, 0.66, 0.60, 0.55, 0.51, 0.47, 0.39, 0.17
负异常

说明：

1. 数据来源：各省区获得成图数据的工作时间为1978—2008年之间，数据精度包括1:20万和1:50万两种比例尺。
2. 用滑动平均衬值数据处理方法消除个元素量纲，以便于累加处理。衬值出来内（小）窗口大小为"单点"，外（大）窗口125km×125km，滑动步长为"每点"。
3. 数据网格化：网格距6km×6km，搜索半径15km，数据模型选用指数距离倒数加权的方法。
4. 异常等量线分级方案：采用了累计频率含量分级方法，正异常与负异常同时表达。累计频率大于92%为正异常，分为92%、95.5%、97%、98%、98.8%、99.5%等6条等量线。累计频率小于8%为负异常，分为0.5%、1.2%、2%、3%、4.5%、8%等6条等量线。
5. 投影参数：北京54坐标系，兰伯特等角圆锥坐标系，投影中央子午线经度为93°00'，投影原点纬度为32°00'，第一标准纬线32°00'，第二标准纬线48°00'。
6. 地理内容：引自中国地质调查局发展研究中心统一下发地理底图，对部分内容进行了简化调整。

1:10 000 000

0 100 200 300 400km

钨元素衬值地球化学异常图

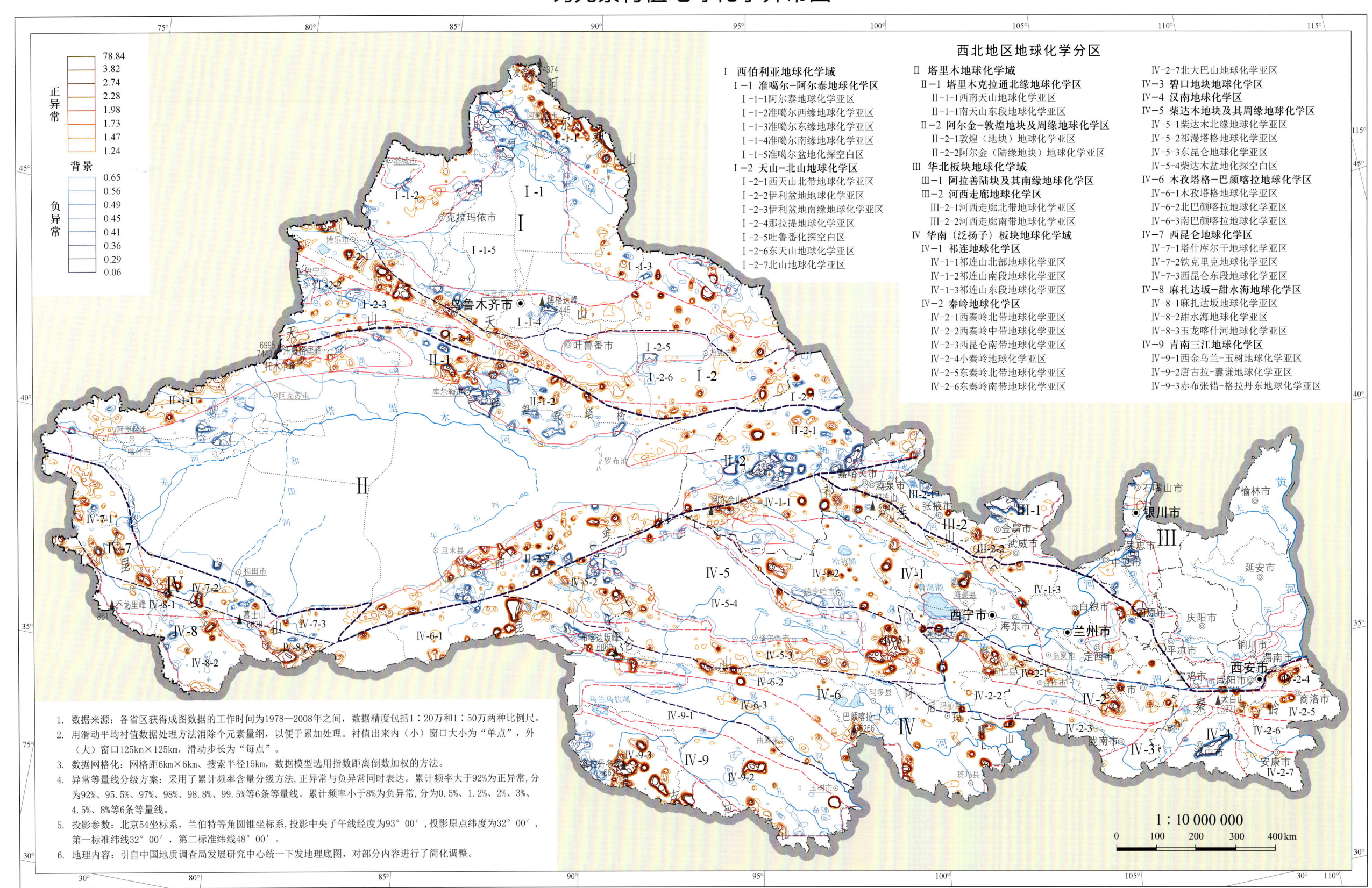

钇元素衬值地球化学异常图

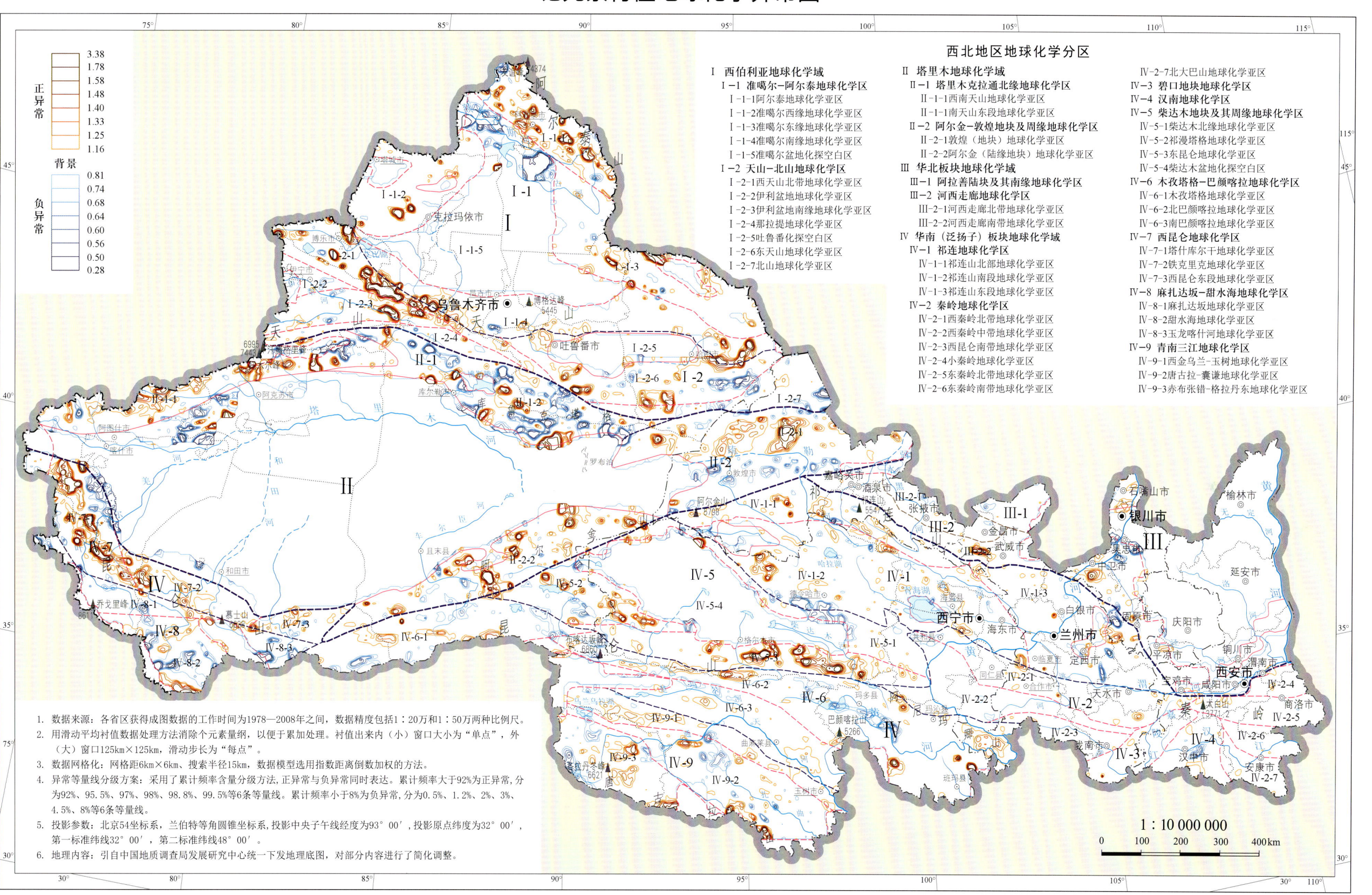

西北地区地球化学分区

I 西伯利亚地球化学域
　I-1 准噶尔-阿尔泰地球化学区
　　I-1-1 阿尔泰地球化学亚区
　　I-1-2 准噶尔西缘地球化学亚区
　　I-1-3 准噶尔东缘地球化学亚区
　　I-1-4 准噶尔南缘地球化学亚区
　　I-1-5 准噶尔盆地化探空白区
　I-2 天山-北山地球化学区
　　I-2-1 西天山北带地球化学亚区
　　I-2-2 伊利盆地地球化学亚区
　　I-2-3 伊利盆地南缘地球化学亚区
　　I-2-4 那拉提山地球化学亚区
　　I-2-5 吐鲁番化探空白区
　　I-2-6 东天山地球化学亚区
　　I-2-7 北山地球化学亚区

II 塔里木地球化学域
　II-1 塔里木克拉通北缘地球化学区
　　II-1-1 西南天山地球化学亚区
　　II-1-1 南天山东段地球化学亚区
　II-2 阿尔金-敦煌地块及周缘地球化学区
　　II-2-1 敦煌（地块）地球化学亚区
　　II-2-2 阿尔金（陆缘地块）地球化学亚区

III 华北板块地球化学域
　III-1 阿拉善陆块及其南缘地球化学区
　III-2 河西走廊地球化学区
　　III-2-1 河西走廊北带地球化学亚区
　　III-2-2 河西走廊南带地球化学亚区

IV 华南（泛扬子）板块地球化学域
　IV-1 祁连地球化学区
　　IV-1-1 祁连山北部地球化学亚区
　　IV-1-2 祁连山中段地球化学亚区
　　IV-1-3 祁连山东段地球化学亚区
　IV-2 秦岭地球化学区
　　IV-2-1 西秦岭北带地球化学亚区
　　IV-2-2 西秦岭中带地球化学亚区
　　IV-2-3 西昆仑南带地球化学亚区
　　IV-2-4 小秦岭地球化学亚区
　　IV-2-5 东秦岭北带地球化学亚区
　　IV-2-6 东秦岭南带地球化学亚区
　　IV-2-7 北大巴山地球化学亚区
　IV-3 碧口地块地球化学区
　IV-4 汉南地球化学区
　IV-5 柴达木地块及其周缘地球化学区
　　IV-5-1 柴达木北缘地球化学亚区
　　IV-5-2 祁漫塔格地球化学亚区
　　IV-5-3 东昆仑地块地球化学亚区
　　IV-5-4 柴达木盆地化探空白区
　IV-6 木孜塔格-巴颜喀拉地球化学区
　　IV-6-1 木孜塔格地球化学亚区
　　IV-6-2 北巴颜喀拉地球化学亚区
　　IV-6-3 南巴颜喀拉地球化学亚区
　IV-7 西昆仑地球化学区
　　IV-7-1 塔什库尔干地球化学亚区
　　IV-7-2 铁克里克地球化学亚区
　　IV-7-3 西昆仑东段地球化学亚区
　IV-8 麻扎达坂-甜水海地球化学区
　　IV-8-1 麻扎达坂地球化学亚区
　　IV-8-2 甜水海地球化学亚区
　　IV-8-3 玉龙喀什河地球化学亚区
　IV-9 青南三江地球化学区
　　IV-9-1 西金乌兰-玉树地球化学亚区
　　IV-9-2 唐古拉-囊谦地球化学亚区
　　IV-9-3 赤布张错-格拉丹东地球化学亚区

图例：
正异常：3.38, 1.78, 1.58, 1.48, 1.40, 1.33, 1.25, 1.16
背景：0.81
负异常：0.74, 0.68, 0.64, 0.60, 0.56, 0.50, 0.28

1. 数据来源：各省区获得成图数据的工作时间为1978—2008年之间，数据精度包括1：20万和1：50万两种比例尺。
2. 用滑动平均衬值数据处理方法消除个元素量纲，以便于累加处理。衬值出来内（小）窗口大小为"单点"，外（大）窗口125km×125km，滑动步长为"每点"。
3. 数据网格化：网格距6km×6km，搜索半径15km，数据模型选用指数距离倒数加权的方法。
4. 异常等量线分级方案：采用了累计频率含量分级方法，正异常与负异常同时表达。累计频率大于92%为正异常，分为92%、95.5%、97%、98%、98.8%、99.5%等6条等量线。累计频率小于8%为负异常，分为0.5%、1.2%、2%、3%、4.5%、8%等6条等量线。
5. 投影参数：北京54坐标系，兰伯特等角圆锥坐标系，投影中央子午线经度为93°00′，投影原点纬度为32°00′，第一标准纬线32°00′，第二标准纬线48°00′。
6. 地理内容：引自中国地质调查局发展研究中心统一下发地理底图，对部分内容进行了简化调整。

1:10 000 000

锌元素衬值地球化学异常图

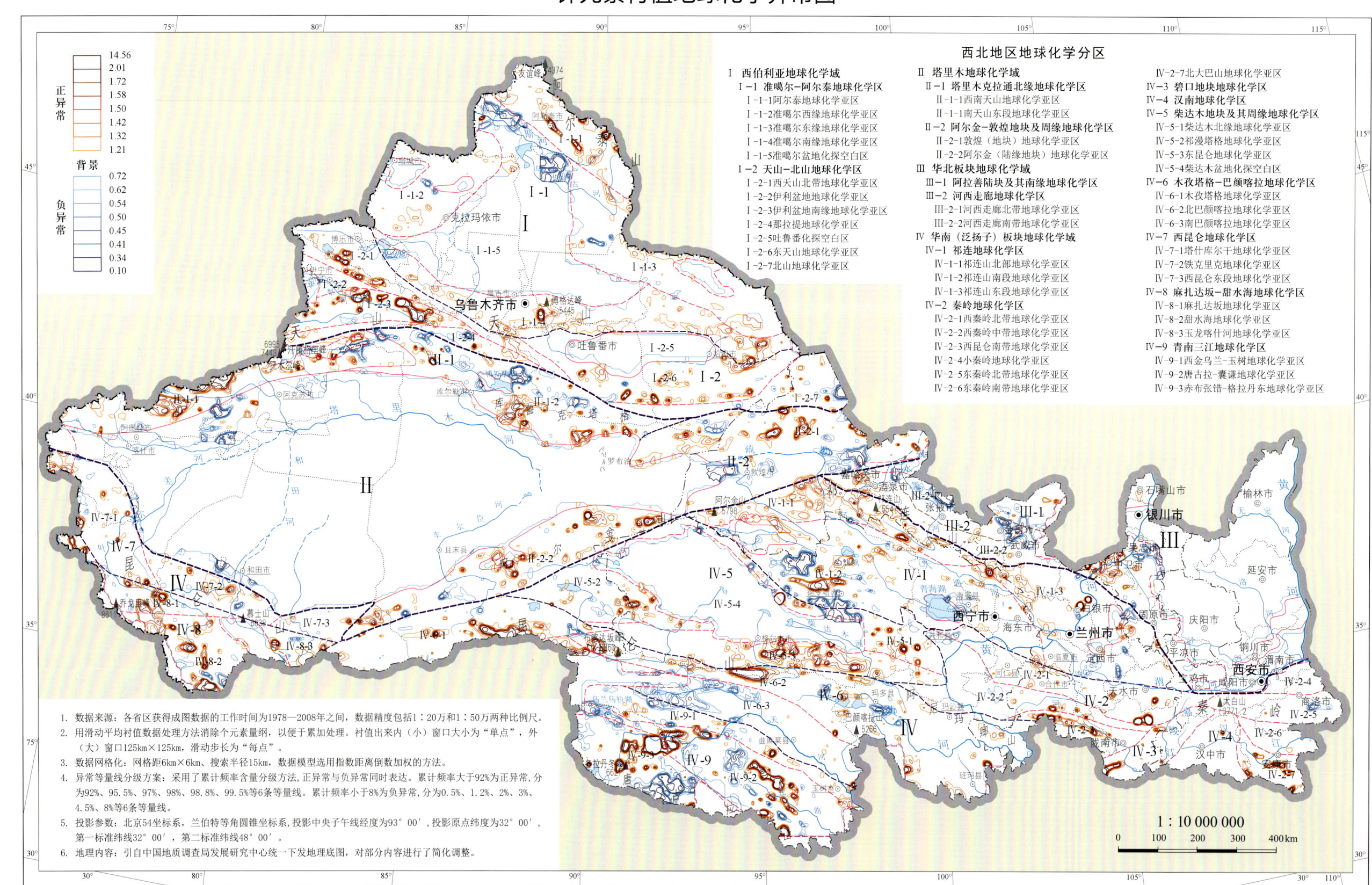

二氧化硅衬值地球化学异常图

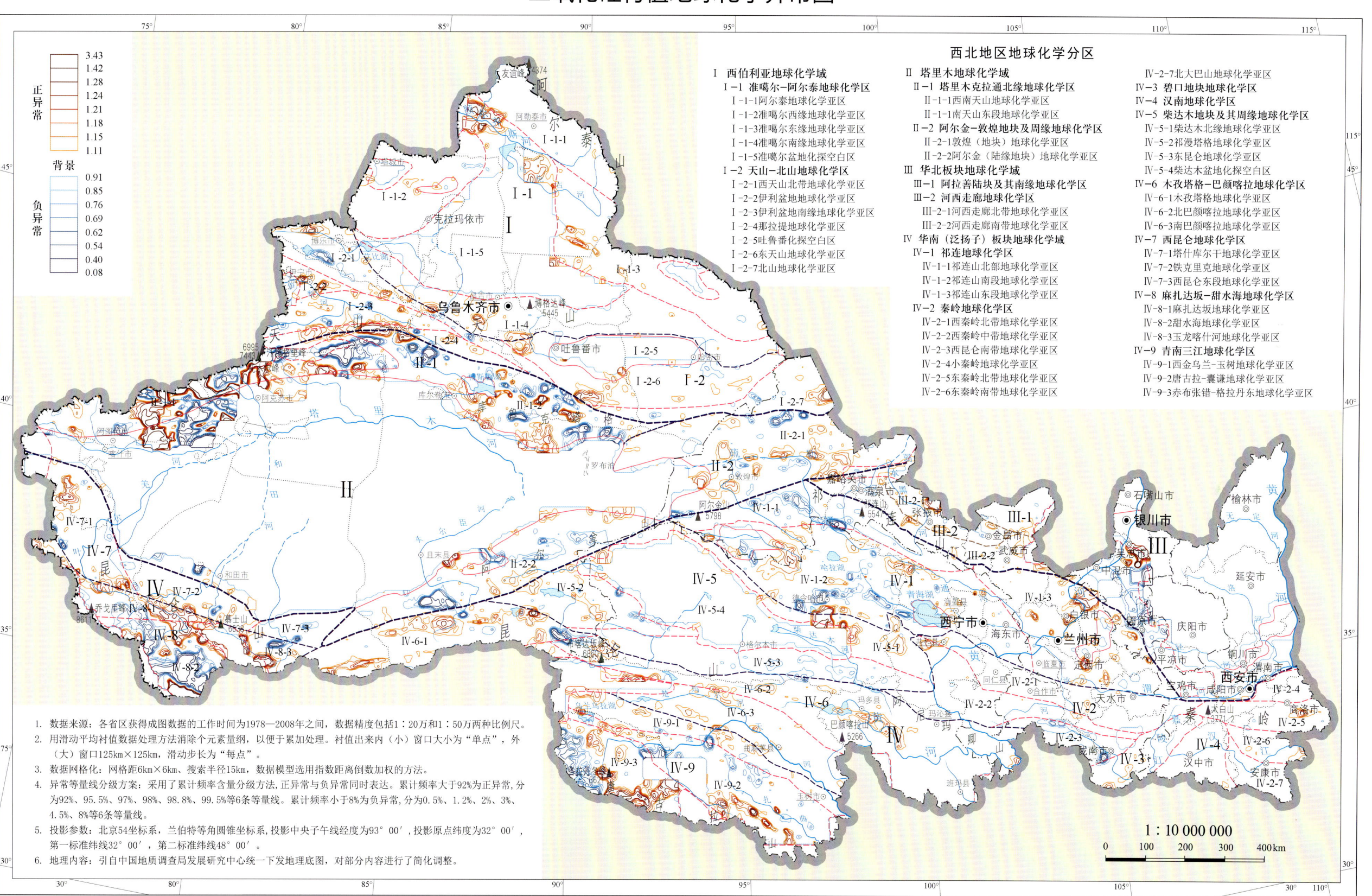

西北地区地球化学分区

I 西伯利亚地球化学域
- I-1 准噶尔—阿尔泰地球化学区
  - I-1-1 阿尔泰地球化学亚区
  - I-1-2 准噶尔西缘地球化学亚区
  - I-1-3 准噶尔东缘地球化学亚区
  - I-1-4 准噶尔南缘地球化学亚区
  - I-1-5 准噶尔盆地化探空白区
- I-2 天山—北山地球化学区
  - I-2-1 西天山北带地球化学亚区
  - I-2-2 伊利盆地地球化学亚区
  - I-2-3 西天山南缘地球化学亚区
  - I-2-4 那拉提地球化学亚区
  - I-2-5 吐鲁番化探空白区
  - I-2-6 东天山地球化学亚区
  - I-2-7 北山地球化学亚区

II 塔里木地球化学域
- II-1 塔里木克拉通北缘地球化学区
  - II-1-1 西南天山地球化学亚区
  - II-1-1 南天山东段地球化学亚区
- II-2 阿尔金—敦煌地块及周缘地球化学区
  - II-2-1 敦煌（地块）地球化学亚区
  - II-2-2 阿尔金（陆缘地块）地球化学亚区

III 华北板块地球化学域
- III-1 阿拉善陆块及其南缘地球化学区
- III-2 河西走廊地球化学区
  - III-2-1 河西走廊北带地球化学亚区
  - III-2-2 河西走廊南带地球化学亚区

IV 华南（泛扬子）板块地球化学域
- IV-1 祁连地球化学区
  - IV-1-1 祁连山北部地球化学亚区
  - IV-1-2 祁连山南段地球化学亚区
  - IV-1-3 祁连山东段地球化学亚区
- IV-2 秦岭地球化学区
  - IV-2-1 西秦岭北带地球化学亚区
  - IV-2-2 西秦岭中带地球化学亚区
  - IV-2-3 西昆南带地球化学亚区
  - IV-2-4 小秦岭地球化学亚区
  - IV-2-5 东秦岭北带地球化学亚区
  - IV-2-6 东秦岭南带地球化学亚区
  - IV-2-7 北大巴山地球化学亚区
- IV-3 碧口地块地球化学区
- IV-4 汉南地球化学区
- IV-5 柴达木地块及其周缘地球化学区
  - IV-5-1 柴达木北缘地球化学亚区
  - IV-5-2 祁漫塔格地球化学亚区
  - IV-5-3 东昆仑北缘地球化学亚区
  - IV-5-4 柴达木盆地化探空白区
- IV-6 木孜塔格—巴颜喀拉地球化学区
  - IV-6-1 木孜塔格地球化学亚区
  - IV-6-2 北巴颜喀拉地球化学亚区
  - IV-6-3 南巴颜喀拉地球化学亚区
- IV-7 西昆仑地球化学区
  - IV-7-1 塔什库尔干地球化学亚区
  - IV-7-2 铁克里克地球化学亚区
  - IV-7-3 西昆仑东段地球化学亚区
- IV-8 麻扎达坂—甜水海地球化学区
  - IV-8-1 麻扎达坂地球化学亚区
  - IV-8-2 甜水海地球化学亚区
  - IV-8-3 玉龙喀什河地球化学亚区
- IV-9 青南三江地球化学区
  - IV-9-1 西金乌兰—玉树地球化学亚区
  - IV-9-2 唐古拉—囊谦地球化学亚区
  - IV-9-3 赤布张错—格拉丹东地球化学亚区

图例

正异常：3.43, 1.42, 1.28, 1.24, 1.21, 1.18, 1.15, 1.11

背景：0.91, 0.85

负异常：0.76, 0.69, 0.62, 0.54, 0.40, 0.08

说明：

1. 数据来源：各省（区）获得成图数据的工作时间为1978—2008年之间，数据精度包括1:20万和1:50万两种比例尺。
2. 用滑动平均衬值数据处理方法消除个元素量纲，以便于累加处理。衬值出来内（小）窗口大小为"单点"，外（大）窗口125km×125km，滑动步长为"每点"。
3. 数据网格化：网格距6km×6km，搜索半径15km，数据模型选用指数距离倒数加权的方法。
4. 异常等量线分级方案：采用了累计频率含量分级方法，正异常与负异常同时表达。累计频率大于92%为正异常，分为92%、95.5%、97%、98%、98.5%、99.5%等6条等量线。累计频率小于8%为负异常，分为0.5%、1.2%、2%、3%、4.5%、8%等6条等量线。
5. 投影参数：北京54坐标系，兰伯特等角圆锥坐标系，投影中央子午线经度为93°00′，投影原点纬度为32°00′，第一标准纬线32°00′，第二标准纬线48°00′。
6. 地理内容：引自中国地质调查局发展研究中心统一下发地理底图，对部分内容进行了简化调整。

比例尺 1:10 000 000

三氧化二铝衬值地球化学异常图

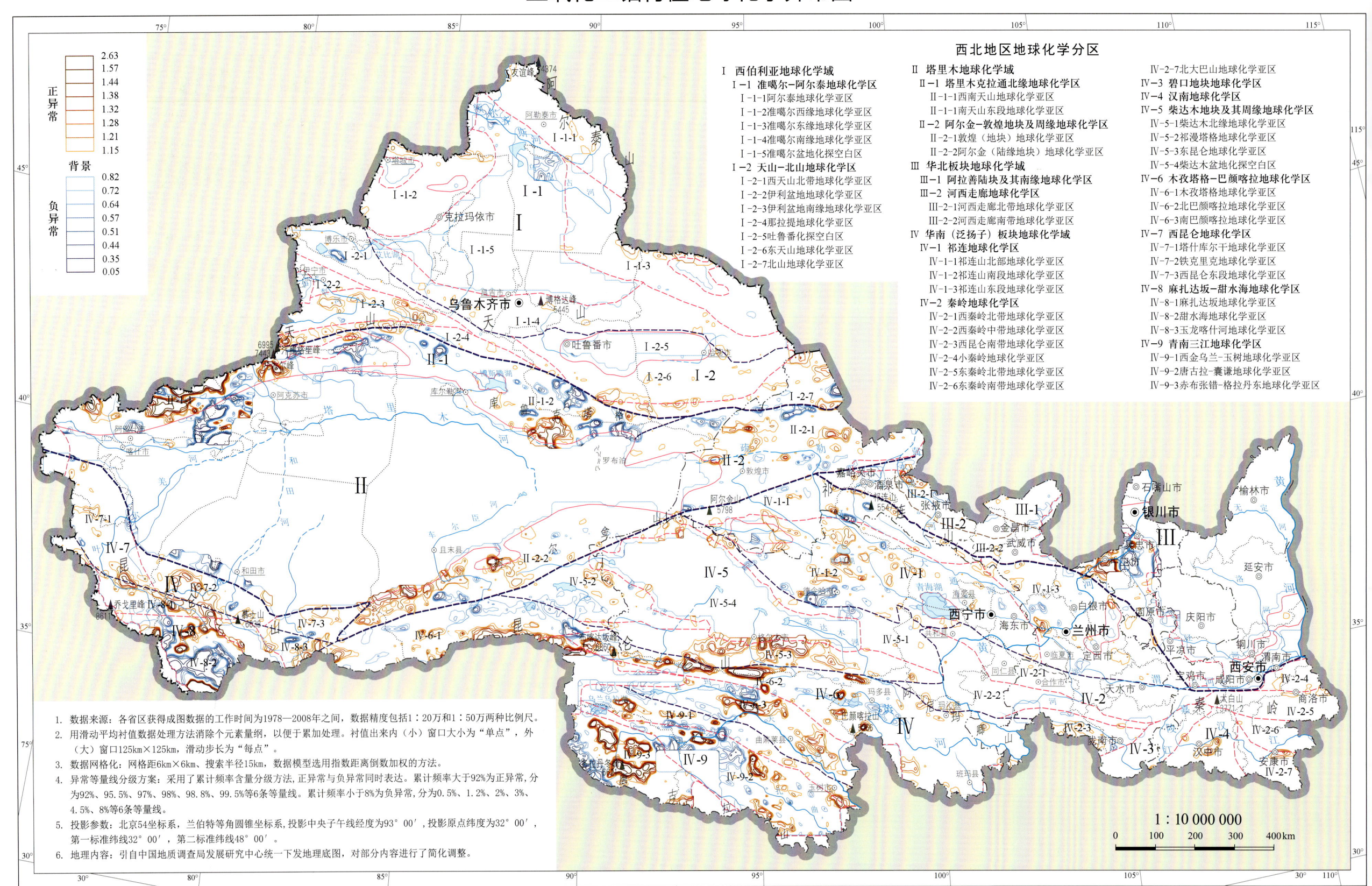

西北地区地球化学分区

I 西伯利亚地球化学域
- I-1 准噶尔-阿尔泰地球化学区
  - I-1-1 阿尔泰地球化学亚区
  - I-1-2 准噶尔西缘地球化学亚区
  - I-1-3 准噶尔东缘地球化学亚区
  - I-1-4 准噶尔南缘地球化学亚区
  - I-1-5 准噶尔盆地化探空白区
- I-2 天山-北山地球化学区
  - I-2-1 西天山北带地球化学亚区
  - I-2-2 伊利盆地地球化学亚区
  - I-2-3 伊利地南缘地球化学亚区
  - I-2-4 那拉提地球化学亚区
  - I-2-5 吐鲁番化探空白区
  - I-2-6 东天山地球化学亚区
  - I-2-7 北山地球化学亚区

II 塔里木地球化学域
- II-1 塔里木克拉通北缘地球化学区
  - II-1-1 西南天山地球化学亚区
  - II-1-1 南天山东段地球化学亚区
- II-2 阿尔金-敦煌地块及周缘地球化学区
  - II-2-1 敦煌（地块）地球化学亚区
  - II-2-2 阿尔金（陆缘地块）地球化学亚区

III 华北板块地球化学域
- III-1 阿拉善陆块及其南缘地球化学区
- III-2 河西走廊地球化学区
  - III-2-1 河西走廊北带地球化学亚区
  - III-2-2 河西走廊南带地球化学亚区

IV 华南（泛扬子）板块地球化学域
- IV-1 祁连地球化学区
  - IV-1-1 祁连山北部地球化学亚区
  - IV-1-2 祁连山中段地球化学亚区
  - IV-1-3 祁连山东段地球化学亚区
- IV-2 秦岭地球化学区
  - IV-2-1 西秦岭北带地球化学亚区
  - IV-2-2 西秦岭中带地球化学亚区
  - IV-2-3 西昆仑南带地球化学亚区
  - IV-2-4 小秦岭北带地球化学亚区
  - IV-2-5 东秦岭北带地球化学亚区
  - IV-2-6 东秦岭南带地球化学亚区
  - IV-2-7 北大巴山地球化学亚区
- IV-3 碧口地块地球化学区
- IV-4 汉南地球化学区
- IV-5 柴达木地块及其周缘地球化学区
  - IV-5-1 柴达木北缘地球化学亚区
  - IV-5-2 祁漫塔格地球化学亚区
  - IV-5-3 东昆仑地球化学亚区
  - IV-5-4 柴达木盆地化探空白区
- IV-6 木孜塔格-巴颜喀拉地球化学区
  - IV-6-1 木孜塔格地球化学亚区
  - IV-6-2 北巴颜喀拉地球化学亚区
  - IV-6-3 南巴颜喀拉地球化学亚区
- IV-7 西昆仑地球化学区
  - IV-7-1 塔什库尔干地球化学亚区
  - IV-7-2 铁克里克地球化学亚区
  - IV-7-3 西昆仑东段地球化学亚区
- IV-8 麻扎达坂-甜水海地球化学区
  - IV-8-1 麻扎达坂地球化学亚区
  - IV-8-2 甜水海地球化学亚区
  - IV-8-3 玉龙喀什河地球化学亚区
- IV-9 青南三江地球化学区
  - IV-9-1 西金乌兰-玉树地球化学亚区
  - IV-9-2 唐古拉-囊谦地球化学亚区
  - IV-9-3 赤布张错-格拉丹东地球化学亚区

图例

正异常: 2.63, 1.57, 1.44, 1.38, 1.32, 1.28, 1.21, 1.15
背景: 0.82
负异常: 0.72, 0.64, 0.57, 0.51, 0.44, 0.35, 0.05

---

1. 数据来源：各省区获得成图数据的工作时间为1978—2008年之间，数据精度包括1∶20万和1∶50万两种比例尺。
2. 用滑动平均衬值数据处理方法消除个元素量纲，以便于累加处理。衬值出来内（小）窗口大小为"单点"，外（大）窗口125km×125km，滑动步长为"每点"。
3. 数据网格化：网格距6km×6km，搜索半径15km，数据模型选用指数距离倒数加权的方法。
4. 异常等量线分级方案：采用了累计频率含量分级方法，正异常与负异常同时表达。累计频率大于92%为正异常，分为92%、95.5%、97%、98%、98.8%、99.5%等6条等量线。累计频率小于8%为负异常，分为0.5%、1.2%、2%、3%、4.5%、8%等6条等量线。
5. 投影参数：北京54坐标系，兰伯特等角圆锥坐标系，投影中央子午线经度为93°00′，投影原点纬度为32°00′，第一标准纬线32°00′，第二标准纬线48°00′。
6. 地理内容：引自中国地质调查局发展研究中心统一下发地理底图，对部分内容进行了简化调整。

1∶10 000 000

三氧化二铁衬值地球化学异常图

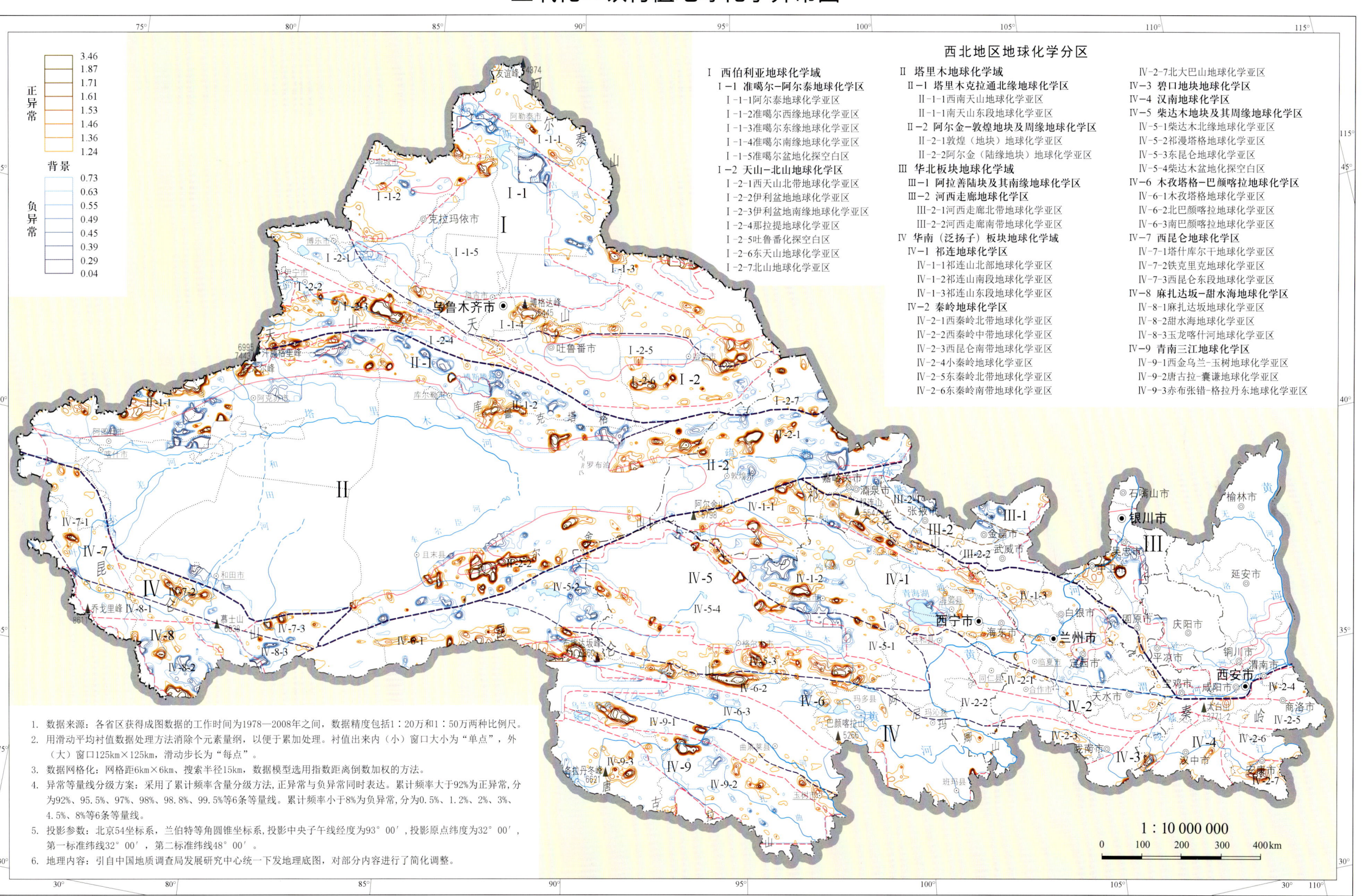

西北地区地球化学分区

I 西伯利亚地球化学域
- I-1 准噶尔-阿尔泰地球化学区
  - I-1-1 阿尔泰地球化学亚区
  - I-1-2 准噶尔西缘地球化学亚区
  - I-1-3 准噶尔东缘地球化学亚区
  - I-1-4 准噶尔南缘地球化学亚区
  - I-1-5 准噶尔盆地化探空白区
- I-2 天山-北山地球化学区
  - I-2-1 西天山北带地球化学亚区
  - I-2-2 伊犁盆地地球化学亚区
  - I-2-3 伊犁盆地南缘地球化学亚区
  - I-2-4 那拉提地球化学亚区
  - I-2-5 吐鲁番化探空白区
  - I-2-6 东天山地球化学亚区
  - I-2-7 北山地球化学亚区

II 塔里木地球化学域
- II-1 塔里木克拉通北缘地球化学区
  - II-1-1 西南天山地球化学亚区
  - II-1-1 南天山东段地球化学亚区
- II-2 阿尔金-敦煌地块及周缘地球化学区
  - II-2-1 敦煌（地块）地球化学亚区
  - II-2-2 阿尔金（陆缘地块）地球化学亚区

III 华北板块地球化学域
- III-1 阿拉善陆块及其南缘地球化学区
- III-2 河西走廊地球化学区
  - III-2-1 河西走廊北带地球化学亚区
  - III-2-2 河西走廊南带地球化学亚区

IV 华南（泛扬子）板块地球化学域
- IV-1 祁连地球化学区
  - IV-1-1 祁连山北部地球化学亚区
  - IV-1-2 祁连山南段地球化学亚区
  - IV-1-3 祁连山东段地球化学亚区
- IV-2 秦岭地球化学区
  - IV-2-1 西秦岭北带地球化学亚区
  - IV-2-2 西秦岭中带地球化学亚区
  - IV-2-3 西秦岭南带地球化学亚区
  - IV-2-4 小秦岭地球化学亚区
  - IV-2-5 东秦岭北带地球化学亚区
  - IV-2-6 东秦岭南带地球化学亚区
  - IV-2-7 北大巴山地球化学亚区
- IV-3 碧口地块地球化学区
- IV-4 汉南地球化学区
- IV-5 柴达木地块及其周缘地球化学区
  - IV-5-1 柴达木北缘地球化学亚区
  - IV-5-2 祁漫塔格地球化学亚区
  - IV-5-3 东昆仑地球化学亚区
  - IV-5-4 柴达木盆地化空白区
- IV-6 木孜塔格-巴颜喀拉地球化学区
  - IV-6-1 木孜塔格地球化学亚区
  - IV-6-2 北巴颜喀拉地球化学亚区
  - IV-6-3 南巴颜喀拉地球化学亚区
- IV-7 西昆仑地球化学区
  - IV-7-1 塔什库尔干地球化学亚区
  - IV-7-2 铁克里克地球化学亚区
  - IV-7-3 西昆仑东段地球化学亚区
- IV-8 麻扎达坂-甜水海地球化学区
  - IV-8-1 麻扎达坂地球化学亚区
  - IV-8-2 甜水海地球化学亚区
  - IV-8-3 玉龙喀什河地球化学亚区
- IV-9 青南三江地球化学区
  - IV-9-1 西金乌兰-玉树地球化学亚区
  - IV-9-2 唐古拉-囊谦地球化学亚区
  - IV-9-3 赤布张错-格拉丹东地球化学亚区

图例
正异常: 3.46, 1.87, 1.71, 1.61, 1.53, 1.46, 1.36, 1.24
背景: 0.73, 0.63, 0.55, 0.49, 0.45, 0.39, 0.29, 0.04
负异常

说明
1. 数据来源：各省区获得成图数据的工作时间为1978—2008年之间，数据精度包括1:20万和1:50万两种比例尺。
2. 用滑动平均衬值数据处理方法消除个元素量纲，以便于累加处理。衬值出来内（小）窗口大小为"单点"，外（大）窗口125km×125km，滑动步长为"每点"。
3. 数据网格化：网格距6km×6km，搜索半径15km，数据模型选用指数距离倒数加权的方法。
4. 异常等量线分级方案：采用了累计频率含量分级方法，正异常与负异常同时表达。累计频率大于92%为正异常，分为92%、95.5%、97%、98%、98.8%、99.5%等6条等量线。累计频率小于8%为负异常，分为0.5%、1.2%、2%、3%、4.5%、8%等6条等量线。
5. 投影参数：北京54坐标系，兰伯特等角圆锥坐标系，投影中央子午线经度为93°00′，投影原点纬度为32°00′，第一标准纬线32°00′，第二标准纬线48°00′。
6. 地理内容：引自中国地质调查局发展研究中心统一下发地理底图，对部分内容进行了简化调整。

1:10 000 000

氧化镁衬值地球化学异常图

氧化钙衬值地球化学异常图

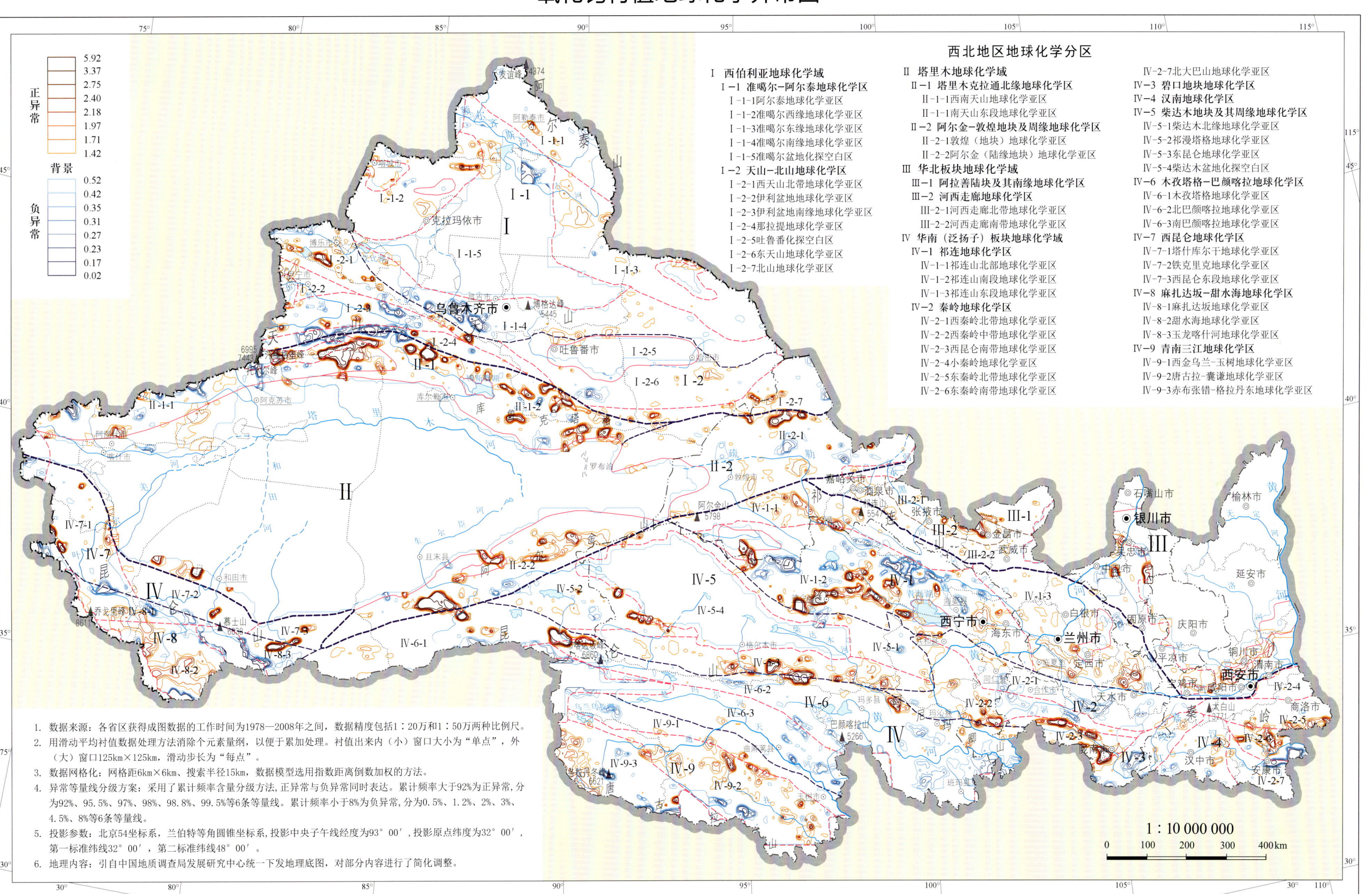

氧化钠衬值地球化学异常图

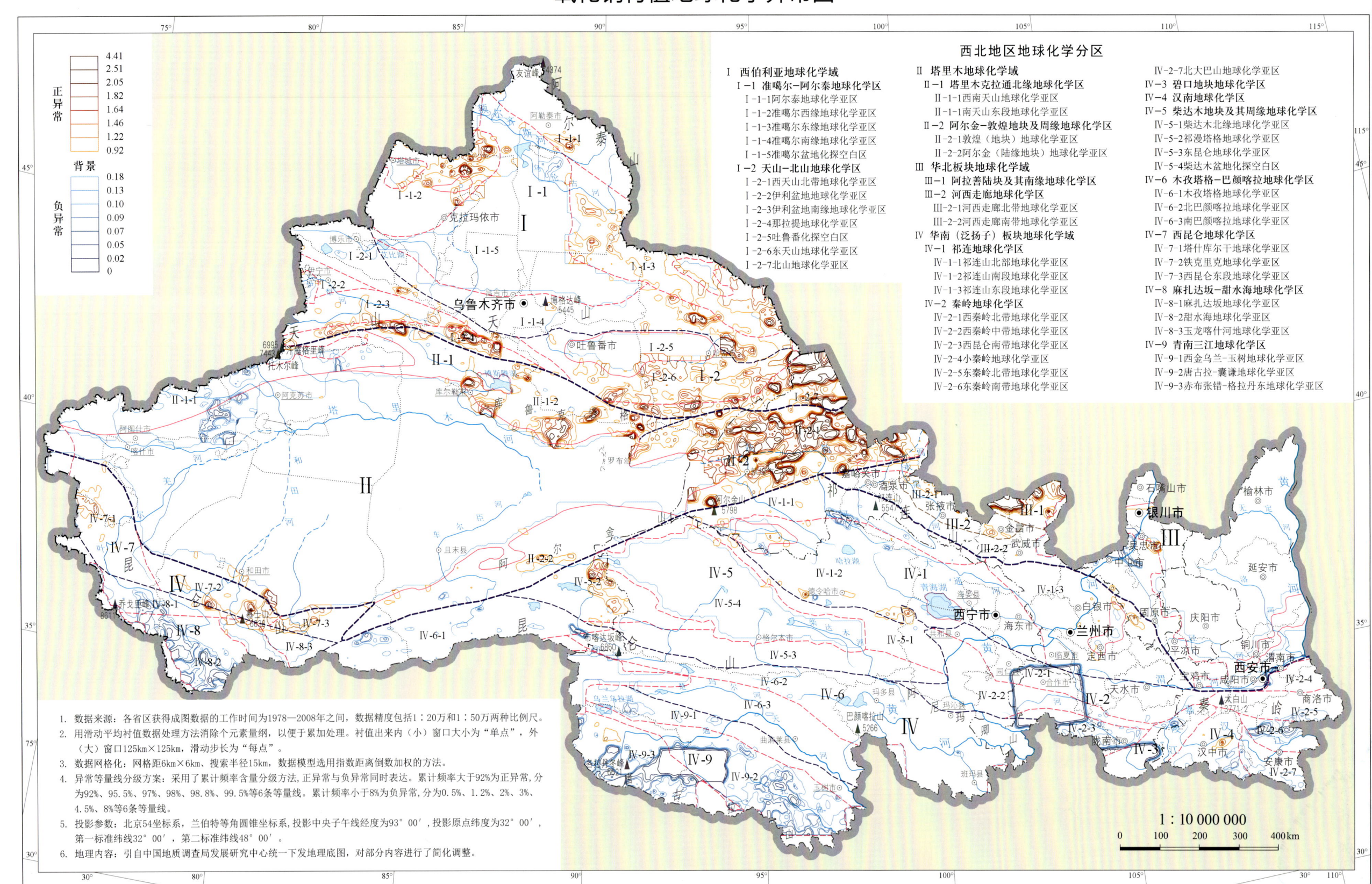

西北地区地球化学分区

I 西伯利亚地球化学域
　I-1 准噶尔—阿尔泰地球化学区
　　I-1-1 阿尔泰地球化学亚区
　　I-1-2 准噶尔西缘地球化学亚区
　　I-1-3 准噶尔东缘地球化学亚区
　　I-1-4 准噶尔南缘地球化学亚区
　　I-1-5 准噶尔盆地化探空白区
　I-2 天山—北山地球化学区
　　I-2-1 西天山北带地球化学亚区
　　I-2-2 伊利盆地地球化学亚区
　　I-2-3 伊利盆地南缘地球化学亚区
　　I-2-4 那拉提地球化学亚区
　　I-2-5 吐鲁番化探空白区
　　I-2-6 东天山地球化学亚区
　　I-2-7 北山地球化学亚区

II 塔里木地球化学域
　II-1 塔里木克拉通北缘地球化学区
　　II-1-1 西南天山地球化学亚区
　　II-1-1 南天山东段地球化学亚区
　II-2 阿尔金—敦煌地块及周缘地球化学区
　　II-2-1 敦煌（地块）地球化学亚区
　　II-2-2 阿尔金（陆缘地块）地球化学亚区

III 华北板块地球化学域
　III-1 阿拉善陆块及其南缘地球化学区
　III-2 河西走廊地球化学区
　　III-2-1 河西走廊北带地球化学亚区
　　III-2-2 河西走廊南带地球化学亚区

IV 华南（泛扬子）板块地球化学域
　IV-1 祁连地球化学区
　　IV-1-1 祁连山北部地球化学亚区
　　IV-1-2 祁连山中段地球化学亚区
　　IV-1-3 祁连山东段地球化学亚区
　IV-2 秦岭地球化学区
　　IV-2-1 西秦岭北带地球化学亚区
　　IV-2-2 西秦岭中带地球化学亚区
　　IV-2-3 西秦岭南带地球化学亚区
　　IV-2-4 小秦岭地球化学亚区
　　IV-2-5 东秦岭北带地球化学亚区
　　IV-2-6 东秦岭南带地球化学亚区
　　IV-2-7 北大巴山地球化学亚区
　IV-3 碧口地块地球化学区
　IV-4 汉南地球化学区
　IV-5 柴达木地块及其周缘地球化学区
　　IV-5-1 柴达木北缘地球化学亚区
　　IV-5-2 祁漫塔格地球化学亚区
　　IV-5-3 东昆仑北缘地球化学亚区
　　IV-5-4 柴达木盆地化探空白区
　IV-6 木孜塔格—巴颜喀拉地球化学区
　　IV-6-1 木孜塔格地球化学亚区
　　IV-6-2 北巴颜喀拉地球化学亚区
　　IV-6-3 南巴颜喀拉地球化学亚区
　IV-7 西昆仑地球化学区
　　IV-7-1 塔什库尔干地球化学亚区
　　IV-7-2 铁克里克地块地球化学亚区
　　IV-7-3 西昆仑东段地球化学亚区
　IV-8 麻扎达坂—甜水海地球化学区
　　IV-8-1 麻扎达坂地球化学亚区
　　IV-8-2 甜水海地球化学亚区
　　IV-8-3 玉龙喀什河地球化学亚区
　IV-9 青南三江地球化学区
　　IV-9-1 西金乌兰—玉树地球化学亚区
　　IV-9-2 唐古拉—囊谦地球化学亚区
　　IV-9-3 赤布张错—格拉丹东地球化学亚区

图例：
正异常：4.41, 2.51, 2.05, 1.82, 1.64, 1.46, 1.22, 0.92
背景：0.18, 0.13, 0.10, 0.09, 0.07, 0.05, 0.02, 0
负异常

1. 数据来源：各省区获得成图数据的工作时间为1978—2008年之间，数据精度包括1:20万和1:50万两种比例尺。
2. 用滑动平均衬值数据处理方法消除个元素量纲，以便于累加处理。衬值出来内（小）窗口大小为"单点"，外（大）窗口125km×125km，滑动步长为"每点"。
3. 数据网格化：网格距6km×6km，搜索半径15km，数据模型选用指数距离倒数加权的方法。
4. 异常等量线分级方案：采用了累计频率含量分级方法，正异常与负异常同时表达。累计频率大于92%为正异常，分为92%、95.5%、97%、98%、98.8%、99.5%等6条等量线。累计频率小于8%为负异常，分为0.5%、1.2%、2%、3%、4.5%、8%等6条等量线。
5. 投影参数：北京54坐标系，兰伯特等角圆锥坐标系，投影中央子午线经度为93°00'，投影原点纬度为32°00'，第一标准纬线32°00'，第二标准纬线48°00'。
6. 地理内容：引自中国地质调查局发展研究中心统一下发地理底图，对部分内容进行了简化调整。

1 : 10 000 000

0　100　200　300　400km

累加衬值地球化学图

铬镍钴累加衬值地球化学图

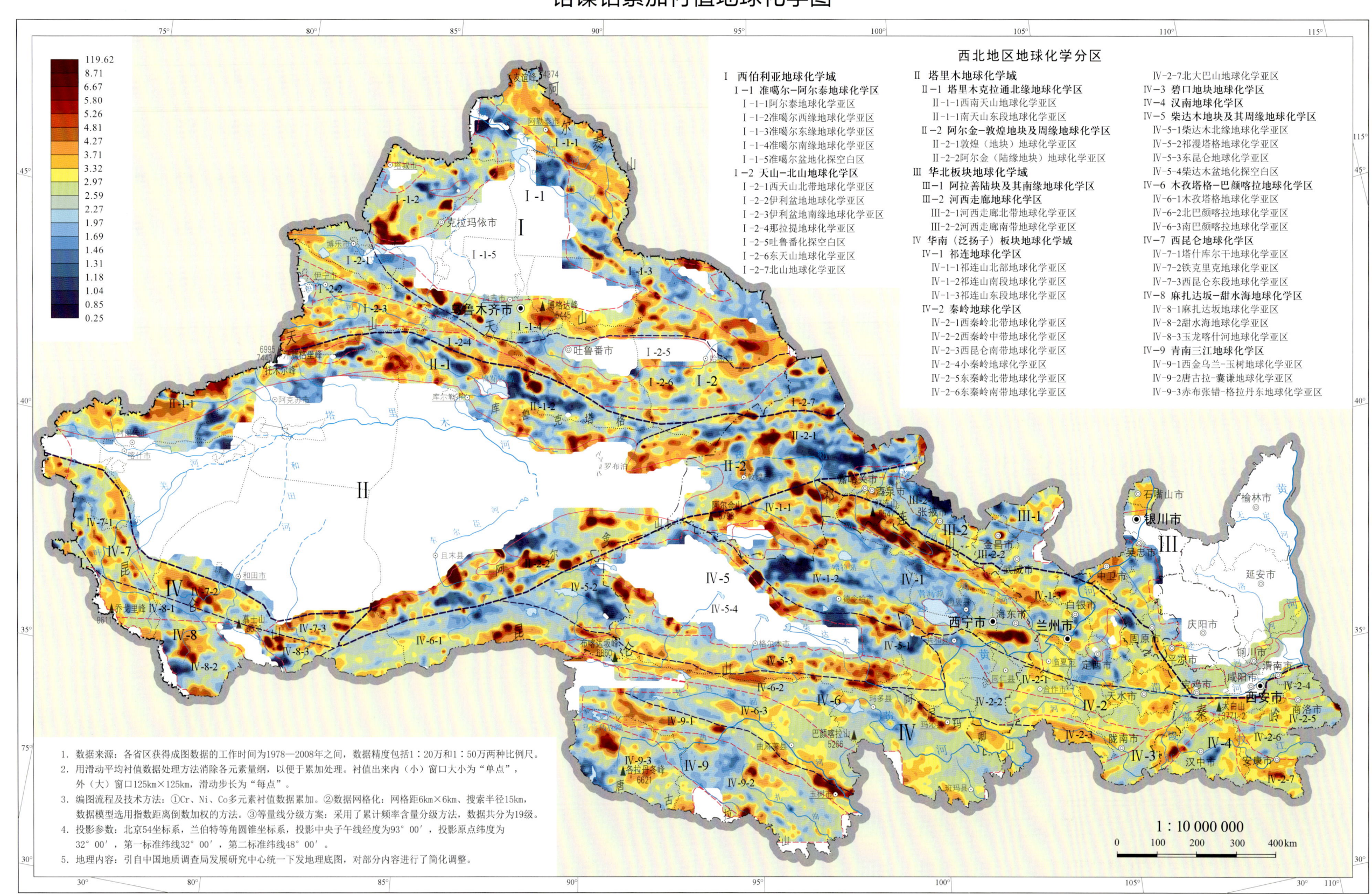

西北地区地球化学分区

I 西伯利亚地球化学域
- I-1 准噶尔-阿尔泰地球化学区
  - I-1-1 阿尔泰地球化学亚区
  - I-1-2 准噶尔西缘地球化学亚区
  - I-1-3 准噶尔东缘地球化学亚区
  - I-1-4 准噶尔南缘地球化学亚区
  - I-1-5 准噶尔盆地探空白区
- I-2 天山-北山地球化学区
  - I-2-1 西天山北带地球化学亚区
  - I-2-2 伊犁盆地地球化学亚区
  - I-2-3 伊犁盆地南缘地球化学亚区
  - I-2-4 那拉提地球化学亚区
  - I-2-5 吐鲁番探空白区
  - I-2-6 东天山地球化学亚区
  - I-2-7 北山地球化学亚区

II 塔里木地球化学域
- II-1 塔里木克拉通北缘地球化学区
  - II-1-1 西南天山地球化学亚区
  - II-1-1 南天山东段地球化学亚区
- II-2 阿尔金-敦煌地块及周缘地球化学区
  - II-2-1 敦煌（地块）地球化学亚区
  - II-2-2 阿尔金（陆缘地块）地球化学亚区

III 华北板块地球化学域
- III-1 阿拉善陆块及其南缘地球化学区
- III-2 河西走廊地球化学区
  - III-2-1 河西走廊北带地球化学亚区
  - III-2-2 河西走廊南带地球化学亚区

IV 华南（泛扬子）板块地球化学域
- IV-1 祁连地球化学区
  - IV-1-1 祁连山北部地球化学亚区
  - IV-1-2 祁连山南段地球化学亚区
  - IV-1-3 祁连山东段地球化学亚区
- IV-2 秦岭地球化学区
  - IV-2-1 西秦岭北带地球化学亚区
  - IV-2-2 西秦岭中带地球化学亚区
  - IV-2-3 西昆南带地球化学亚区
  - IV-2-4 小秦岭地球化学亚区
  - IV-2-5 东秦岭北带地球化学亚区
  - IV-2-6 东秦岭南带地球化学亚区
  - IV-2-7 北大巴山地球化学亚区
- IV-3 碧口地块地球化学区
- IV-4 汉南地球化学区
- IV-5 柴达木地块及其周缘地球化学区
  - IV-5-1 柴达木北缘地球化学亚区
  - IV-5-2 祁漫塔格地球化学亚区
  - IV-5-3 东昆仑地球化学亚区
  - IV-5-4 柴达木盆地探空白区
- IV-6 木孜塔格-巴颜喀拉地球化学区
  - IV-6-1 木孜塔格地球化学亚区
  - IV-6-2 北巴颜喀拉地球化学亚区
  - IV-6-3 南巴颜喀拉地球化学亚区
- IV-7 西昆仑地球化学区
  - IV-7-1 塔什库尔干地球化学亚区
  - IV-7-2 铁克里克地球化学亚区
  - IV-7-3 西昆仑东段地球化学亚区
- IV-8 麻扎达坂-甜水海地球化学区
  - IV-8-1 麻扎达坂地球化学亚区
  - IV-8-2 甜水海地球化学亚区
  - IV-8-3 玉龙喀什河地球化学亚区
- IV-9 青南三江地球化学区
  - IV-9-1 西金乌兰-玉树地球化学亚区
  - IV-9-2 唐古拉-囊谦地球化学亚区
  - IV-9-3 赤布张错-格拉丹东地球化学亚区

图例数值：119.62, 8.71, 6.67, 5.80, 5.26, 4.81, 4.27, 3.71, 3.32, 2.97, 2.59, 2.27, 1.97, 1.69, 1.46, 1.31, 1.18, 1.04, 0.85, 0.25

1. 数据来源：各省区获得成图数据的工作时间为1978—2008年之间，数据精度包括1：20万和1：50万两种比例尺。
2. 用滑动平均衬值数据处理方法消除各元素量纲，以便于累加处理。衬值窗口内（小）窗口大小为"单点"，外（大）窗口125km×125km，滑动步长为"每点"。
3. 编图流程及技术方法：①Cr、Ni、Co多元素衬值数据累加。②数据网格化：网格距6km×6km，搜索半径15km，数据模型选用指数距离倒数加权的方法。③等量线分级方案：采用了累计频率含量分级方法，数据共分为19级。
4. 投影参数：北京54坐标系，兰勃特等角圆锥坐标系，投影中央子午线经度为93°00′，投影原点纬度为32°00′，第一标准纬线32°00′，第二标准纬线48°00′。
5. 地理内容：引自中国地质调查局发展研究中心统一下发地理底图，对部分内容进行了简化调整。

1:10 000 000

0 100 200 300 400 km

汞锑砷钡累加衬值地球化学图

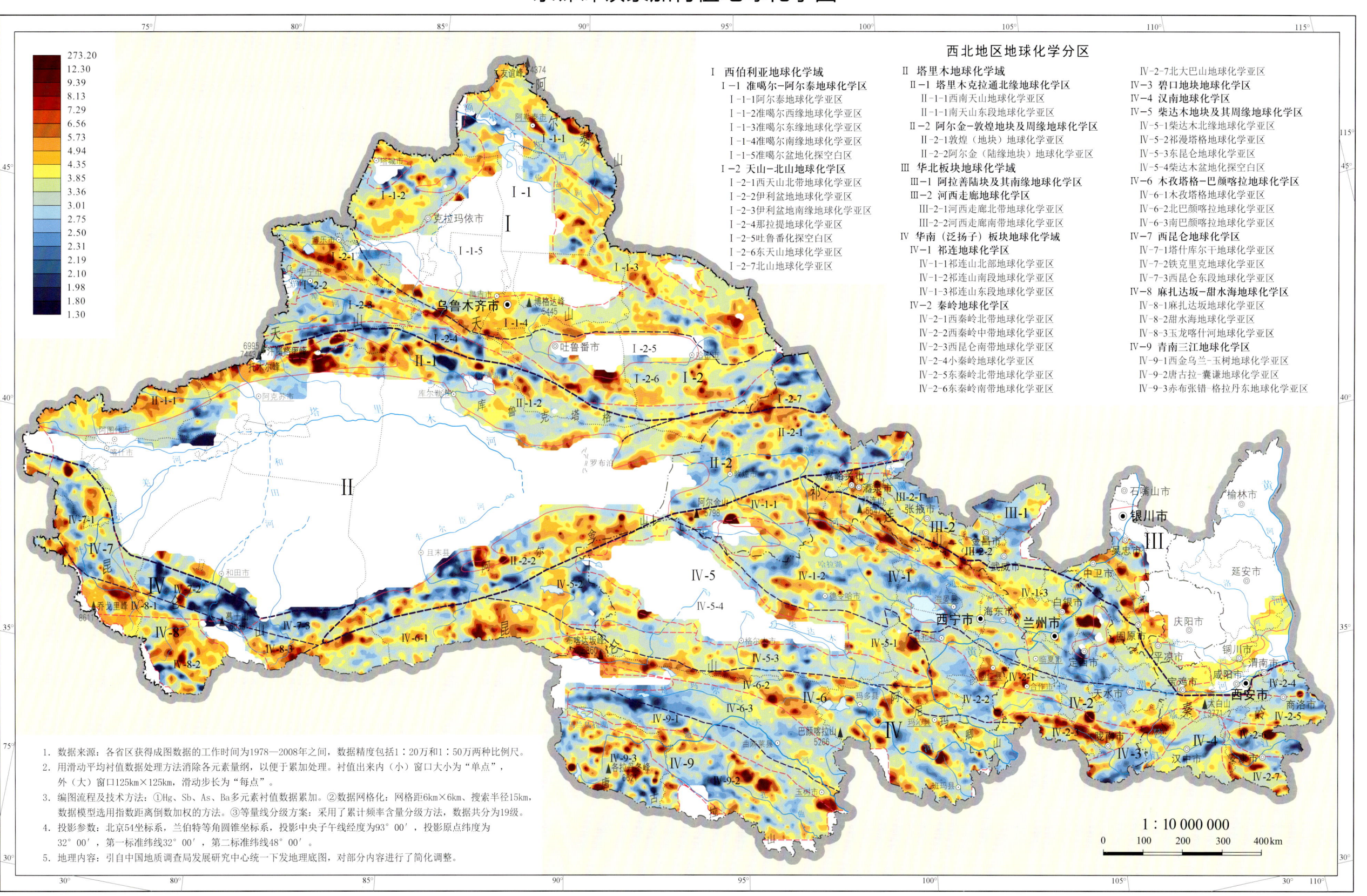

西北地区地球化学分区

I 西伯利亚地球化学域
- I-1 准噶尔-阿尔泰地球化学区
  - I-1-1 阿尔泰地球化学亚区
  - I-1-2 准噶尔西缘地球化学亚区
  - I-1-3 准噶尔东缘地球化学亚区
  - I-1-4 准噶尔南缘地球化学亚区
  - I-1-5 准噶尔盆地化探空白区
- I-2 天山-北山地球化学区
  - I-2-1 西天山北带地球化学亚区
  - I-2-2 伊利盆地地球化学亚区
  - I-2-3 准噶尔盆地南缘地球化学亚区
  - I-2-4 那拉提地球化学亚区
  - I-2-5 吐鲁番化探空白区
  - I-2-6 东天山地球化学亚区
  - I-2-7 北山地球化学亚区

II 塔里木地球化学域
- II-1 塔里木克拉通北缘地球化学区
  - II-1-1 西南天山地球化学亚区
  - II-1-2 南天山东段地球化学亚区
- II-2 阿尔金-敦煌地块及周缘地球化学区
  - II-2-1 敦煌（地块）地球化学亚区
  - II-2-2 阿尔金（陆缘地块）地球化学亚区

III 华北板块地球化学域
- III-1 阿拉善陆块及其南缘地球化学区
- III-2 河西走廊地球化学区
  - III-2-1 河西走廊北带地球化学亚区
  - III-2-2 河西走廊南带地球化学亚区

IV 华南（泛扬子）板块地球化学域
- IV-1 祁连地球化学区
  - IV-1-1 祁连山北部地球化学亚区
  - IV-1-2 祁连山中段地球化学亚区
  - IV-1-3 祁连山东段地球化学亚区
- IV-2 秦岭地球化学区
  - IV-2-1 西秦岭北带地球化学亚区
  - IV-2-2 西秦岭中带地球化学亚区
  - IV-2-3 西昆仑南带地球化学亚区
  - IV-2-4 小秦岭地球化学亚区
  - IV-2-5 东秦岭北带地球化学亚区
  - IV-2-6 东秦岭南带地球化学亚区
  - IV-2-7 北大巴山地球化学亚区
- IV-3 碧口地块地球化学区
- IV-4 汉南地球化学区
- IV-5 柴达木地块及其周缘地球化学区
  - IV-5-1 柴达木北缘地球化学亚区
  - IV-5-2 祁漫塔格地球化学亚区
  - IV-5-3 东昆仑地块地球化学亚区
  - IV-5-4 柴达木盆地化探空白区
- IV-6 木孜塔格-巴颜喀拉地球化学区
  - IV-6-1 木孜塔格地球化学亚区
  - IV-6-2 北巴颜喀拉地球化学亚区
  - IV-6-3 南巴颜喀拉地球化学亚区
- IV-7 西昆仑地球化学区
  - IV-7-1 塔什库尔干地球化学亚区
  - IV-7-2 铁克里克北带地球化学亚区
  - IV-7-3 西昆仑东段地球化学亚区
- IV-8 麻扎达坂-甜水海地球化学区
  - IV-8-1 麻扎达坂地球化学亚区
  - IV-8-2 甜水海地球化学亚区
  - IV-8-3 玉龙喀什河地球化学亚区
- IV-9 青南三江地球化学区
  - IV-9-1 西金乌兰-玉树地球化学亚区
  - IV-9-2 唐古拉-囊谦地球化学亚区
  - IV-9-3 赤布张错-格拉丹东地球化学亚区

图例数值：273.20, 12.30, 9.39, 8.13, 7.29, 6.56, 5.73, 4.94, 4.35, 3.85, 3.36, 3.01, 2.75, 2.50, 2.31, 2.19, 2.10, 1.98, 1.80, 1.30

1. 数据来源：各省区获得成图数据的工作时间为1978—2008年之间，数据精度包括1:20万和1:50万两种比例尺。
2. 用滑动平均衬值数据处理方法消除各元素量纲，以便于累加处理。衬值出来内（小）窗口大小为"单点"，外（大）窗口125km×125km，滑动步长为"每点"。
3. 编图流程及技术方法：①Hg、Sb、As、Ba多元素衬值数据累加。②数据网格化：网格6km×6km，搜索半径15km，数据模型选用指数距离倒数加权的方法。③等量线分级方案：采用了累计频率含量分级方法，数据共分为19级。
4. 投影参数：北京54坐标系，兰伯特等角圆锥坐标系，投影中央子午线经度为93°00′，投影原点纬度为32°00′，第一标准纬线32°00′，第二标准纬线48°00′。
5. 地理内容：引自中国地质调查局发展研究中心统一下发地理底图，对部分内容进行了简化调整。

1:10 000 000

汞锑砷锂累加衬值地球化学图

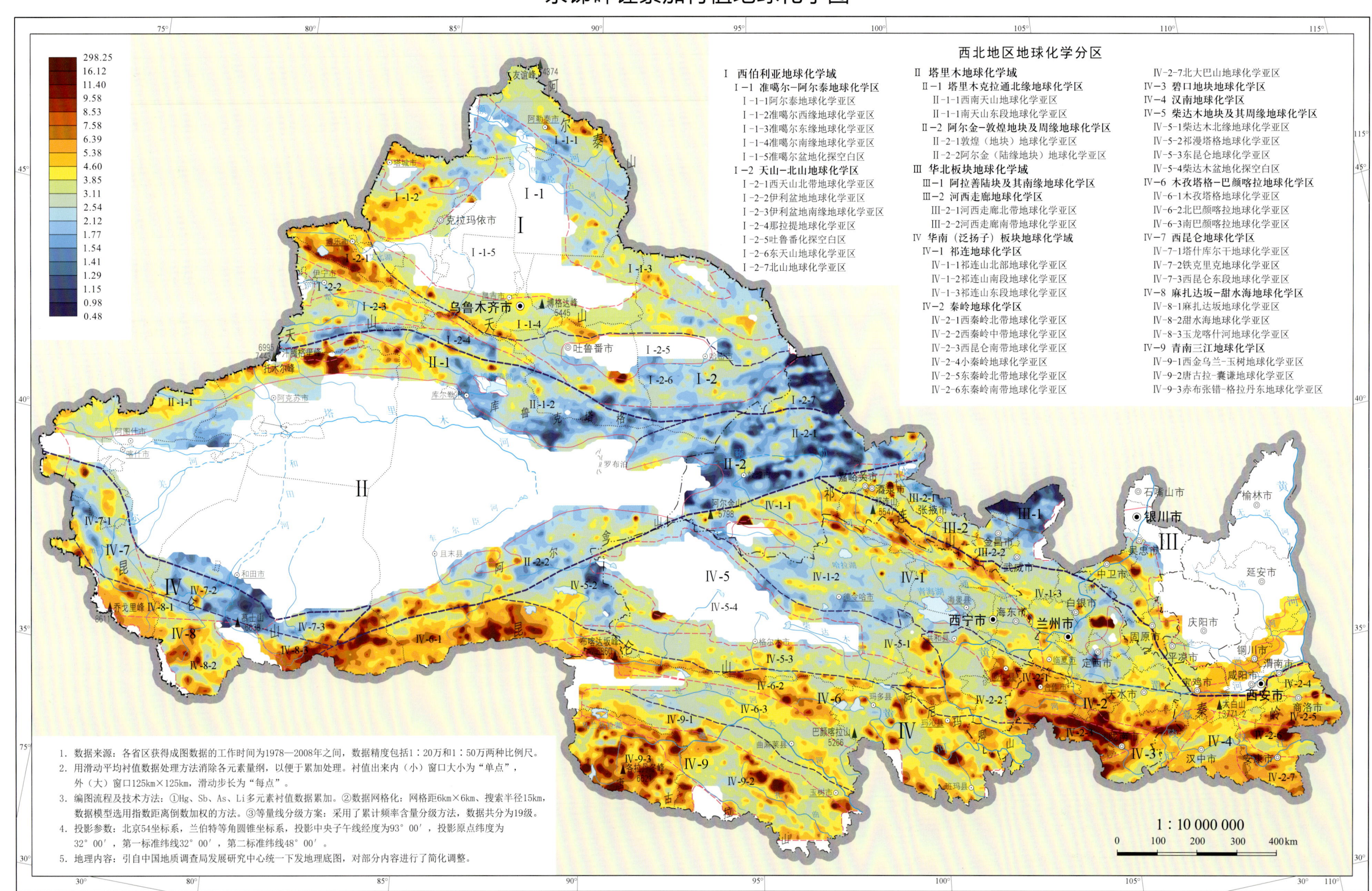

钠钾累加衬值地球化学图

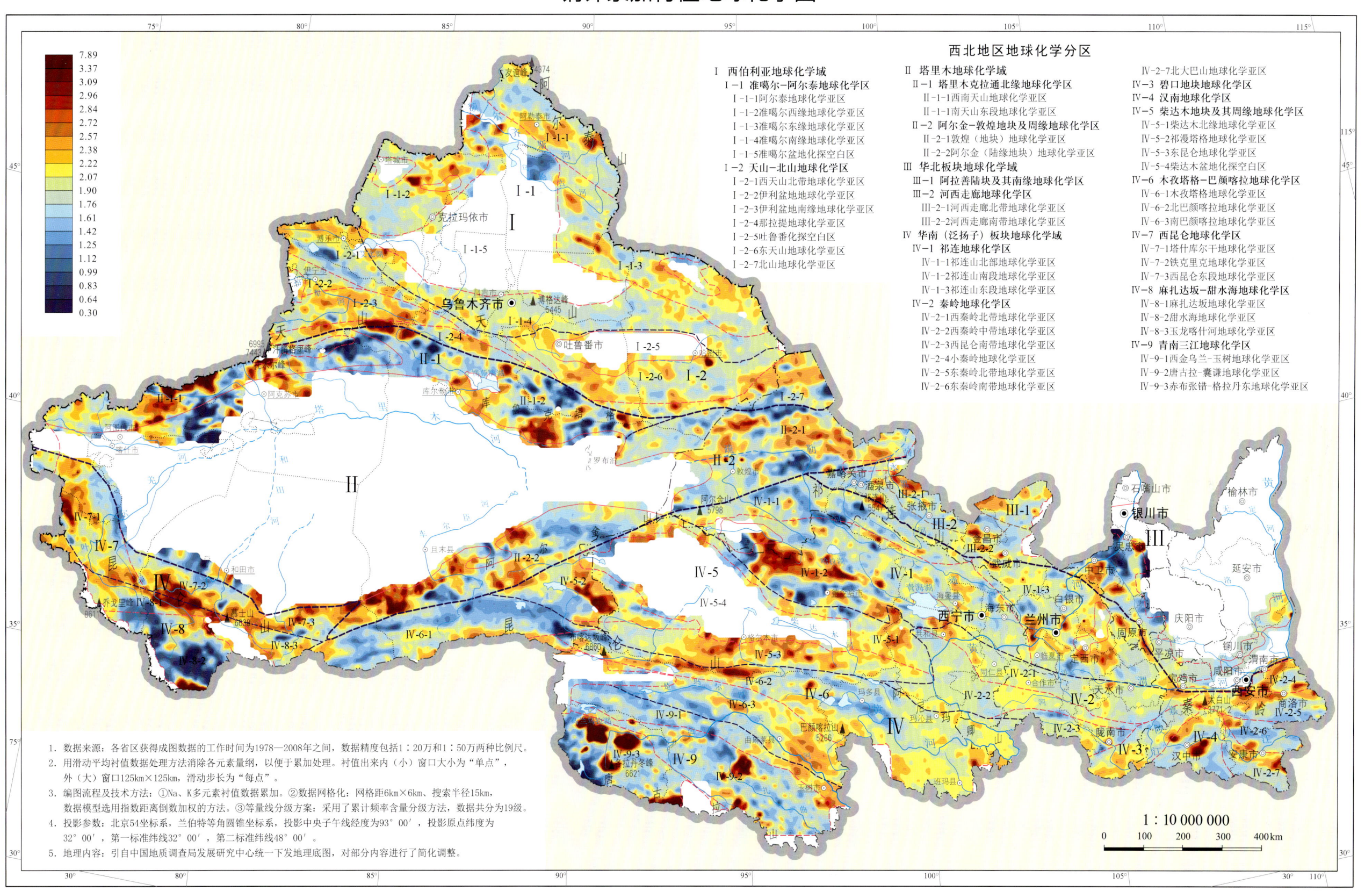

西北地区地球化学分区

Ⅰ 西伯利亚地球化学域
　Ⅰ-1 准噶尔-阿尔泰地球化学区
　　Ⅰ-1-1 阿尔泰地球化学亚区
　　Ⅰ-1-2 准噶尔西缘地球化学亚区
　　Ⅰ-1-3 准噶尔东缘地球化学亚区
　　Ⅰ-1-4 准噶尔南缘地球化学亚区
　　Ⅰ-1-5 准噶尔盆地化探空白区
　Ⅰ-2 天山-北山地球化学区
　　Ⅰ-2-1 西天山北带地球化学亚区
　　Ⅰ-2-2 伊利盆地地球化学亚区
　　Ⅰ-2-3 伊利天山南缘地球化学亚区
　　Ⅰ-2-4 那拉提地球化学亚区
　　Ⅰ-2-5 吐鲁番化探空白区
　　Ⅰ-2-6 东天山地球化学亚区
　　Ⅰ-2-7 北山地球化学亚区

Ⅱ 塔里木地球化学域
　Ⅱ-1 塔里木克拉通北缘地球化学区
　　Ⅱ-1-1 西南天山地球化学亚区
　　Ⅱ-1-2 南天山东段地球化学亚区
　Ⅱ-2 阿尔金-敦煌地块及周缘地球化学区
　　Ⅱ-2-1 敦煌（地块）地球化学亚区
　　Ⅱ-2-2 阿尔金（陆缘地块）地球化学亚区

Ⅲ 华北板块地球化学域
　Ⅲ-1 阿拉善陆块及其南缘地球化学区
　Ⅲ-2 河西走廊地球化学区
　　Ⅲ-2-1 河西走廊北带地球化学亚区
　　Ⅲ-2-2 河西走廊南带地球化学亚区

Ⅳ 华南（泛扬子）板块地球化学域
　Ⅳ-1 祁连地球化学区
　　Ⅳ-1-1 祁连山北部地球化学亚区
　　Ⅳ-1-2 祁连山南段地球化学亚区
　　Ⅳ-1-3 祁连山东段地球化学亚区
　Ⅳ-2 秦岭地球化学区
　　Ⅳ-2-1 西秦岭北带地球化学亚区
　　Ⅳ-2-2 西秦岭中带地球化学亚区
　　Ⅳ-2-3 西秦岭南带地球化学亚区
　　Ⅳ-2-4 小秦岭地球化学亚区
　　Ⅳ-2-5 东秦岭北带地球化学亚区
　　Ⅳ-2-6 东秦岭南带地球化学亚区
　　Ⅳ-2-7 北大巴山地球化学亚区
　Ⅳ-3 碧口地块地球化学区
　Ⅳ-4 汉南地球化学区
　Ⅳ-5 柴达木地块及其周缘地球化学区
　　Ⅳ-5-1 柴达木北缘地球化学亚区
　　Ⅳ-5-2 祁漫塔格地球化学亚区
　　Ⅳ-5-3 东昆仑地球化学亚区
　　Ⅳ-5-4 柴达木盆地化探空白区
　Ⅳ-6 木孜塔格-巴颜喀拉地球化学区
　　Ⅳ-6-1 木孜塔格地球化学亚区
　　Ⅳ-6-2 北巴颜喀拉地球化学亚区
　　Ⅳ-6-3 南巴颜喀拉地球化学亚区
　Ⅳ-7 西昆仑地球化学区
　　Ⅳ-7-1 塔什库尔干地球化学亚区
　　Ⅳ-7-2 铁克里克地球化学亚区
　　Ⅳ-7-3 西昆仑东段地球化学亚区
　Ⅳ-8 麻扎达坂-甜水海地球化学区
　　Ⅳ-8-1 麻扎达坂地球化学亚区
　　Ⅳ-8-2 甜水海地球化学亚区
　　Ⅳ-8-3 玉龙喀什河地球化学亚区
　Ⅳ-9 青南三江地球化学区
　　Ⅳ-9-1 西金乌兰-玉树地球化学亚区
　　Ⅳ-9-2 唐古拉-囊谦地球化学亚区
　　Ⅳ-9-3 赤布张错-格拉丹东地球化学亚区

图例数值：7.89, 3.37, 3.09, 2.96, 2.84, 2.72, 2.57, 2.38, 2.22, 2.07, 1.90, 1.76, 1.61, 1.42, 1.25, 1.12, 0.99, 0.83, 0.64, 0.30

1. 数据来源：各省区获得成图数据的工作时间为1978—2008年之间，数据精度包括1:20万和1:50万两种比例尺。
2. 用滑动平均衬值数据处理方法消除各元素量纲，以便于累加处理。衬值出来内（小）窗口大小为"单点"，外（大）窗口125km×125km，滑动步长为"每点"。
3. 编图流程及技术方法：①Na、K多元素衬值数据累加。②数据网格化：网格距6km×6km，搜索半径15km，数据模型选用指数距离倒加权的方法。③等量线分级方案：采用了累计频率含量分级方法，数据共分为19级。
4. 投影参数：北京54坐标系，兰伯特等角圆锥坐标系，投影中央子午线经度为93°00′，投影原点纬度为32°00′，第一标准纬线32°00′，第二标准纬线48°00′。
5. 地理内容：引自中国地质调查局发展研究中心统一下发地理底图，对部分内容进行了简化调整。

1:10 000 000

铅锌银镉累加衬值地球化学图

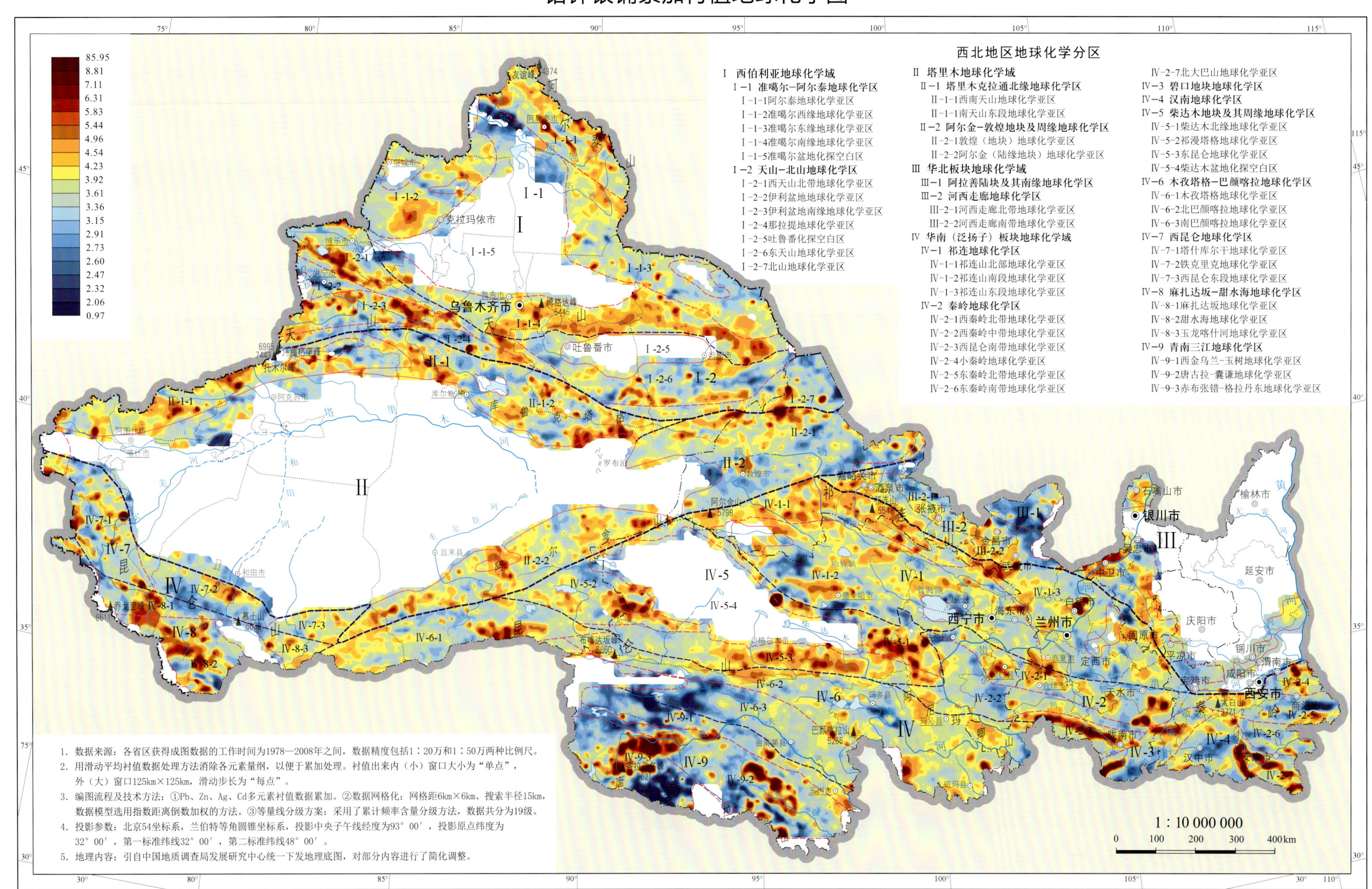

西北地区地球化学分区

- **I 西伯利亚地球化学域**
  - I-1 准噶尔－阿尔泰地球化学区
    - I-1-1 阿尔泰地球化学亚区
    - I-1-2 准噶尔西缘地球化学亚区
    - I-1-3 准噶尔东缘地球化学亚区
    - I-1-4 准噶尔南缘地球化学亚区
    - I-1-5 准噶尔盆地化探空白区
  - I-2 天山－北山地球化学区
    - I-2-1 西天山北带地球化学亚区
    - I-2-2 伊犁盆地地球化学亚区
    - I-2-3 伊犁盆地南缘地球化学亚区
    - I-2-4 那拉提地球化学亚区
    - I-2-5 吐鲁番化探空白区
    - I-2-6 东天山地球化学亚区
    - I-2-7 北山地球化学亚区

- **II 塔里木地球化学域**
  - II-1 塔里木克拉通北缘地球化学区
    - II-1-1 西南天山地球化学亚区
    - II-1-1 南天山东段地球化学亚区
  - II-2 阿尔金－敦煌地块及周缘地球化学区
    - II-2-1 敦煌（地块）地球化学亚区
    - II-2-2 阿尔金（陆缘地块）地球化学亚区

- **III 华北板块地球化学域**
  - III-1 阿拉善陆块及其南缘地球化学区
  - III-2 河西走廊地球化学区
    - III-2-1 河西走廊北带地球化学亚区
    - III-2-2 河西走廊南带地球化学亚区

- **IV 华南（泛扬子）板块地球化学域**
  - IV-1 祁连地球化学区
    - IV-1-1 祁连山北部地球化学亚区
    - IV-1-2 祁连山南段地球化学亚区
    - IV-1-3 祁连山东段地球化学亚区
  - IV-2 秦岭地球化学区
    - IV-2-1 西秦岭北带地球化学亚区
    - IV-2-2 西秦岭中带地球化学亚区
    - IV-2-3 西昆仑中带地球化学亚区
    - IV-2-4 小秦岭地球化学亚区
    - IV-2-5 东秦岭北带地球化学亚区
    - IV-2-6 东秦岭南带地球化学亚区
  - IV-2-7 北大巴山地球化学亚区
  - IV-3 碧口地块地球化学区
  - IV-4 汉南地球化学区
  - IV-5 柴达木地块及其周缘地球化学区
    - IV-5-1 柴达木北缘地球化学亚区
    - IV-5-2 祁漫塔格地球化学亚区
    - IV-5-3 东昆仑北缘地球化学亚区
    - IV-5-4 柴达木盆地化探空白区
  - IV-6 木孜塔格－巴颜喀拉地球化学区
    - IV-6-1 木孜塔格地球化学亚区
    - IV-6-2 北巴颜喀拉地球化学亚区
    - IV-6-3 南巴颜喀拉地球化学亚区
  - IV-7 西昆仑地球化学区
    - IV-7-1 塔什库尔干地球化学亚区
    - IV-7-2 铁克里克地球化学亚区
    - IV-7-3 西昆仑东段地球化学亚区
  - IV-8 麻扎达坂－甜水海地球化学区
    - IV-8-1 麻扎达坂地球化学亚区
    - IV-8-2 甜水海地球化学亚区
    - IV-8-3 玉龙喀什河地球化学亚区
  - IV-9 青南三江地球化学区
    - IV-9-1 西金乌兰－玉树地球化学亚区
    - IV-9-2 唐古拉－囊谦地球化学亚区
    - IV-9-3 赤布张错－格拉丹东地球化学亚区

图例数值：85.95, 8.81, 7.11, 6.31, 5.83, 5.44, 4.96, 4.54, 4.23, 3.92, 3.61, 3.36, 3.15, 2.91, 2.73, 2.60, 2.47, 2.32, 2.06, 0.97

---

1. 数据来源：各省区获得成图数据的工作时间为1978—2008年之间，数据精度包括1∶20万和1∶50万两种比例尺。
2. 用滑动平均衬值数据处理方法消除各元素量纲，以便于累加处理。衬值由来内（小）窗口大小为"单点"，外（大）窗口125km×125km，滑动步长为"每点"。
3. 编图流程及技术方法：①Pb、Zn、Ag、Cd多元素衬值数据累加。②数据网格化：网格距6km×6km，搜索半径15km，数据模型选用指数距离倒数加权的方法。③等量线分级方案：采用了累计频率含量分级方法，数据共分为19级。
4. 投影参数：北京54坐标系，兰伯特等角圆锥坐标系，投影中央子午线经度为93°00′，投影原点纬度为32°00′，第一标准纬线32°00′，第二标准纬线48°00′。
5. 地理内容：引自中国地质调查局发展研究中心统一下发地理底图，对部分内容进行了简化调整。

1 : 10 000 000
0 100 200 300 400km

钛磷锆累加衬值地球化学图

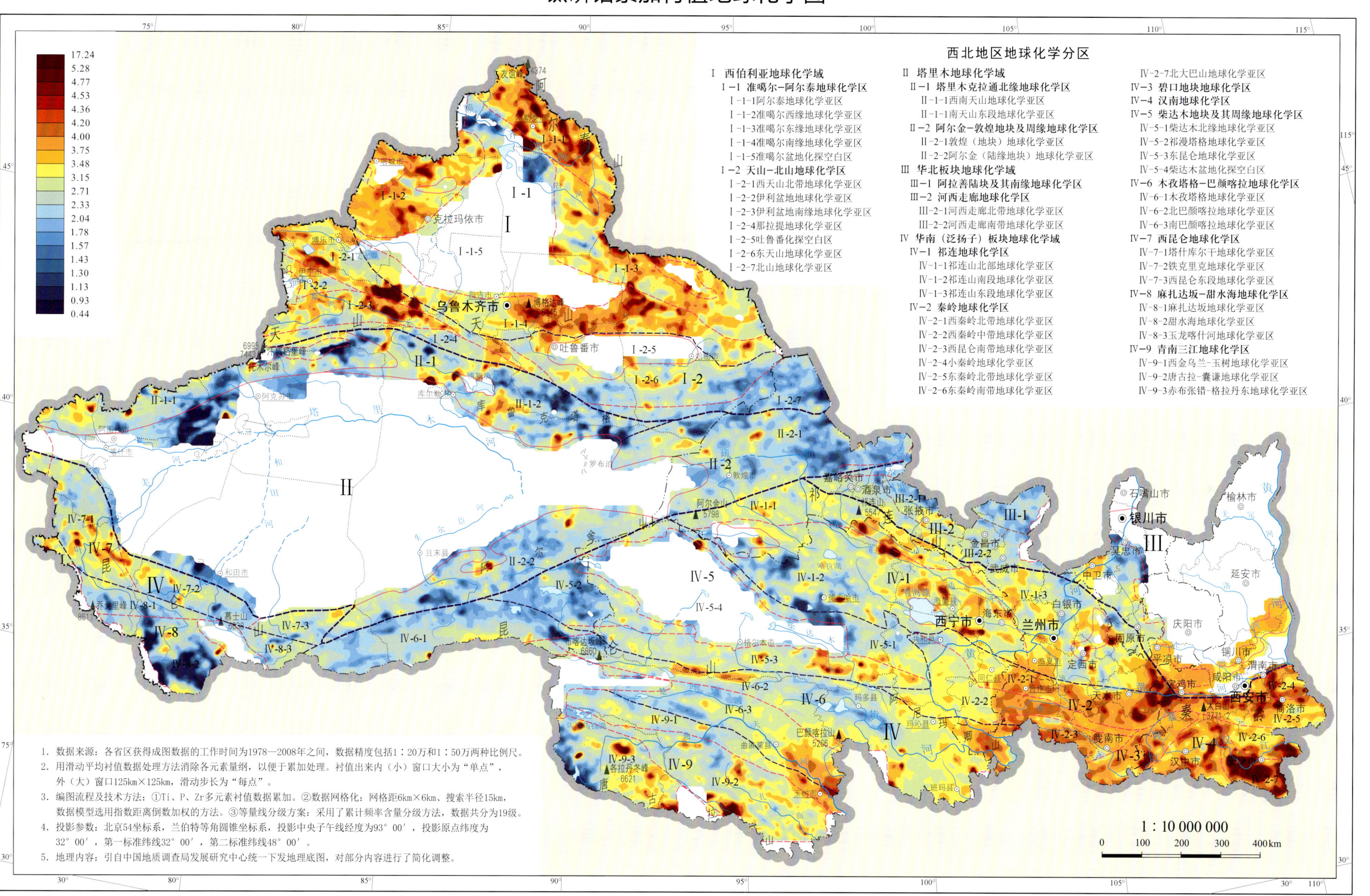

西北地区地球化学分区

I 西伯利亚地球化学域
  I-1 准噶尔-阿尔泰地球化学区
    I-1-1 阿尔泰地球化学亚区
    I-1-2 准噶尔西缘地球化学亚区
    I-1-3 准噶尔东缘地球化学亚区
    I-1-4 准噶尔南缘地球化学亚区
    I-1-5 准噶尔盆地化探空白区
  I-2 天山-北山地球化学区
    I-2-1 西天山北带地球化学亚区
    I-2-2 伊犁盆地地球化学亚区
    I-2-3 伊犁盆地南缘地球化学亚区
    I-2-4 那拉提地球化学亚区
    I-2-5 吐鲁番化探空白区
    I-2-6 东天山地球化学亚区
    I-2-7 北山地球化学亚区

II 塔里木地球化学域
  II-1 塔里木克拉通北缘地球化学区
    II-1-1 西南天山地球化学亚区
    II-1-2 南天山东段地球化学亚区
  II-2 阿尔金-敦煌地块及周缘地球化学区
    II-2-1 敦煌（地块）地球化学亚区
    II-2-2 阿尔金（陆缘地块）地球化学亚区

III 华北板块地球化学域
  III-1 阿拉善陆块及其南缘地球化学区
  III-2 河西走廊地球化学区
    III-2-1 河西走廊北带地球化学亚区
    III-2-2 河西走廊南带地球化学亚区

IV 华南（泛扬子）板块地球化学域
  IV-1 祁连地球化学区
    IV-1-1 祁连山北部地球化学亚区
    IV-1-2 祁连山南段地球化学亚区
    IV-1-3 祁连山东段地球化学亚区
  IV-2 秦岭地球化学区
    IV-2-1 西秦岭北中带地球化学亚区
    IV-2-2 西秦岭中带地球化学亚区
    IV-2-3 西昆仑南带地球化学亚区
    IV-2-4 小秦岭地球化学亚区
    IV-2-5 东秦岭北带地球化学亚区
    IV-2-6 东秦岭南带地球化学亚区
    IV-2-7 北大巴山地球化学亚区
  IV-3 碧口地块地球化学区
  IV-4 汉南地球化学区
  IV-5 柴达木地块及其周缘地球化学区
    IV-5-1 柴达木北缘地球化学亚区
    IV-5-2 祁漫塔格地球化学亚区
    IV-5-3 东昆仑北缘地球化学亚区
    IV-5-4 柴达木盆地化探空白区
  IV-6 木孜塔格-巴颜喀拉地球化学区
    IV-6-1 木孜塔格地球化学亚区
    IV-6-2 北巴颜喀拉地球化学亚区
    IV-6-3 南巴颜喀拉地球化学亚区
  IV-7 西昆仑地球化学区
    IV-7-1 塔什库尔干地球化学亚区
    IV-7-2 铁克里克地块地球化学亚区
    IV-7-3 西昆仑东段地球化学亚区
  IV-8 麻扎达坂-甜水海地球化学区
    IV-8-1 麻扎达坂地球化学亚区
    IV-8-2 甜水海地块地球化学亚区
    IV-8-3 玉龙喀什河地球化学亚区
  IV-9 青南三江地球化学区
    IV-9-1 西金乌兰-玉树地球化学亚区
    IV-9-2 唐古拉-囊谦地球化学亚区
    IV-9-3 赤布张错-格拉丹东地球化学亚区

1. 数据来源：各省区获得成图数据的工作时间为1978—2008年之间，数据精度包括1:20万和1:50万两种比例尺。
2. 用滑动平均衬值数据处理方法消除各元素量纲，以便于累加处理。衬值出来内（小）窗口大小为"单点"，外（大）窗口125km×125km，滑动步长为"每点"。
3. 编图流程及技术方法：①Ti、P、Zr多元素衬值数据累加。②数据网格化：网格距6km×6km，搜索半径15km，数据模型选用指数距离倒数加权的方法。③等量线分级方案：采用了累计频率含量分级方法，数据共分为19级。
4. 投影参数：北京54坐标系，兰伯特等角圆锥坐标系，投影中央子午线经度为93°00′，投影原点纬度为32°00′，第一标准纬线32°00′，第二标准纬线48°00′。
5. 地理内容：引自中国地质调查局发展研究中心统一下发地理底图，对部分内容进行了简化调整。

1:10 000 000

钨钼氟铍硼累加衬值地球化学图

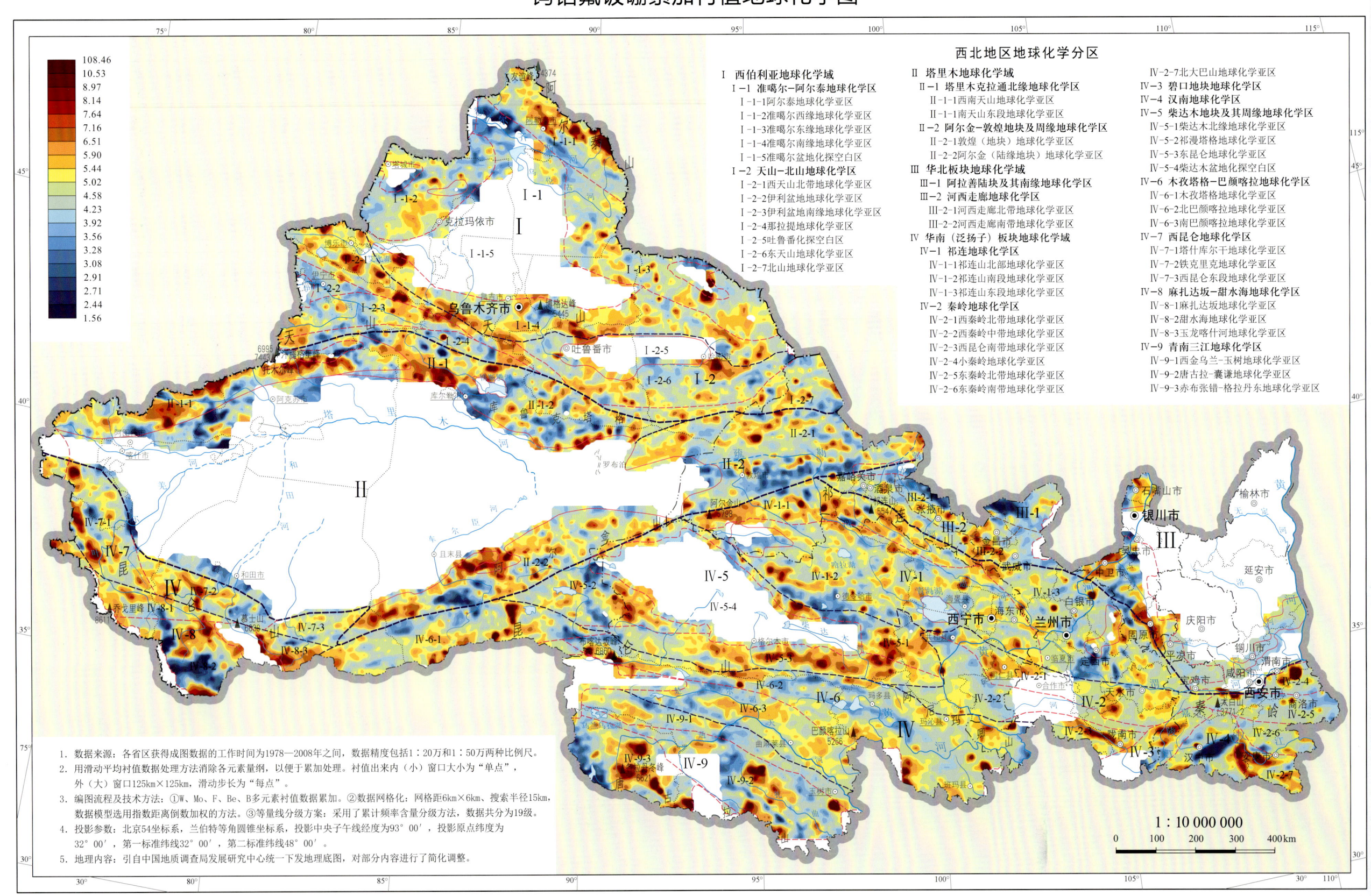

累加衬值地球化学异常图

铬镍钴累加衬值地球化学异常图

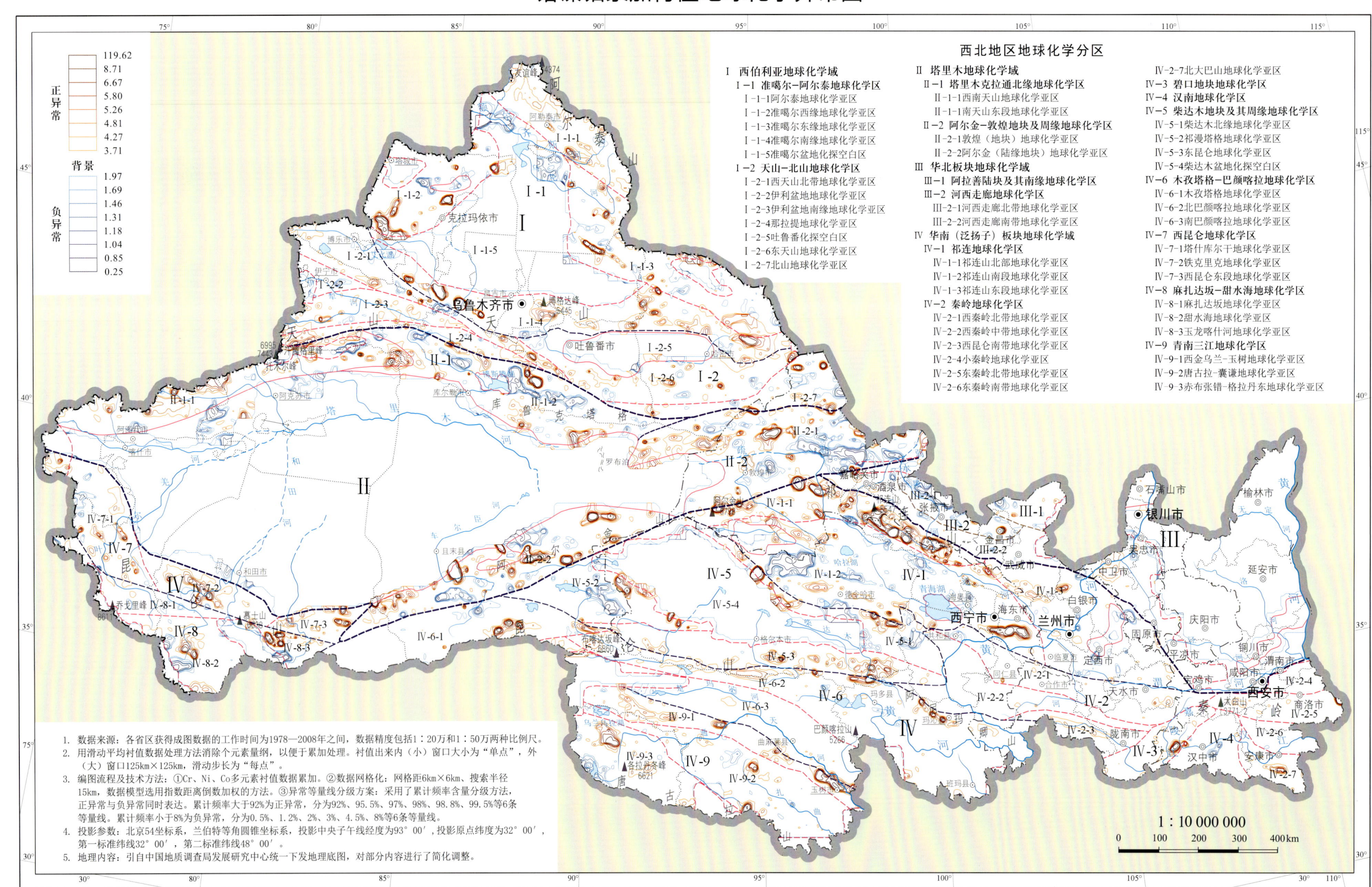

西北地区地球化学分区

I 西伯利亚地球化学域
- I-1 准噶尔-阿尔泰地球化学区
  - I-1-1 阿尔泰地球化学亚区
  - I-1-2 准噶尔西缘地球化学亚区
  - I-1-3 准噶尔东缘地球化学亚区
  - I-1-4 准噶尔南缘地球化学亚区
  - I-1-5 准噶尔盆地化探空白区
- I-2 天山-北山地球化学区
  - I-2-1 西天山北带地球化学亚区
  - I-2-2 伊犁盆地地球化学亚区
  - I-2-3 伊犁盆地南缘地球化学亚区
  - I-2-4 那拉提地球化学亚区
  - I-2-5 吐鲁番化探空白区
  - I-2-6 东天山地球化学亚区
  - I-2-7 北山地球化学亚区

II 塔里木地球化学域
- II-1 塔里木克拉通北缘地球化学区
  - II-1-1 西南天山地球化学亚区
  - II-1-1 南天山东段地球化学亚区
- II-2 阿尔金-敦煌地块及周缘地球化学区
  - II-2-1 敦煌（地块）地球化学亚区
  - II-2-2 阿尔金（陆缘地块）地球化学亚区

III 华北板块地球化学域
- III-1 阿拉善陆块及其南缘地球化学区
- III-2 河西走廊地球化学区
  - III-2-1 河西走廊北带地球化学亚区
  - III-2-2 河西走廊南带地球化学亚区

IV 华南（泛扬子）板块地球化学域
- IV-1 祁连地球化学区
  - IV-1-1 祁连山北部地球化学亚区
  - IV-1-2 祁连山中段地球化学亚区
  - IV-1-3 祁连山东段地球化学亚区
- IV-2 秦岭地球化学区
  - IV-2-1 西秦岭北带地球化学亚区
  - IV-2-2 西秦岭中带地球化学亚区
  - IV-2-3 西昆仑南带地球化学亚区
  - IV-2-4 小秦岭地球化学亚区
  - IV-2-5 东秦岭北带地球化学亚区
  - IV-2-6 东秦岭南带地球化学亚区
  - IV-2-7 北大巴山地球化学亚区
- IV-3 碧口地块地球化学区
- IV-4 汉南地球化学区
- IV-5 柴达木地块及其周缘地球化学区
  - IV-5-1 柴达木北缘地球化学亚区
  - IV-5-2 柴漫塔格地球化学亚区
  - IV-5-3 东昆仑地球化学亚区
  - IV-5-4 柴达木盆地化探空白区
- IV-6 木孜塔格-巴颜喀拉地球化学区
  - IV-6-1 木孜塔格地球化学亚区
  - IV-6-2 北巴颜喀拉地球化学亚区
  - IV-6-3 南巴颜喀拉地球化学亚区
- IV-7 西昆仑地球化学区
  - IV-7-1 塔什库尔干地球化学亚区
  - IV-7-2 铁克里克地块地球化学亚区
  - IV-7-3 西昆仑东段地球化学亚区
- IV-8 麻扎达坂-甜水海地球化学区
  - IV-8-1 麻扎达坂地球化学亚区
  - IV-8-2 甜水海地球化学亚区
  - IV-8-3 玉龙喀什河地球化学亚区
- IV-9 青南三江地球化学区
  - IV-9-1 西金乌兰-玉树地球化学亚区
  - IV-9-2 唐古拉-囊谦地球化学亚区
  - IV-9-3 赤布张错-格拉丹东地球化学亚区

图例

正异常：119.62, 8.71, 6.67, 5.80, 5.26, 4.81, 4.27, 3.71

背景：1.97, 1.69, 1.46, 1.31, 1.18, 1.04, 0.85, 0.25

负异常

---

1. 数据来源：各省区获得成图数据的工作时间为1978—2008年之间，数据精度包括1：20万和1：50万两种比例尺。
2. 用滑动平均衬值数据处理方法消除个元素量纲，以便于累加处理。衬值出来内（小）窗口大小为"单点"，外（大）窗口125km×125km，滑动步长为"每点"。
3. 编图流程及技术方法：①Cr、Ni、Co多元素衬值数据累加。②数据网格化：网格距6km×6km，搜索半径15km，数据模型选用指数距离倒数加权的方法。③异常等量线分级方案：采用了累计频率含量分级方法，正异常与负异常同时表达。累计频率大于92%为正异常，分为92%、95.5%、97%、98%、98.8%、99.5%等6条等量线。累计频率小于8%为负异常，分为0.5%、1.2%、2%、3%、4.5%、8%等6条等量线。
4. 投影参数：北京54坐标系，兰伯特等角圆锥坐标系，投影中央子午线经度为93°00′，投影原点纬度为32°00′，第一标准纬线32°00′，第二标准纬线48°00′。
5. 地理内容：引自中国地质调查局发展研究中心统一下发地理底图，对部分内容进行了简化调整。

1 : 10 000 000

0 100 200 300 400km

汞锑砷钡累加衬值地球化学异常图

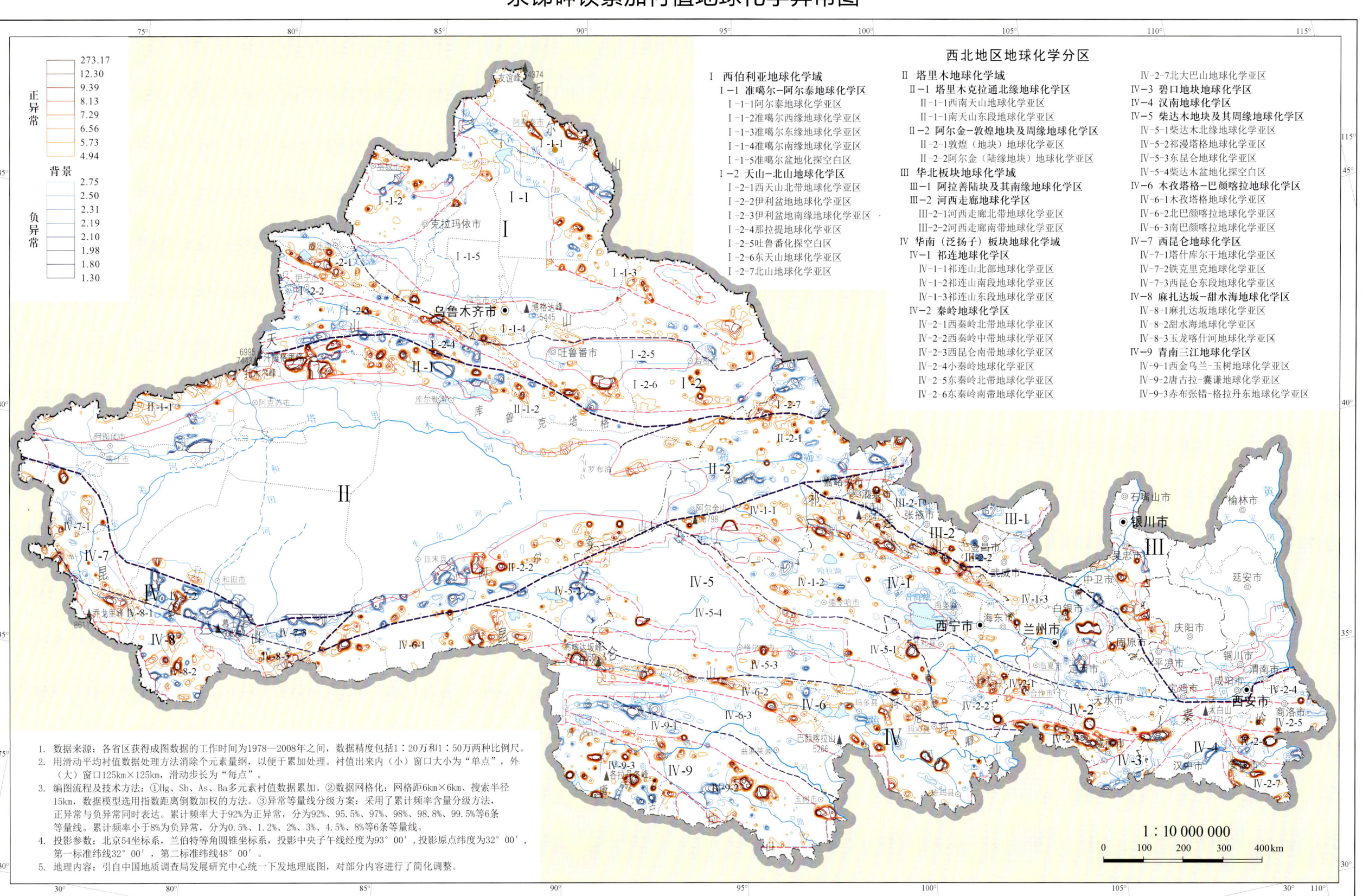

图例

正异常
- 273.17
- 12.30
- 9.39
- 8.13
- 7.29
- 6.56
- 5.73
- 4.94

背景
- 2.75
- 2.50
- 2.31
- 2.19
- 2.10
- 1.98
- 1.80
- 1.30

负异常

西北地区地球化学分区

Ⅰ 西伯利亚地球化学域
- Ⅰ-1 准噶尔-阿尔泰地球化学区
  - Ⅰ-1-1 阿尔泰地球化学亚区
  - Ⅰ-1-2 准噶尔西缘地球化学亚区
  - Ⅰ-1-3 准噶尔东缘地球化学亚区
  - Ⅰ-1-4 准噶尔南缘地球化学亚区
  - Ⅰ-1-5 准噶尔盆地地球化探空白区
- Ⅰ-2 天山-北山地球化学区
  - Ⅰ-2-1 西天山北带地球化学亚区
  - Ⅰ-2-2 伊犁盆地地球化学亚区
  - Ⅰ-2-3 伊犁盆地南缘地球化学亚区
  - Ⅰ-2-4 那拉提地球化学亚区
  - Ⅰ-2-5 吐鲁番地球化探空白区
  - Ⅰ-2-6 东天山地球化学亚区
  - Ⅰ-2-7 北山地球化学亚区

Ⅱ 塔里木地球化学域
- Ⅱ-1 塔里木克拉通北缘地球化学区
  - Ⅱ-1-1 西南天山地球化学亚区
  - Ⅱ-1-1 南天山东段地球化学亚区
- Ⅱ-2 阿尔金-敦煌地块及周缘地球化学区
  - Ⅱ-2-1 敦煌（地块）地球化学亚区
  - Ⅱ-2-2 阿尔金（陆缘地块）地球化学亚区

Ⅲ 华北板块地球化学域
- Ⅲ-1 阿拉善陆块及其南缘地球化学区
- Ⅲ-2 河西走廊地球化学区
  - Ⅲ-2-1 河西走廊北带地球化学亚区
  - Ⅲ-2-2 河西走廊南带地球化学亚区

Ⅳ 华南（泛扬子）板块地球化学域
- Ⅳ-1 祁连地球化学区
  - Ⅳ-1-1 祁连山北部地球化学亚区
  - Ⅳ-1-2 祁连山中段地球化学亚区
  - Ⅳ-1-3 祁连山东段地球化学亚区
- Ⅳ-2 秦岭地球化学区
  - Ⅳ-2-1 西秦岭北带地球化学亚区
  - Ⅳ-2-2 西秦岭中带地球化学亚区
  - Ⅳ-2-3 西昆仑南带地球化学亚区
  - Ⅳ-2-4 小秦岭地球化学亚区
  - Ⅳ-2-5 东秦岭北带地球化学亚区
  - Ⅳ-2-6 东秦岭南带地球化学亚区
  - Ⅳ-2-7 北大巴山地球化学亚区
- Ⅳ-3 碧口地块地球化学区
- Ⅳ-4 汉南地球化学区
- Ⅳ-5 柴达木地块及其周缘地球化学区
  - Ⅳ-5-1 柴达木北地球化学亚区
  - Ⅳ-5-2 祁漫塔格地球化学亚区
  - Ⅳ-5-3 东昆仑地球化学亚区
  - Ⅳ-5-4 柴达木盆地地球化探空白区
- Ⅳ-6 木孜塔格-巴颜喀拉地球化学区
  - Ⅳ-6-1 木孜塔格地球化学亚区
  - Ⅳ-6-2 北巴颜喀拉地球化学亚区
  - Ⅳ-6-3 南巴颜喀拉地球化学亚区
- Ⅳ-7 西昆仑地球化学区
  - Ⅳ-7-1 塔什库尔干地球化学亚区
  - Ⅳ-7-2 铁克里克北地球化学亚区
  - Ⅳ-7-3 西昆仑东段地球化学亚区
- Ⅳ-8 麻扎达坂-甜水海地球化学区
  - Ⅳ-8-1 麻扎达坂地球化学亚区
  - Ⅳ-8-2 甜水海地球化学亚区
  - Ⅳ-8-3 玉龙喀什河地球化学亚区
- Ⅳ-9 青南三江地球化学区
  - Ⅳ-9-1 西金乌兰-玉树地球化学亚区
  - Ⅳ-9-2 唐古拉-囊谦地球化学亚区
  - Ⅳ-9-3 赤布张错-格拉丹东地球化学亚区

说明

1. 数据来源：各省区获得成图数据的工作时间为1978—2008年之间，数据精度包括1:20万和1:50万两种比例尺。
2. 用滑动平均衬值数据处理方法消除个元素量纲，以便于累加处理。衬值出来内（小）窗口大小为"单点"，外（大）窗口125km×125km，滑动步长为"每点"。
3. 编图流程及技术方法：①Hg、Sb、As、Ba多元素衬值数据累加。②数据网格化：网格距6km×6km，搜索半径15km，数据模型选用指数距离倒数加权的方法。③异常等值线分级方案：采用了累计频率含量分级方法，正异常与负异常同时表达。累计频率大于92%为正异常，分为92%、95.5%、97%、98%、98.8%、99.5%共6条等量线。累计频率小于8%为负异常，分为0.5%、1.2%、2%、3%、4.5%、8%等6条等量线。
4. 投影参数：北京54坐标系，兰伯特等角圆锥坐标系，投影中央子午线经度为93°00'，投影原点纬度为32°00'，第一标准纬线32°00'，第二标准纬线48°00'。
5. 地理内容：引自中国地质调查局发展研究中心统一下发地理底图，对部分内容进行了简化调整。

1:10 000 000

汞锑砷锂累加衬值地球化学异常图

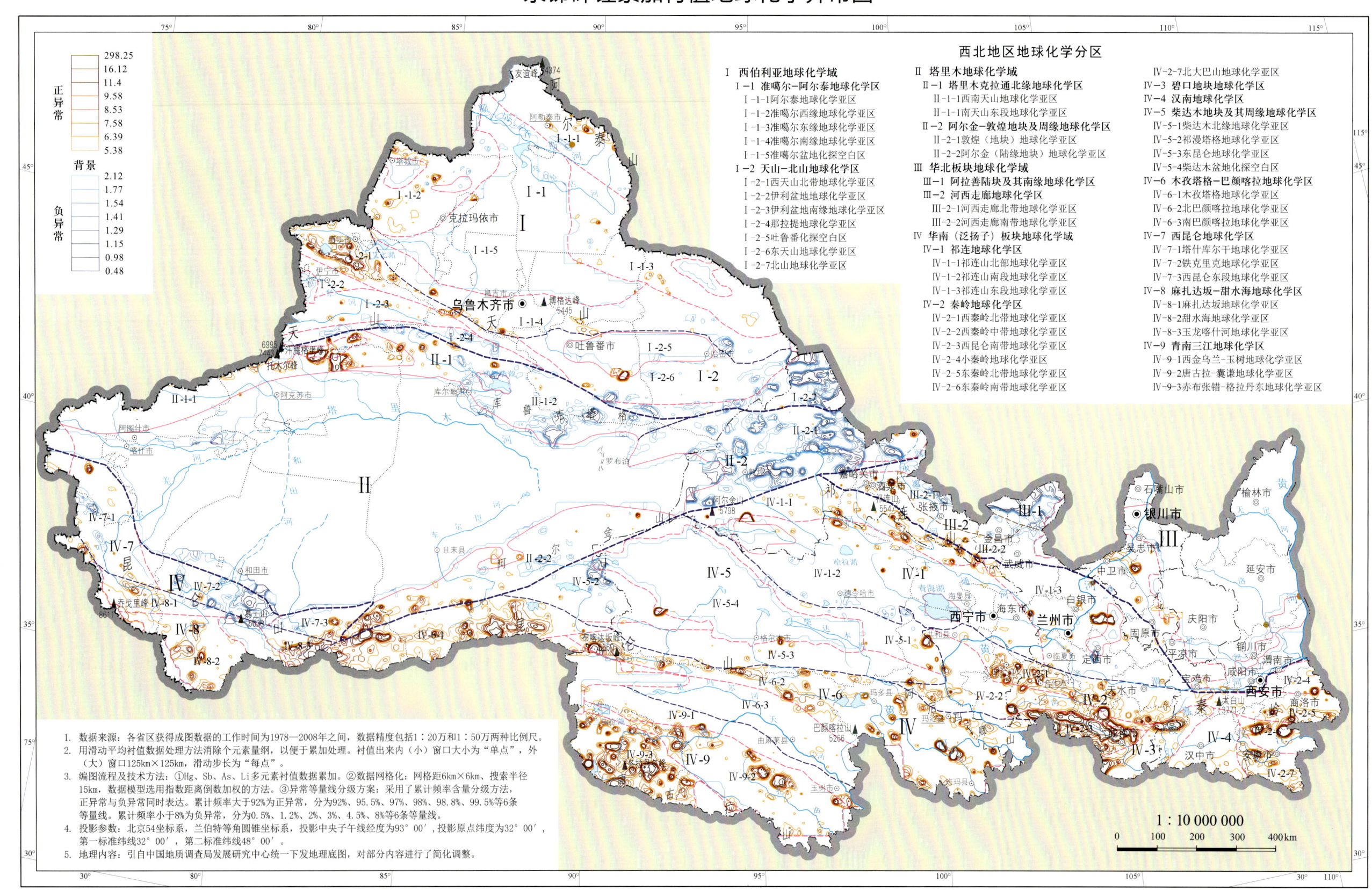

西北地区地球化学分区

I 西伯利亚地球化学域
- I-1 准噶尔-阿尔泰地球化学区
  - I-1-1 阿尔泰地球化学亚区
  - I-1-2 准噶尔西缘地球化学亚区
  - I-1-3 准噶尔东缘地球化学亚区
  - I-1-4 准噶尔南缘地球化学亚区
  - I-1-5 准噶尔盆地化探空白区
- I-2 天山-北山地球化学区
  - I-2-1 西天山北带地球化学亚区
  - I-2-2 伊利盆地地球化学亚区
  - I-2-3 西天山南缘地球化学亚区
  - I-2-4 那拉提地球化学亚区
  - I-2-5 吐鲁番化探空白区
  - I-2-6 东天山地球化学亚区
  - I-2-7 北山地球化学亚区

II 塔里木地球化学域
- II-1 塔里木克拉通北缘地球化学区
  - II-1-1 西南天山地球化学亚区
  - II-1-1 南天山东段地球化学亚区
- II-2 阿尔金-敦煌地块及周缘地球化学区
  - II-2-1 敦煌（地块）地球化学亚区
  - II-2-2 阿尔金（陆缘地块）地球化学亚区

III 华北板块地球化学域
- III-1 阿拉善陆块及其南缘地球化学区
- III-2 河西走廊地球化学区
  - III-2-1 河西走廊北带地球化学亚区
  - III-2-2 河西走廊南带地球化学亚区

IV 华南（泛扬子）板块地球化学域
- IV-1 祁连地球化学区
  - IV-1-1 祁连山北部地球化学亚区
  - IV-1-2 祁连山南段地球化学亚区
  - IV-1-3 祁连山东段地球化学亚区
- IV-2 秦岭地球化学区
  - IV-2-1 西秦岭北带地球化学亚区
  - IV-2-2 西秦岭中带地球化学亚区
  - IV-2-3 西昆仑南带地球化学亚区
  - IV-2-4 小秦岭地球化学亚区
  - IV-2-5 东秦岭北带地球化学亚区
  - IV-2-6 东秦岭南带地球化学亚区
  - IV-2-7 北大巴山地球化学亚区
- IV-3 碧口地块地球化学区
- IV-4 汉南地球化学区
- IV-5 柴达木地块及其周缘地球化学区
  - IV-5-1 柴达木北缘地球化学亚区
  - IV-5-2 祁漫塔格地球化学亚区
  - IV-5-3 东昆仑地球化学亚区
  - IV-5-4 柴达木盆地化探空白区
- IV-6 木孜塔格-巴颜喀拉地球化学区
  - IV-6-1 木孜塔格地球化学亚区
  - IV-6-2 北巴颜喀拉地球化学亚区
  - IV-6-3 南巴颜喀拉地球化学亚区
- IV-7 西昆仑地球化学区
  - IV-7-1 塔什库尔干地球化学亚区
  - IV-7-2 铁克里克地球化学亚区
  - IV-7-3 西昆仑东段地球化学亚区
- IV-8 麻扎达坂-甜水海地球化学区
  - IV-8-1 麻扎达坂地球化学亚区
  - IV-8-2 甜水海地球化学亚区
  - IV-8-3 玉龙喀什河地球化学亚区
- IV-9 青南三江地球化学区
  - IV-9-1 西金乌兰-玉树地球化学亚区
  - IV-9-2 唐古拉-囊谦地球化学亚区
  - IV-9-3 赤布张错-格拉丹东地球化学亚区

图例

正异常: 298.25, 16.12, 11.4, 9.58, 8.53, 7.58, 6.39, 5.38
背景: 2.12, 1.77, 1.54, 1.41, 1.29, 1.15, 0.98
负异常: 0.48

1. 数据来源：各省区获得成图数据的工作时间为1978—2008年之间，数据精度包括1:20万和1:50万两种比例尺。
2. 用滑动平均衬值数据处理方法消除个元素量纲，以便于累加处理。衬值出来内（小）窗口大小为"单点"，外（大）窗口125km×125km，滑动步长为"每点"。
3. 编图流程及技术方法：①Hg、Sb、As、Li多元素衬值数据累加。②数据网格化：网格距6km×6km，搜索半径15km，数据模型选用指数距离倒数加权的方法。③异常等量线分级方案：采用了累计频率含量分级方法，正异常与负异常同时表达。累计频率为92%为正异常，分为92%、95.5%、97%、98%、98.8%、99.5%等6条等量线。累计频率小于8%为负异常，分为0.5%、1.2%、2%、3%、4.5%、8%等6条等量线。
4. 投影参数：北京54坐标系，兰伯特等角圆锥坐标系，投影中央子午线经度为93°00′，投影原点纬度为32°00′，第一标准纬线32°00′，第二标准纬线48°00′。
5. 地理内容：引自中国地质调查局发展研究中心统一下发地理底图，对部分内容进行了简化调整。

1 : 10 000 000

钠钾累加衬值地球化学异常图

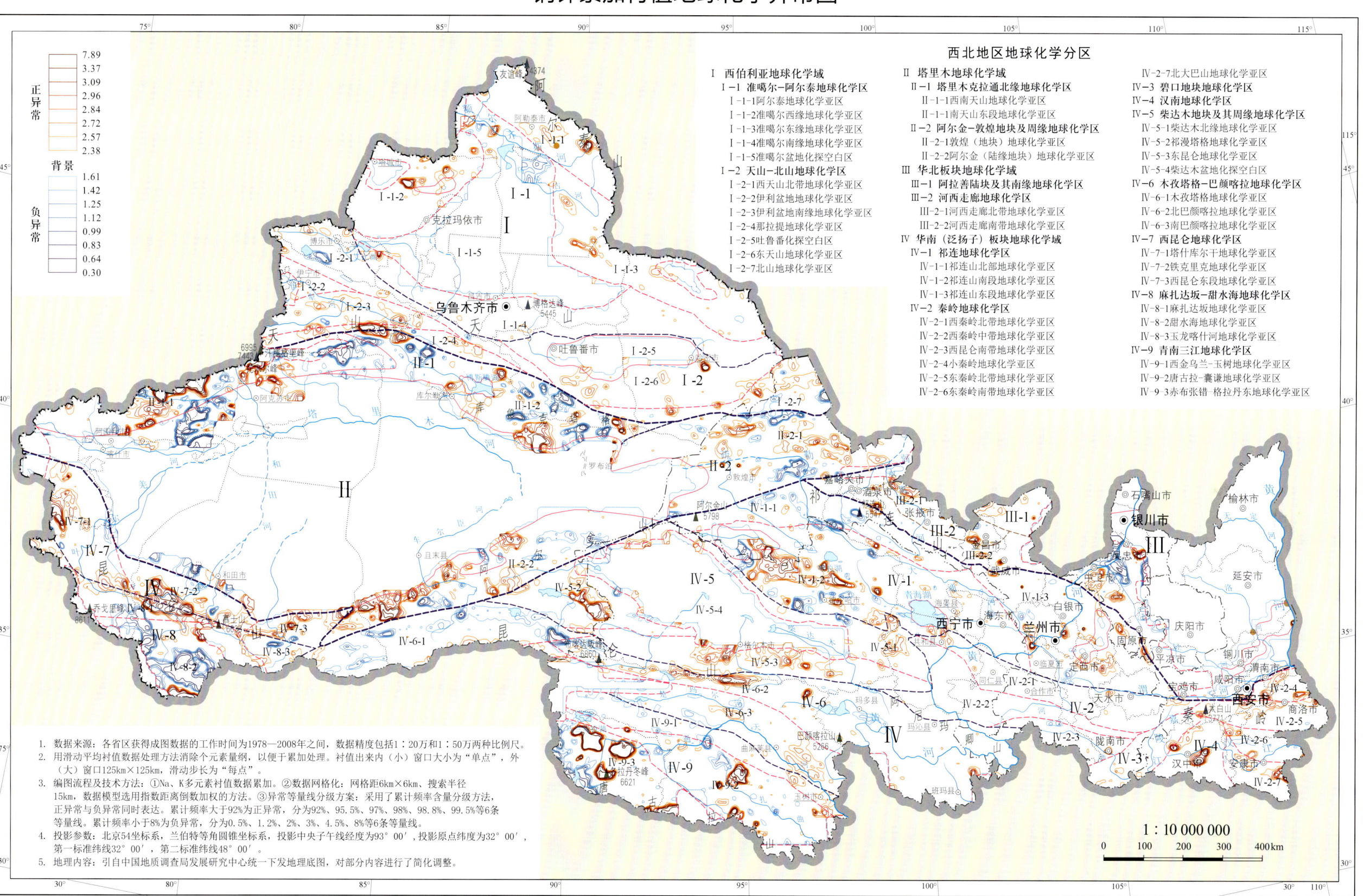

西北地区地球化学分区

I 西伯利亚地球化学域
  I-1 准噶尔-阿尔泰地球化学区
   I-1-1 阿尔泰地球化学亚区
   I-1-2 准噶尔西缘地球化学亚区
   I-1-3 准噶尔东缘地球化学亚区
   I-1-4 准噶尔南缘地球化学亚区
   I-1-5 准噶尔盆地化探空白区
  I-2 天山-北山地球化学区
   I-2-1 西天山北带地球化学亚区
   I-2-2 伊利盆地球化学亚区
   I-2-3 伊利盆地南缘地球化学亚区
   I-2-4 那拉提地球化学亚区
   I-2-5 吐鲁番化探空白区
   I-2-6 东天山地球化学亚区
   I-2-7 北山地球化学亚区

II 塔里木地球化学域
  II-1 塔里木克拉通北缘地球化学区
   II-1-1 西南天山地球化学亚区
   II-1-1 南天山东段地球化学亚区
  II-2 阿尔金-敦煌地块及周缘地球化学区
   II-2-1 敦煌（地块）地球化学亚区
   II-2-2 阿尔金（陆缘地块）地球化学亚区

III 华北板块地球化学域
  III-1 阿拉善陆块及其南缘地球化学区
  III-2 河西走廊地球化学区
   III-2-1 河西走廊北带地球化学亚区
   III-2-2 河西走廊南带地球化学亚区

IV 华南（泛扬子）板块地球化学域
  IV-1 祁连地球化学区
   IV-1-1 祁连山北部地球化学亚区
   IV-1-2 祁连山南段地球化学亚区
   IV-1-3 祁连山东段地球化学亚区
  IV-2 秦岭地球化学区
   IV-2-1 西秦岭北带地球化学亚区
   IV-2-2 西秦岭中带地球化学亚区
   IV-2-3 西昆仑南带地球化学亚区
   IV-2-4 小秦岭地球化学亚区
   IV-2-5 东秦岭北带地球化学亚区
   IV-2-6 东秦岭南带地球化学亚区
   IV-2-7 北大巴山地球化学亚区
   IV-3 碧口地块地球化学区
   IV-4 汉南地球化学区
   IV-5 柴达木地块及其周缘地球化学区
   IV-5-1 柴达木北缘地球化学亚区
   IV-5-2 祁漫塔格地球化学亚区
   IV-5-3 东昆仑地球化学亚区
   IV-5-4 柴达木盆地化探空白区
  IV-6 木孜塔格-巴颜喀拉地球化学区
   IV-6-1 木孜塔格地球化学亚区
   IV-6-2 北巴颜喀拉地球化学亚区
   IV-6-3 南巴颜喀拉地球化学亚区
  IV-7 西昆仑地球化学区
   IV-7-1 塔什库尔干地球化学亚区
   IV-7-2 铁克里克地球化学亚区
   IV-7-3 西昆仑东段地球化学亚区
  IV-8 麻扎达坂-甜水海地球化学区
   IV-8-1 麻扎达坂地球化学亚区
   IV-8-2 甜水海地球化学亚区
   IV-8-3 玉龙喀什河地球化学亚区
  IV-9 青南三江地球化学区
   IV-9-1 西金乌兰-玉树地球化学亚区
   IV-9-2 唐古拉-囊谦地球化学亚区
   IV-9-3 赤布张错-格拉丹东地球化学亚区

正异常: 7.89, 3.37, 3.09, 2.96, 2.84, 2.72, 2.57, 2.38
背景: 1.61, 1.42, 1.25, 1.12, 0.99, 0.83, 0.64
负异常: 0.30

1. 数据来源：各省区获得成图数据的工作时间为1978—2008年之间，数据精度包括1:20万和1:50万两种比例尺。
2. 用滑动平均衬值数据处理方法消除个元素量纲，以便于累加处理。衬值出来内（小）窗口大小为"单点"，外（大）窗口125km×125km，滑动步长为"每点"。
3. 编图流程及技术方法：①Na、K多元素衬值数据累加。②数据网格化：网格距6km×6km，搜索半径15km，数据模型选用指数倒倒数加权的方法。③异常等量线分级方案：采用了累计频率含量分级方法，正异常与负异常同时表达。累计频率大于92%为正异常，分为92%、95.5%、97%、98%、98.8%、99.5%等6条等量线。累计频率小于8%为负异常，1.2%、2%、3%、4.5%、8%等6条等量线。
4. 投影参数：北京54坐标系，兰伯特等角圆锥坐标系，投影中央子午线经度为93°00′，投影原点纬度为32°00′，第一标准纬线32°00′，第二标准纬线48°00′。
5. 地理内容：引自中国地质调查局发展研究中心统一下发地理底图，对部分内容进行了简化调整。

1:10 000 000

铅锌银镉累加衬值地球化学异常图

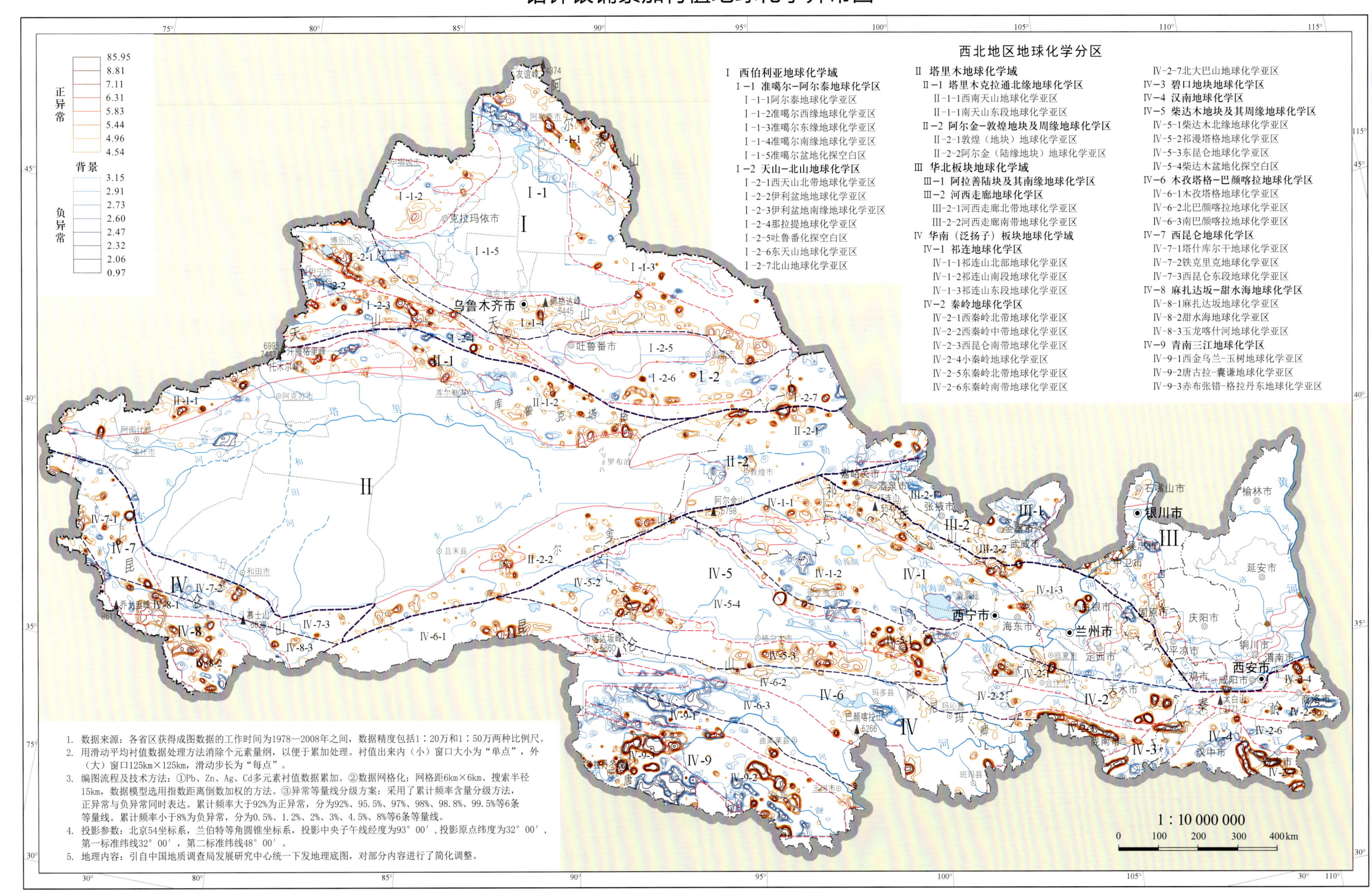

钛磷锆累加衬值地球化学异常图

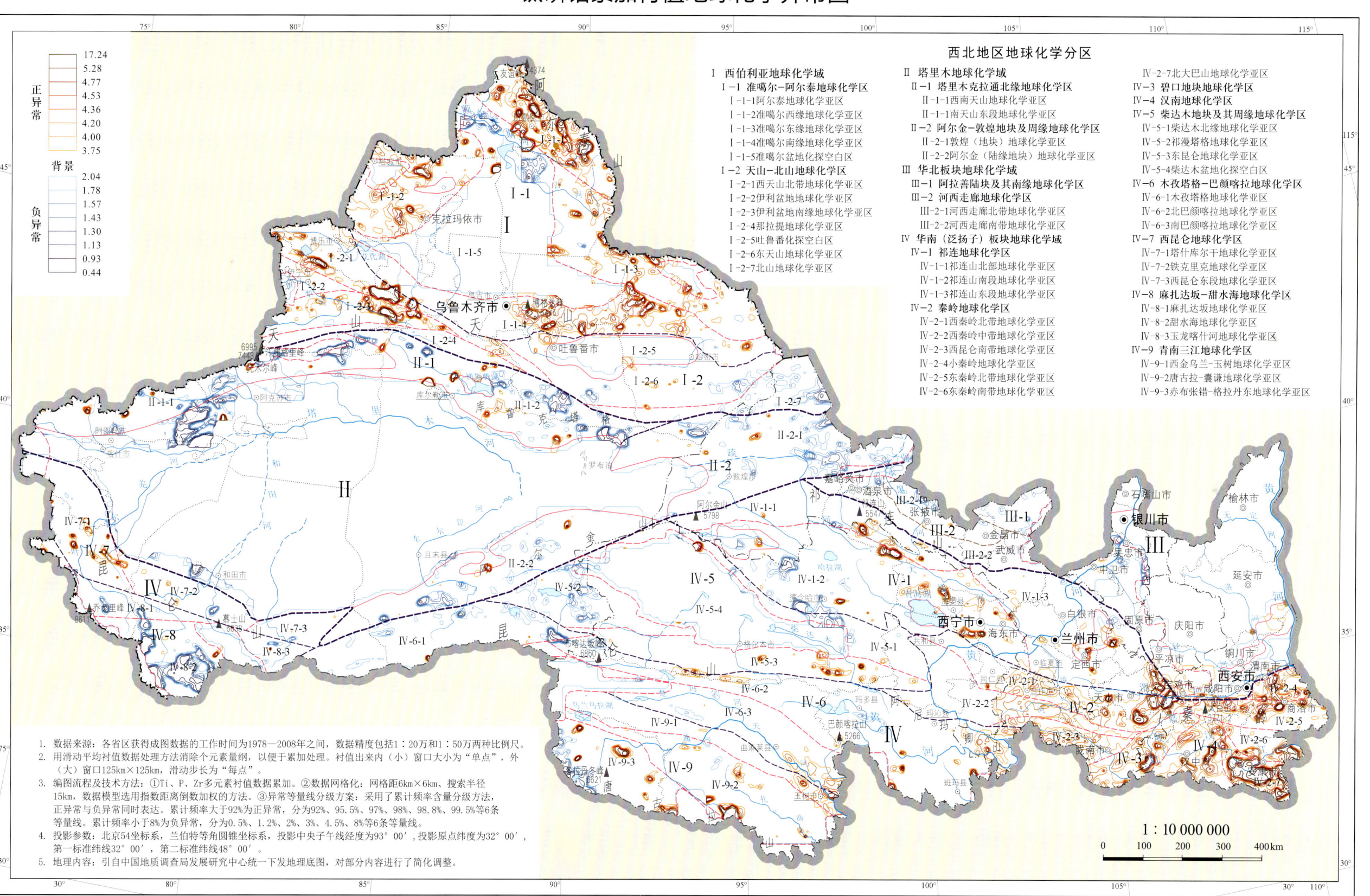

钨钼氟铍硼累加衬值地球化学异常图

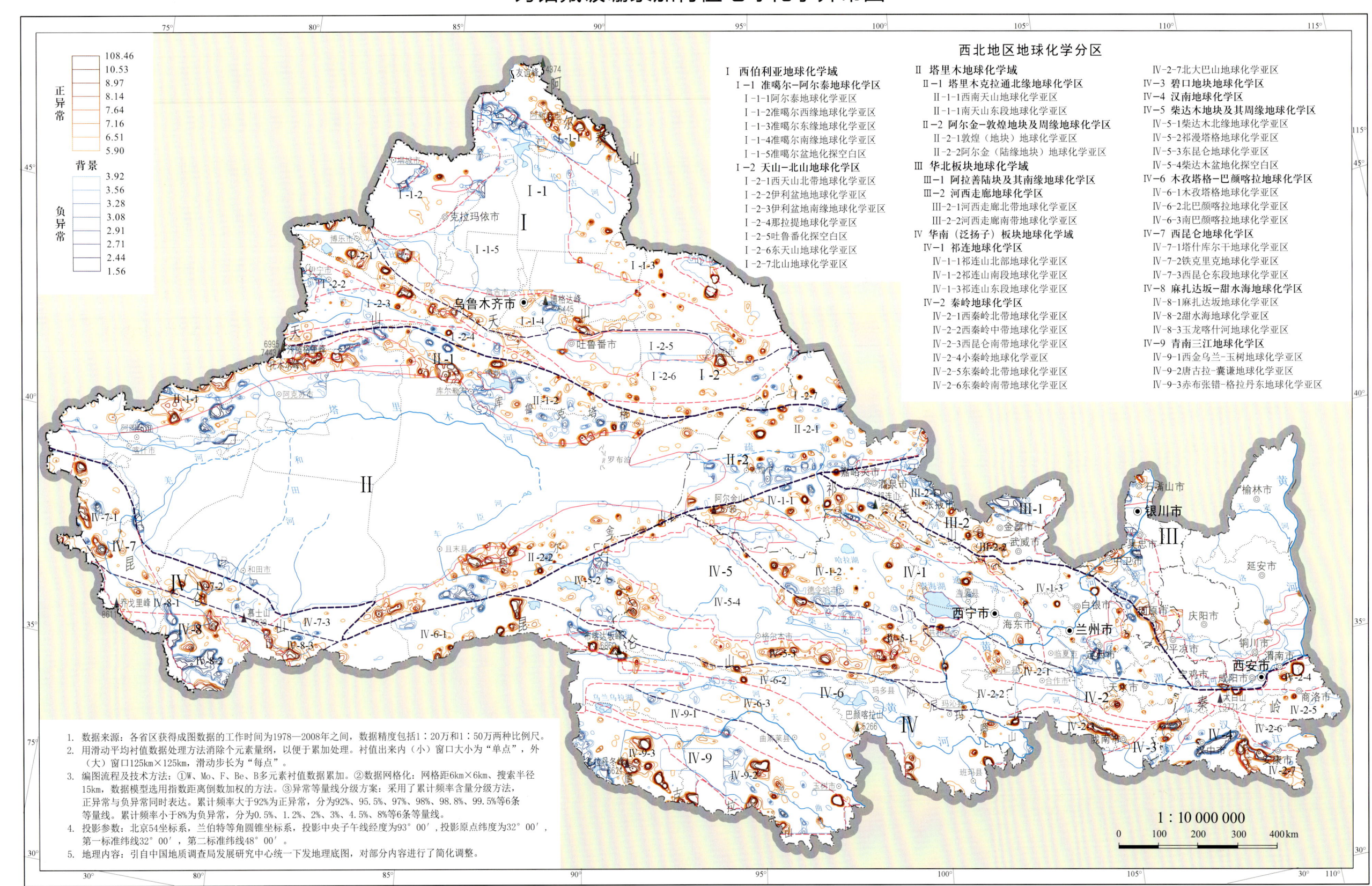

编 制 说 明

一、西北地区地球化学调查工作程度

早在1979年，陕西省和青海省在全国率先开展区域化探试点，拉开了西北地区区域化探工作的序幕。此后，甘肃省于1980年开展区域化探工作，宁夏回族自治区和新疆维吾尔自治区于1985年开始区域化探工作。自1979年至今，西北五省区先后开展了不同比例尺、不同介质的化探工作，区域地球化学调查已经基本覆盖具备开展工作的区域，最近几年又开展了多目标区域地球化学调查。其中，西北地区还包括少部分的1∶50万区域化探工作，目前主要分布在西天山、西昆仑西段、东昆仑和阿尔金山、西南三江地区北部等工作条件比较困难的区域，总面积为489 616 km²（表1-1），约占西北地区总面积的15.71%。1999年国土资源大调查以来，西北地区1∶25万区域地球化学调查主要在重要成矿带内的空白区和部分成矿有利地区进行，包括祁连山、阿尔泰、西南三江地区北部、东天山西部、北山、西昆仑中部和东昆仑等地区。目前，区内已累计完成1∶20万水系沉积物测量1 406 911 km²，1∶20万土壤测量67 633 km²，已基本覆盖西北地区具备开展区域地球化学调查前提的基岩出露区域。同时，完成1∶25万多目标区域地球化学调查37 500km²（表1-1）。

表1-1 西北地区化探工作程度、工作方法、面积统计表

工作方法	比例尺	面积（km²）
水系沉积物测量	1∶50万	489 616
水系沉积物测量	1∶20万	1 406 911
土壤测量	1∶20万	67 633
多目标区域地球化学调查	1∶25万	37 500

二、地质背景和主要矿产

1. 区域地层特征

本研究区既有古老的大陆地块，也有年轻的造山带。我国著名的天山、祁连、秦岭、阿尔泰造山带都在本区内，还有若干大中型内陆盆地如塔里木、鄂尔多斯、准噶尔等。地质单元众多，且经历不同构造体制多阶段的复杂演化，决定了本区地层的复杂性、多样性和特殊性。自太古宙至新生代各时代地层均有出露，记录了本区大陆壳早期的形成、大陆岩石圈的伸展、裂解和洋壳岩石圈俯冲消减的各种沉积信息。

前寒武纪地层绝大多数出露于古生代造山带内。太古宙—古元古代地层由高—中级变质岩组成，构成本区早期大陆壳的重要组成部分。除库鲁克塔格和陕豫西部地区外，这两个时代的地层多数被改造和再造，不易具体划分。中元古代地层以层状有序为主，少数层状无序，以活动类型为主，其次为过渡（准活动或准稳定）类型和稳定类型。活动类型多数为火山岩-沉积岩组合，过渡类型和稳定类型以泥质岩、碎屑岩-碳酸盐岩组合为主。有陆内坳陷、被动陆缘、活动陆缘和陆间裂谷（陷）等多种沉积-构造盆地，基本反映了中元古代是在古元古代基底固结后的大陆壳基础上，经历陆壳加厚、陆缘增生、陆间侧向和垂向加积的复杂演化过程。新元古代地层分布范围较中元古代地层小，多数为成层有序，有活动、过渡和稳定沉积类型，沉积组合以泥碎屑岩-碳酸盐岩（或以碳酸盐岩）为主，仅中南秦岭青白口纪为火山岩-沉积岩组合。南华纪—震旦纪出现冰成岩组合，形成于陆内坳陷、陆缘裂陷（谷）、被动陆缘等多种沉积-构造盆地，反映本区新元古代稳定区与活动带进一步分异。

古生代地层构成造山带的主体，各地层区发育特征差别明显，但各地层区都由海相和陆相地层两部分组成。海、陆相地层的全面转换时间在区内有一定规律性，大致以阿尔金-北山构造带和青海湖南缘-唐藏-丹凤断裂带为界可划分为4个大区：①东中部大区（含北秦岭、祁连、鄂尔多斯地层区）早古生代为海相，晚古生代先后由海陆相转为陆相；②西北部大区［含阿尔泰、准噶尔、天山、塔里木（北部）等地层区］寒武纪至石炭纪以海相为主，自二叠始先后由海相、海陆交互相转变为陆相；③中北部大区（含阿尔金-北山、锡林浩特地层区）寒武纪至中二叠世以海相为主，晚二叠世先后转换为陆相；④南部大区（含柴北缘、中南秦岭、汉南等地层区）自寒武纪至中三叠世为海相，晚三叠世为陆相。在后3个大区泥盆纪不同程度出现海陆相和陆相地层。

中—新生代地层以陆相为主，其次为海相。陆相地层主要形成于大、中型内陆盆地和中、小型山间（断陷、走滑）盆地，前者有塔里木、鄂尔多斯、柴达木、准噶尔、吐哈等盆地，后者有河西走廊、兰州、西宁等盆地。主要沉积组合为含煤泥碎屑岩、含油盐泥碎屑岩、杂色碎屑岩及火山岩-碎屑岩4种基本组合。以三叠纪海

相和陆相地层的分布可划分为两个大区：大致以中祁连—北秦岭一线为界，以北暂称为北大陆区，以陆相地层为主，属欧亚大陆的组成部分，仅在鄂尔多斯西南缘麟游、岐山出现少数滨海海湾相沉积；以南称南部海区，三叠纪为海相层，属中生代特提斯海范畴，海盆自北向南由东向西退缩。自晚三叠世始本研究区主体转入陆相沉积，仅在塔里木西南及西南天山有少数白垩纪—古近纪海相、海陆相沉积。

2. 主要矿产

目前国土资源部确定的石油、天然气、煤、煤层气、铀、铁、锰、铜、铝、铅、锌、镍、钨、锡、钾盐、金16种重点矿产，多数在西北地区属于优势矿产资源。根据现有矿产资料统计，西北地区固体金属矿产有超大型矿床8处，大型矿床70处，中型矿床219处，小型矿床668处，矿（化）点843处，总计矿床（点）1808处。已发现的矿床（点）中有金属矿产35种，其中中型以上矿床26种。主要矿种有：黑色金属铁、钛、钒（锰、铬）；有色金属铜、镍、钴、铅、锌、汞、锑、钨、钼（锡）；贵金属金（银、铂族）；稀有金属铍、锂、铌、钽和稀土金属等。镍金属储量占全国的76.7%，铂金属储量占全国的58.1%，但仍有部分重要金属矿产储量（如铅、铁、锌、铜等）还不足全国的20%。区内主要矿产的成矿类型和典型矿床见表2-1（《西北地区矿产资源找矿潜力》，2006）。

表2-1 西北地区固体金属矿床主要矿床类型

建造	岩类	成矿机制	主要矿种	矿床类型	矿床实例
岩浆岩	基性—超基性岩类 / 镁质超基性岩	分异结晶作用	铬（铂）、铁	镁质超基性岩型	萨尔托海、库仑铁布克、大道尔吉
	基性—超基性岩类 / 铁质基性岩	分异结晶作用	钒钛磁铁矿	铁质基性岩型	普昌、尾亚、毕机沟（67）
	基性—超基性岩类 / 镁铁质基性—超基性岩	熔离、分异结晶作用	铜镍	镁铁质基性—超基性岩型	金川、喀拉通克、煎茶岭
	中酸性岩浆岩类 / 蚀变花岗岩	岩浆热液充填交代作用	稀有、稀土及锡、钨、金、钼、锡	蚀变花岗岩型	七一山、李坝、流沙山
	中酸性岩浆岩类	岩浆期后交代作用	锡、钨、锂、铍	云英岩型	库斯台
	碱性岩类	碳酸岩浆热液作用	稀有、稀土	碳酸岩型	白云鄂博、瓦吉尔塔格
	碱性岩类	岩浆热液作用	稀有、稀土	碱性岩型	波孜果尔、阔克塔格西
伟晶岩	伟晶岩	伟晶作用	稀有、稀土	伟晶岩型	可可托海
			铌、锆、锂、铍、稀土		卡路吉、蒙库卡拉苏、库卡拉盖
矽卡岩	矽卡岩	接触交代作用	铁、铜、铅、锌、钨、钼、金、砷、铍	矽卡岩型	塔尔沟、小柳沟

续表2-1

建造	岩类	成矿机制	主要矿种	矿床类型	矿床实例
火山岩	火山岩-次火山岩类 / 陆相火山岩及火山碎屑岩	陆相火山热液作用	铜、金-铜、金、银、铅锌、汞-锑	陆相火山-碎屑岩型	阿希、马庄山、石英滩
	火山岩-次火山岩类 / 陆相次火山岩	陆相次火山热液作用	铁、铜（钼）、金	斑（玢）岩型	土屋、金堆城、纳日贡玛
	火山岩-次火山岩类 / 海相火山岩	海相火山气液作用	铜、铅、锌、铁、金（银）、钴	海相火山岩型	阿舍勒、锡铁山、德尔尼
	火山-沉积岩类 / 陆相火山沉积岩	陆相火山沉积作用	铁、锰、锂等	陆相火山沉积岩型	黑鹰山
	火山-沉积岩类 / 海相火山沉积岩	海相火山沉积作用	铜、铅、锌、银	海相火山沉积岩型	蒙库、查岗诺尔
沉积岩	砂岩岩系	沉积-成岩作用	铜、铅	砂岩型	凤火山
	海相细碎屑岩系	热水沉积（海底喷流）作用	铅、锌、铜、汞	海相细碎屑岩热水沉积型	东升庙、厂坝、乌拉根
	海相细碎屑岩系	沉积-热水循环作用	金、汞、锑等	海相细碎屑岩微细浸染型	八卦庙、金窝子
	黑色岩系	生物-沉积-改造作用	金、铜、银、铅、钒、锰	黑色岩型	萨瓦亚尔顿、方口山
	泥-硅质岩系	沉积作用	铁（赤铁-褐铁矿、条带状磁铁矿）	泥-硅质岩型	当多、卡克扎
	碳酸盐岩系	热卤水渗滤作用	铅、锌、汞、锑、铁	碳酸盐岩型	苦海、马元-白玉
	蒸发岩系	蒸发沉积作用	钾盐、石膏、石盐、硼矿、层状铜矿等	蒸发岩型	大柴旦湖、西台吉乃尔湖
	风化壳	风化作用	铁、锰、铝、镍、金、铀、稀土等	风化壳型	天桥则、元石山
	现代砾岩、砂砾岩	冲洪积作用	金刚石、锆石、锡石、金、宝石	砂矿型	金盆、碧口
变质岩	区域变质岩	绿片岩-麻粒岩相变质作用	铁、锰、金	绿片岩-麻粒岩型	梧桐沟、天湖
	动力变质岩 / 角砾岩	热液-改造作用	金、银、汞、锑	角砾岩型	双王
	动力变质岩 / 糜棱岩	改造-重结晶作用		糜棱岩型（韧性剪切带型）	哈达门沟、鹿儿坝、老洞沟
	动力变质岩 / 蚀变岩	动力-气液交代作用		构造-蚀变岩型	大场、煎茶岭、朱拉扎嘎

三、地貌景观

依据全国地球化学一级、二级景观区的划分原则及依据，根据我国西北地区（陕西、宁夏、甘肃、青海、新疆）地理地貌特点，结合地球化学特征及开展地球化学工作条件，可以将我国西北地区划分为10个一级景观区：湿润半湿润中低山景观区，黄土覆盖景观区，高山峡谷景观区，高寒湖泊丘陵景观区，干旱半干旱高寒山区景观区，干旱荒漠戈壁残山景观区，湿润半湿润高寒山区景观区，草原丘陵景观区，冲积平原景观区，堆积戈壁、沙漠景观区。进而可以细分出16个二级景观区（表3-1）。

表3-1 西北地区地球化学景观分区划分表

一级景观区	二级景观区
湿润半湿润中低山景观区	中浅切割低山区
	浅切割丘陵区
黄土覆盖景观区	浅切割黄土覆盖山区
	黄土厚覆盖区
高寒湖泊丘陵景观区	中浅切割山区
	浅切割丘陵区
干旱半干旱高寒山区景观区	深切割山区
	中浅切割山区
干旱荒漠戈壁残山景观区	残山区
	剥蚀戈壁
湿润半湿润高寒山区景观区	深切割山区
	中浅切割山区
草原丘陵景观区	草原丘陵景观区
高山峡谷景观区	高山峡谷景观区
冲积平原景观区	冲积平原景观区
堆积戈壁、沙漠景观区	堆积戈壁、沙漠景观区

1．湿润半湿润中低山景观区

湿润半湿润中低山景观区主要分布在我国西北陕西省的南部巴山一带（图3-1），甘肃省陇南与陕西接壤处，分布面积不大。该景观区主要特点为：区内地形起伏相对平缓，为暖温带湿润、半湿润气候，植被覆盖好。景观地球化学特征以化学风化为主，元素表生地球化学活性较强。与全国背景值相比，CaO、Au、MgO、Sb、Na_2O、F、B、Ni、As、Co、Cr、Cu、Sr、P、Li共15种元素或氧化物呈高背景，Bi、Mn、V、Zn、La、Fe_2O_3、Ba、Y、Al_2O_3、W、Ti、Be、Cd、Sn、K_2O、Zr、SiO_2、Ag、Nb、Pb、Hg、Th共22种元素或氧化物呈正常背景，切割深，雨量充沛，气候温暖，厚度不大而分层结构完整的残坡积土壤普遍发育，意味着物理、化学、生物3种风化作用均较强，且风化与剥蚀处于动态平衡，多数元素或氧化物在次生作用中富集。

图3-1 陕南湿润半湿润中低山地貌景观

1）中浅切割低山区

中浅切割低山区特点为溪谷短急、诸水源远流长，切断东西走向山岭，形成许多峡谷，汉江横贯秦巴之间，在基岩出露区，深切曲流发育，基本成"V"字形峡谷（图3-2）。较小支流平面形状多为羽状水系，主要水系类型有：长城纪、寒武纪地层中（主要是变质砂岩、页岩）因构造隆起而形成的环状水系；在南北向应力作用下，形成主要由东西向与南北向2组构造线控制的区域性格子—树枝状水系；沿北西、北西西、北东向3组断裂构造发育的向心状水系，汇聚构造的交汇处。由于南部秦岭强烈抬升，北部渭河盆地下陷，水系流入盆地后迅速汇流而形成的扇形水系等。

图3-2 陕南地区中浅切割低山地貌

2）浅切割丘陵区

浅切割丘陵区分布面积很小，为断陷成因，绝对高度500～1000m，切割深度<200m，属于湿润气候，植被主要为果树、稻、麦、茶、桑栽培植被等（图3-3）。土壤有黄棕壤和黄褐土。黄棕壤：系基岩风化残积形成，色黄而均匀，质细而墡。在秦岭南坡的黄棕壤为弱淋溶黄棕壤，属黄棕壤与棕壤的过渡带，性近棕壤，土层薄，多含石渣。黄褐土：为中低山缓坡残积形成。局部有黄棕壤和水稻土沙泥田分布。

图3-3 浅切割丘陵地貌

2. 黄土覆盖景观区

黄土覆盖景观区主要分布在我国西北陕西、宁夏南部、甘肃陇南地区，分布面积比较广泛。该景观区主要特点为：以第四纪黄土堆积为主，沟谷中出露第三纪（古近纪＋新近纪）红土或含膏盐夹层。由于巨厚的黄土覆盖，水系不甚发育，深部成矿信息在地表反映不明显。

1）浅切割黄土覆盖山区

海拔一般1500～2500m，区内沟壑交织，黄土墚、黄土峁广布（图3-4、图3-5），部分地区有基岩出露。与全国背景值相比，CaO、MgO、Sr、Na_2O、Au共5种元素或氧化物呈高背景，Sb、Ni、F、Bi、P、Cu、As、Cr、K_2O、Ba、SiO_2、Pb、Co、Fe_2O_3、Mn、Al_2O_3、La共17种元素或氧化物呈正常背景，其余元素或氧化物均为低背景。主要原因有：干旱少雨，黄土覆盖大，导致在水系中易于流失的元素或氧化物含量偏高。

图3-4 陕北黄土墚地貌

图3-5 陕北黄土峁地貌

2）黄土厚覆盖区

巨厚的黄土覆盖，水系不甚发育，深部成矿信息在地表反映不明显。部分地区水系较为发育，如有地下泉水发育时，取泉积物样可大致反映深部地球化学场的变化（图3-6）。

图3-6 陕北黄土高原地貌

3. 高寒湖泊丘陵景观区

高寒湖泊丘陵景观区在我国西北地区分布很少，仅在新疆塔里木盆地的南边，青海西南部局部有零星出露，高寒湖泊丘陵景观区根据二级景观区划分依据，可划分成2个二级地球化学景观区：中浅切割山区和浅切割丘陵区。中浅切割山区主要分布在新疆，而浅切割丘陵区则分布在青海。

1）中浅切割山区

高寒湖泊中浅切割山区面积不大，主要分布在新疆塔里木南部边缘，一般相对高差小于500m，其分布的海拔高度在各山系中稍有差别，一般在2500m以下（图3-7）。地势一般较中山带缓，地表残丘、裸岩有起伏，灌丛广泛，水系极发育，对地形切割起了很大作用。一般具迎风坡湿润、背风坡降水较小的特点。地表局部有黄土层分布，而水系多切穿黄土层。该景观区地表广布疏松盖层，以碎石、岩屑为主，也有部分黄土覆盖层。

图3-7 高寒湖泊中浅切割山区

2）浅切割丘陵区

浅切割丘陵区零星分布在青海江河源一带，面积很小，该景观区属于寒冷半干旱气候，低山-丘陵-山间盆地（湖盆）冲积平原地貌组合（图3-8），见河谷沙地和局部流动沙丘。具有草原背景下的局部寒漠、湖盆沼泽和河谷灌丛植被的特点。高山草原土、栗钙土为主的草原土被，属于永冻土区，物理风化与化学风化同在。水力搬运为主，有远源风成细粒沉降形成的不连续薄—中厚层覆盖，黄河源以黄土为主，长江源区的色调偏暗（含中新生代红层和火山物质）。水系沉积物地球化学异常衰减模式，多呈中粗粒保留型。钙过饱和，土壤以钙质土为主，中至偏碱性反应。

图3-8 长江源丘陵地貌

4. 干旱半干旱高寒山区景观区

干旱半干旱高寒山区景观区是我国西北主要地球化学景观区之一，广泛分布在我国新疆、甘肃、青海一带。

1）深切割山区

深切割山区主要分布在新疆塔里木周边，准噶尔与吐哈盆地之间，阿勒泰地区，甘肃陇南山区。山高、沟深、坡陡是该区的地貌特征（图3-9）。区内气候寒冷，较湿润，4000m以下有一定植被，物理风化和化学风化兼备。与全国背景值相比，CaO、MgO、Sr、Au、Na_2O、Ni、Cu、Cr、F共9种元素或氧化物呈高背景，Sb、Co、Ba、Fe_2O_3、As、Mn、P、Bi、Zn、K_2O、SiO_2共11种元素或氧化物呈正常背景，其余元素或氧化物均为低背景。昆仑地区同类景观，有干旱荒漠化特征，多见古冰川遗迹，冰川谷两侧多为岩块、漂砾；而与天山、阿尔泰山有明显差别。一般该区缺乏大河，沿断裂发育的小河流切割很深，径流靠高山冰雪融水补给，水量受融化条件控制，平时多为干涸季节性河。

图3-9 干旱半干旱高寒深切割山区地貌

2）中浅切割山区

中浅切割山区景观分布较少，主要在新疆塔里木周边分布，属于半干旱高寒气候，海拔一般1200～2500m，年降水量500～800mm。水系发育，多为常年水流，区内植被发育，山区多为森林覆盖。

5. 干旱荒漠戈壁残山景观区

干旱荒漠戈壁残山景观区主要分布在新疆北部、甘肃北部局部地区，分布面积广大。该景观区主要特点：一般海拔1500～2500m，呈中低山、宽浅谷地貌景观，处于风化夷平过程的后期阶段（图3-10）。区内气候极干燥，少雨多风，以风的吹蚀作用为主，物理风化作用强烈。水系多为短暂阵雨形成，一般较短（特别是一级水系），水系沉积物颗粒较粗。与全国背景值相比，Na_2O、CaO、Sr、Ba、K_2O、SiO_2 共6种元素或氧化物呈高背景，其余元素或氧化物均为低背景。主要原因有：气候极干燥，残坡积土壤极不发育，风成沙干扰严重，采样介质一般为粗粒级，元素次生富集作用很弱。

图3-10 干旱荒漠戈壁残山景观区地貌

1）残山区

在戈壁残山区地形切割明显的地段，采样介质可以采用水系沉积物，而在强烈夷平地段，采样介质可以采用基岩表面残积土壤。

2）剥蚀戈壁

北山冲击堆积戈壁区，在对覆盖层厚度调查的基础上，使用深挖或浅钻手段，采取基岩表面残积物土壤。直接在地表采样找矿意义不大。

6. 湿润半湿润高寒山区景观区

湿润半湿润高寒山区景观区主要分布在我国西北的青海省南部。该景观区主要特点有：高山寒冷气候，高山草甸、山地、冰川冰缘地貌组合，树枝状水系为主，具有泥炭土-草甸土-荒漠被的特点，属于永冻土区。

酸性雪水的水蚀和有机质土层加厚，使化学风化有所加强。以固体和液体水水力搬运为主。矿床地球化学异常的流长较大；偏中细粒携带型异常衰减模式。适宜各种密度的水系沉积物测量。土体上部钙镁有轻微流失，下部有轻微次生碳酸盐化；上部弱酸性至中性反应，下部中性反应。寒漠土带和冰缘地带的土壤地球化学异常与其物源对应关系不佳。

1）深切割山区

深切割山区分布在青海南部边界地区，属于高山寒冷半湿润气候，河谷冲洪积平原-中深切割山地-冰川冰缘地貌组合（图3-11）。树枝状水系为主，具有河谷灌丛草甸-高山草甸-高山寒漠植被、草甸土-寒漠土土被的特点，属于永冻土区。相对整个草甸区，该区表生地球化学特征没有更特别的地方。局部宽谷缓坡草皮封沟地带，水系密度不够；正常水系沉积物采样有些困难。

图3-11 湿润半湿润高寒深切割山区

2）中浅切割山区

中浅切割山区主要分布在青海省南部，属于高原高山寒冷半湿润气候，具有河谷草原草甸-山地草甸-稀疏植被的特点，主要为河谷草原土、泥炭土-草甸土-寒漠土土被、永冻土区，以水蚀和水搬运作用为主（图3-12）。酸性雪水侵蚀和高腐殖质粉蚀作用，使化学风化进一步强化。适宜各种密度的水系沉积物测量。土体上部呈弱酸性反应，下部有轻微钙积现象，呈中性反应。受冰川、冰水堆积物影响，有些地段（如陆日格）的异常物源错位严重，探矿效果较差。

图3-12 湿润半湿润高寒中浅切割山区地貌

7. 草原丘陵景观区

该景观区主要分布在四川西北部的阿坝州，西北地区仅分布在青海省东部与四川接壤的小部分地区，主体由草甸、沼泽和周边丘陵构成。草甸内部地形略有起伏，部分地段为缓山包，周边为草甸，雨季成为沼泽，且多连成片。土壤发育，上部腐殖质较厚。水系较发育或不甚发育。在蔡甸区多主干水系，水系两侧多为沼泽。

8. 高山峡谷景观区

西北地区的高山峡谷景观区范围很小，主要分布在青海省南部。由极深切割和超深切割山地构成，是我国地形变化极显著、相对高差最大的景观区。该区基岩裸露或半裸露，水系十分发育，多见羽状水系。海拔3000～5000m，切割深度大于1200m，部分区段可达2000～3000m。区内山势挺拔陡峭，山体与河流下切形成狭窄"V"形峡谷。水系发育，植被茂密，土壤覆盖厚度较薄。

9. 冲积平原景观区

冲积平原景观区主要分布在陕西关中盆地，分布很少。绝对高度300～500m，切割深度小于100m。半湿润气候，果树、旱地经济作物栽培植被分区，关中盆地是由河流冲积和黄土堆积形成的，地势平坦，水源丰富。基本地貌类型是河流阶地和黄土台塬。渭河横贯盆地入黄河，河槽地势低平，海拔326～600m。从渭河河槽向南、北南侧，地势呈不对称性阶梯状增高，由一二级河流冲积阶地过渡到高出渭河200～500m的一级或二级黄土台塬。阶地在北岸呈连续状分布，南岸则残缺不全。渭河各主要支流，也有相应的多级阶地。渭河北岸二级阶地与陕北高原之间，分布着东西延伸的渭北黄土台塬，塬面广阔，一般海拔460～800m。渭河南侧的黄土台塬断续分布，高出渭河约250～400m，呈阶梯状或倾斜的盾状，由秦岭北麓向渭河平原缓倾（图3-13）。

此类地球化学景观，一般开展多目标地球化学工作。

图3-13 渭河平原地貌

10. 堆积戈壁、沙漠景观区

堆积戈壁、沙漠景观区主要分布在我国新疆、甘肃、宁夏、青海地区。堆积戈壁包括砾石戈壁和剥蚀石质戈壁，砾石戈壁区是发育于古老洪积扇上的一种特殊景观，是由砾石组成的荒漠。主要分布于东准及东天山、罗布泊北一带。荒漠中的古老洪积物，在强烈的风化作用下，细砾和粉尘被吹走，留下粗大砾石覆盖地表，形成砾漠。砾石在风所夹带的沙粒磨蚀下，形成风棱石，且其表面有一层薄深褐色的铁锰化合物，这种彩色砾石广布，形如"黑色砾幕"。剥蚀石质戈壁是指剥蚀到准平原的裸岩地带，主要分布在干旱荒漠中地壳较为稳定的地区（图3-14）。新疆的该景观区主要分布：富蕴—吐鲁番—若羌一线以东的准平原区。各时期的裸露岩层经过长期剥蚀达到准平原阶段，地面起伏和缓，其上有众多宽广的谷地和低矮山脊明显呈现倾斜的基岩剥蚀面。极端干旱气候及热力风化作用使地表覆盖一层不厚的未固结碎石、岩屑滞留原地，其有一定厚度的盐碱障。一般石质戈壁区地表水、地下水均缺乏，地表经风力吹蚀形成盖沙及沙包。局部发育残坡积土壤，其母质与基岩类型相关。

该景观区经多年试验总结，已形成成熟的岩屑，辅以土壤地球化学测量方法，也发现了不少大中型矿产地。

图3-14 堆积戈壁、沙漠景观区地貌

四、化探样品采集

1. 采样介质

包括水系沉积物和土壤。水系沉积物测量采样介质应为代表汇水域基岩的物质成分；在水系不发育地区采用土壤测量方法，土壤测量采样介质为代表下伏基岩的残坡积物质。

2. 样品编号

在1∶10万（或1∶5万）地形图上，以2km×2km（2cm×2cm）作为采样编码格子，以每个1∶10万图幅为单元，按从左到右、自上而下从C001依次按顺序编号，"C"为比例尺代码，"001"为顺序号。每个编码格子又分为4个1km×1km（1cm×1cm）小格，分别用小写英语字母编号为"a、b、c、d"。样品编号就是样品所在格子编号。如C035b，就是1∶25万化探，某1∶10万图幅第035b格子的样品。

重复样及监控样编号：重复样及监控样要和正常样一起编号，所以采样格子编号时要先制作编号表，大约每50个号码为一批。在其中任取一个号码为重复采样大格之编号（如25格子），并在表上标明。在此大格内每个采样点上重复采样，同时留1个号码作为此大格内重复取样编号（如19格子）。另任留4个号码（如表4-1中7、15、28、42），为插入监控样编号之用（表4-1）。

表4-1 采样编码表

1	11	21	31	41
2	12	22	32	42 监控样
3	13	23	33	43
4	14	24	34	44
5	15 监控样	25 重复采样格子	35	45
6	16	26	36	46
7 监控样	17	27	37	47
8	18	28 监控样	38	48
9	19 重复样号	29	39	49
10	20	30	40	50

重复样及监控样在点位图上的表示：按编号表在相应比例尺的地形图上按编码网格依次编号，组成样品编号图（图4-1）。注意每批留出的上述5个号码不要编在图上，用相应的符号替代。将重复样号（例如19号）也记在重复采样格子中（例如25号）。在图下方注明重复样及监控样的号码，例如：

重复样：25（19）
监控样：7　15　28　42

1	2	3	4	5	6	⃝8	9	10	11	12	13
14	⃝16	17	18	20	21	22	23	24	25 / 19	26	27
⃝29	30	31	32	33	34	35	36	37	38	39	40
⃝41	43	44	45	46	47	48	49	50			

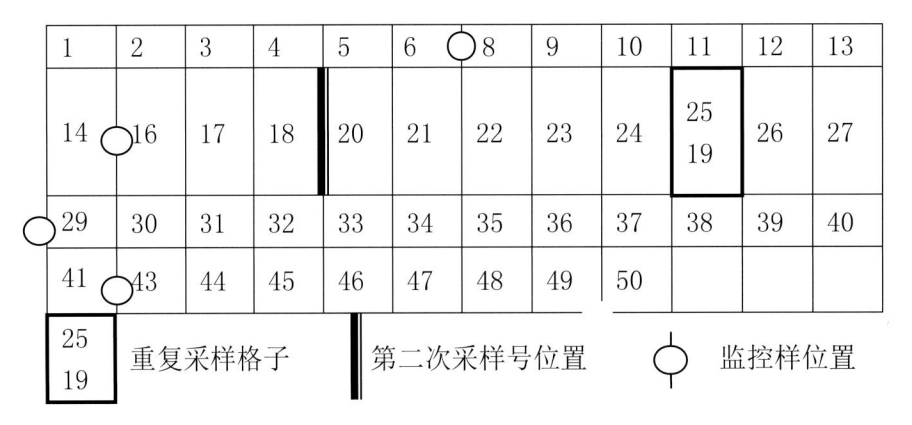

25 / 19　重复采样格子　　■ 第二次采样号位置　　⃝ 监控位置

图4-1 根据编号表对采样地形图的编号

意为即将来送交分析的样品25号为在25号格子内采集的样品，19号为在25号格子内采的重复样。上述重复样号、监控样号的位置在各图幅中不是固定的而是随机的。

重复样采样目的及采样要求：重复采样的主要目的是为了了解各个工作图幅上采样误差的起伏是否会影响或掩盖地球化学变化。重复采样数量应为总采样量的2%～3%。重复样分析与原样分析结果，以相对误差$(RE\% = |(A_1 - A_2)|/(A_1 + A_2) \times 100\%)$ ≤33.3%为合格，合格率应不低于85%。

重复采样应由不同人在不同时间相同点位进行。选择哪个大格作重复采样，在编号图上应预先固定。选择重复采样格子时要考虑在图幅中较均匀分布和考虑不同地质构造单元。

3. 野外样品采集

1）采样点定位

野外采用地形图，结合GPS定点，定点误差<50m。地形地物标志明显的地段，以地形图为主，结合用GPS定点，采样点正确地标绘在地形图上，同时记录GPS定点值，并将采样时记录的全部GPS航迹监控定位信息按时下载到电脑中保留。GPS在野外作业前要到三角点进行校正，并在使用过程中每月进行一次校正，以确保定位的准确性。

2）采样部位

样品采集选择在现代活动性流水线上，包括间歇性流水或季节性流水的河道底部或主河道上；在水流较急的河道中，尽量在水流变缓处、水流停滞处、河道转弯内侧，在砾石成分复杂、大小颗粒较为混杂的部位取样。

3）采样物质

水系沉积物测量采集细砂、砂、砾等代表汇水域基岩的物质成分，避开淤泥和表层含泥炭较多的淤泥。在水系不发育地区采用土壤测量方法，土壤测量采样介质为代表下伏基岩的残坡积物质。为了提高每个采样点上样品代表性，在采样点附近一定范围内（50～100m）多点采集，合并为一个样品。

4）采样粒级

1∶25万采样粒级主要为－10～＋60目或－10～＋80目。

5）样品重量

为增强样品代表性，获得好的勘查地球化学效果，野外除多点采样外，样品原始重量也是一个重要方面，野外实地在采样点过筛时，考虑到样品组合和保留副样，1∶25万过筛后的样品质量≥400g。

6）采样编号

样品编号由比例尺代码（1∶100万为"A"，1∶25万为"C"）、样品所在图幅格子编码及所在采样小格编号组成。如C035b，就是1∶25万化探，某1∶10万图幅第035b格子的样品。

7）采样点留标

为便于质量检查和异常检查，每个采样点均留有标记。留标方法视不同地段采用不同的方法。一般是在固定地物上（基岩露头、大转石上）用红油漆留标，没有大石头的用带红布条的筷子及垒石头、堆小土堆留标。

8）采样记录

野外采样填写采样息信卡。记录卡填写内容主要包括地区、采样者、日期、图幅编号、年代、样品号、横坐标、纵坐标、原始样号、采样层位、深度、组分、高程等信息。使用2H或3H铅笔在现场记录，应在野外记录的内容不允许回驻地后填写。记录卡填写内容要齐全、正确。字迹工整、清洁，不准重抄、涂改，记录有误时可划掉原记录并在其上方填上正确文字。

4．野外样品加工

野外样品加工包括样品交接、保管、样品干燥、过筛、填写标签、装瓶与填写送样单等（图4-2）。

1）样品交接保管

样品加工人员负责每天样品接收与保管。接收时对样品进行清点、核对样品编号、样品与记录卡的对应数等。

2）样品干燥

样品在日光下自然干燥或于50℃下烘干。为防止结块，干燥过程中及时揉搓样品，必要时用木槌适当敲打。整个过程分开单样进行，严格防止污染。

3）样品过筛

（1）加工样品使用不锈钢筛。每次筛取一个样品前将筛中残留物质用毛刷清除干净，严防交叉污染。

（2）筛分截取粒级样品时，避免胶结的假粒级混入，采用揉搓或水筛的办法去掉假粒级和附着细颗粒。应保证样品过筛后质量大于300g，取100g送实验室分析，另取200g送交样品库保存。

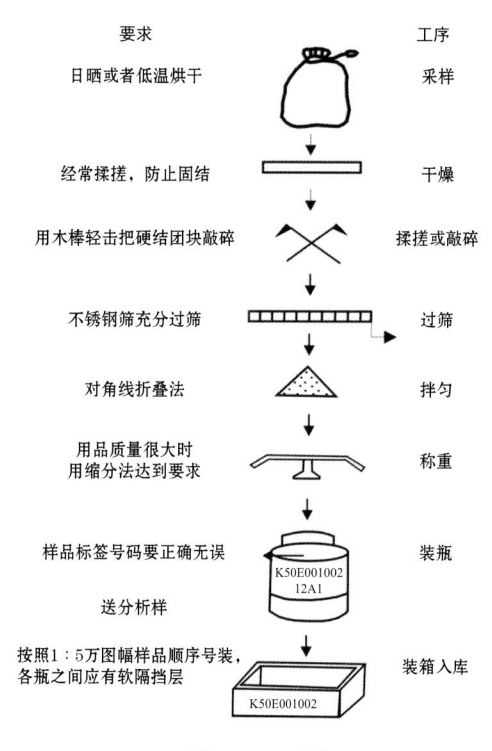

图4-2 样品加工流程图

（3）加工后的样品装袋或瓶后，袋或瓶应标有样号及相应的图幅号，同时填写卡片放入袋或瓶内。瓶上的样号等应能长期保存，不能被轻易擦掉。

5．野外样品送样

（1）野外样品分批及时送达指定实验室。

（2）送样时做好送样记录，同时按要求签写送样单，送样单一式三份，实验室接收样品核实无误后，经送样人、收样人签字并收样单位盖章后，一份留实验室，两份返回送样单位。

（3）样品按一定顺序装箱。每个样品箱外边有样箱编号、所装样品数量及编号。样箱内要有相应的装箱单，注明样品数量级编号，以便接收查对。

（4）实验室配备专职的样品管理人员，负责样品的验收、检查和保管；承担野外采样任务的化探组将样品送交承担样品分析任务的单位，均办理样品交接手续。

6．实际材料图的制作

对完成采样的每个1∶25万图幅，利用MapGIS软件将实际采样点的GPS航迹数据与设计点位图套合，制作成实际材料图。

五、化探样品测试分析

（一）分析样品制作

单样或组合样交实验室后，由专门管理人员负责检查验收。供分析用的单样或组合样品事先要大致混匀并在低于50℃下烘干，然后在高铝瓷的或玛瑙的球磨机或盘式粉碎机上研磨，全部样品粉碎至−200目。每个样品加工后必须彻底清扫干净，以免污染。

（二）分析元素

分析39种元素和氧化物，即：Ag、As、Au、B、Ba、Be、Bi、Cd、Co、Cr、Cu、F、Hg、La、Li、Mn、Mo、Nb、Ni、P、Pb、Sb、Sn、Sr、Th、Ti、U、V、W、Y、Zn、Zr，及SiO_2、Al_2O_3、K_2O、Na_2O、CaO、MgO、Fe_2O_3。

（三）分析方法

区域地球化学勘查样品多元素分析方法，实验室根据自己的技术条件及仪器设备条件，从《1∶25万区域地球化学调查规范》附录F四种配套方案中任选一套作为该测区分析方法。

所选用的分析方法具有较高生产效率和尽可能采用多元素同时测定的分析方法。所选用的分析方法检出限（DL）均达到表5-1要求。

表5-1 区域地球化学勘查样品元素或化合物分析方法检出限要求

元素	检出限（μg/g）	元素	检出限（μg/g）	元素	检出限（μg/g）
Ag	0.02	Pb	2	Br	1
As	1	Sb	0.1	C	*0.05
Au	Δ0.3	Sn	1	Ce	1
B	5	Sr	5	Cl	20
Ba	50	Th	4	Cs	0.2
Be	0.5	Ti	100	Ga	2
Bi	0.1	U	0.5	Ge	0.1
Cd	0.05	V	20	Hf	0.2
Co	1	W	0.5	I	0.5

续表5-1

元素	检出限（μg/g）	元素	检出限（μg/g）	元素	检出限（μg/g）
Cr	15	Y	5	In	0.01
Cu	1	Zn	10	N	*0.02
F	100	Zr	10	Pd	Δ0.1
Hg	0.0005	SiO_2	*0.1	Pt	Δ0.2
La	30	Al_2O_3	*0.05	Rb	10
Li	5	TFe_2O_3	*0.05	S	50
Mn	30	K_2O	*0.05	Sc	1
Mo	0.4	Na_2O	*0.05	Se	0.01
Nb	5	CaO	*0.05	Ta	0.1
Ni	2	MgO	*0.05	Tl	0.1
P	100				

注：*单位为%，Δ单位为ng/g。

（四）分析方法的准确度和精密度检验

分析方法的准确度和精密度用分析国家一级标准物质GBW系列（水系沉积物）的方法进行检验，被选用的分析方法对12个GBW系列标准物质中的每一个标准物质进行12次分析，并分别计算每个标准物质12次测定的平均值和推荐值之间的对数偏差（$\Delta \lg \overline{C}$），或平均值和推荐值之间的相对误差（RE），相对标准离差（RSD），其结果均符合表5-2的要求。

被选用的分析方法经过检出限、准确度、精密度检验合格后，能满足测区内所有元素的报出率（P）在85%以上，才被选用于样品测试。

表5-2 区域地球化学勘查多元素分析方法的准确度和精密度要求

含量范围	准确度		精密度
	$\left\| \Delta \lg \overline{Ci}(GBW) \right\| = \left\| \Delta \lg \overline{Ci} - \lg Cs \right\|$	$RE\%(GBW) = \dfrac{\overline{Ci} - Cs}{Cs} \times 100\%$	$RSD\%(GBW) = \dfrac{\sqrt{[\sum_{i=1}^{12}(Ci - Cs)^2]/(n-1)}}{Cs} \times 100\%$
检出限3倍以内	≤0.10	≤23	17
检出限3倍以上	≤0.05	≤12	10
1%～5%	≤0.04	≤10	8
>5%	≤0.02	≤4	3

注：Ci为GBW标准物质的第i次测量值；$\overline{Ci}$为GBW标准物质n次测量值的平均值；Cs为GBW标准物质的推荐值；n为GBW标准物质的测量次数。

（五）样品分析的质量控制

样品分析的质量控制采用实验室内部质量控制与实验室外部质量控制相结合的方法。

1. 实验室内部质量控制

1）准确度的控制

每一个图幅分析GBW系列（水系沉积物GSD-1～GSD-12）标准物质9次，每4个1：5万图幅样品中均匀密码插入，与样品一起同时分析，每个样品每个元素计算9次测定平均值与推荐值的对数偏差（$\Delta \lg \overline{C}$），其结果应符合表5-3的要求，并参照监控样的方法绘制日常质量监控图。

表5-3 日常分析测定标准物质质量控制限

含量范围	$\left\|\Delta \lg \overline{C}(\mathrm{GBW})\right\| = \left\|\Delta \lg \overline{C_i} - \lg C_s\right\|$
检出限3倍以内	≤0.15
检出限3倍以上	≤0.10
1%～5%	≤0.07
>5%	≤0.05

注：$\overline{C_i}$为GBW标准物质的4次测量平均值；C_s为GBW标准物质的推荐值。

2）精密度的控制

根据每个工作图幅的地质与矿产特点，从各省研制的监控样或一级标准物质或其他样品中，选取2～4个不同含量的样品，以密码形式插入每批样品中进行分析。每批分析完毕，计算插入密码样的对数偏差、平均对数偏差和对数差的标准离差，用以衡量本批样品分析的精密度，计算结果应符合表5-4的要求，并绘制日常质量监控图。

表5-4 日常分析测定质量控制限

允许控制统计参数 含量范围	$\overline{\Delta \lg C} = \dfrac{\sum_{i=1}^{4}\left\|\lg C_{Ri} - \lg C_{RS}\right\|}{4}$	$\lambda = \sqrt{\dfrac{\sum_{i=1}^{4}(\lg C_{Ri} - \lg C_{RS})^2}{4-1}}$
检出限3倍以内	≤0.15	≤0.20
检出限3倍以上	≤0.10	≤0.17
1%～5%	≤0.07	≤0.12
>5%	≤0.05	≤0.08

注：C_{RS}为密码样的可用值；C_{Ri}为密码样的测量值

3）重复性检验

全图幅按样品总数的2%～3%随机抽取重复性检验样品，特别对可疑的异常点要注意抽取，编成密码，交由不同的分析人员分析。分析完毕，计算两份分析结果的相对误差$(\mathrm{RE}\% = \left|(A_1 - A_2)\right| / (A_1 + A_2) \times 100\%)$，按RE%≤25%为相对误差的允许限，并按单元素统计全图幅合格率（QRA），合格率要求不低于90%。

金元素分析，每一批分析密码插入2件标准物质与样品同时分析，每件标准物质单独计算测量值与推荐值的相对误差，并按表5-5中所列相对误差允许限统计合格率，要求合格率为90%。

随机抽取金元素分析样品总数10%的样品，进行重复性检验，抽取的10%样品应包括全部高含量和部分中、低含量，并按表5-5中所列相对误差允许限统计合格率，要求达到85%，详见表5-5。

上述内部质量控制方法，不作为强制性的要求，各实验室可根据本室的特点和需要，适量增、减，力求以少的工作量获取较好的控制效果。

表5-5 痕量金元素分析标准物质及重复性检验允许相对误差

含量范围（ng/g）	相对误差 $\mathrm{RE}\% = \dfrac{\left\|A_1 - A_2\right\|}{A_1 + A_2} \times 100\%$
0.3～1	≤50
1～30	≤33.3
>30	≤25

2. 实验室外部质量控制

1）实验室外部质量控制的目的

（1）力求使试样测试数据相互之间的空间分布逼近自然界的真实情况。

（2）研究实验室分析控制样数据所绘制的虚拟地球化学图与控制样试用值所制作的虚拟地球化学图之间的相似性，判断实验室整体试样分析结果的准确性和可靠性。

（3）研究实验室分析控制样数据的各项特征参数与控制样试用值数据各项特征参数的相关系数，判断批次间、图幅间是否存在系统偏倚。

2）实验室外部质量控制方法

实验室外部质量控制方法是通过送样单位或送样单位委托的质量检查人员在分析样品中插入由不同国家标准物质按不同比例配制而成的控制样品来进行控制的方法。

（1）控制样的制备：运用现有的水系沉积物、土壤一级标准物质，按不同比例配制不同浓度、不同基体组成的控制样（即配制的标准物质）150件。

（2）配制控制样的制备工作，应由专门负责区化样品分析质量监控站负责制备。制备方法按标准物质制备的要求、流程进行。

（3）配制控制样各元素含量试用值的确定：原则上按原标准物质各元素含量标

准值及参加配制控制样的比例，经计算后成为控制样（配制标准物质）的各元素试用值。

（4）为了防止和杜绝在配制过程中出现的偶然差错，需对配制的控制样进行均匀性和试用值检验，采用X射线荧光光谱分析法对其主成分进行至少5次分析，用其他灵敏的分析方法（如ICP、NAA等），对痕量元素进行至少5次分析，分别取5次分析的平均值与试用值进行比对，并计算平均值与试用值之间的对数偏差（绝对值）。$\Delta \lg C \leq 0.05$，即可认为试用值的结果是准确的，否则该配制的控制样应予以舍弃。

（5）控制样的插入：将配制的150件控制样密码编入每批（约50个号码，每批插入4件）预先由采样单位留好的空号内与样品同时分析。

（6）150件控制样随机化密码的插入工作，由送样单位派员或由送样单位委托的质量检查人员在实验室样品加工完毕后进行。

（7）控制样必须与样品同时分析，每份控制样只允许进行单份测定。

3）控制样特征参数

（1）准确度参数及允许限。按单个控制样单个元素，统计配制的控制样测量值与配制的控制样试用值间对数偏差（$\Delta \lg \overline{C}$），按3倍检出限以上对数偏差$\Delta \lg \overline{C} \leq 0.1$；3倍检出限以下对数偏差$\Delta \lg \overline{C} \leq 0.12$作为允许限，计算单元素的合格率；也可根据需要统计计算一个分析批、一个1∶5万图幅或一个1∶10万图幅的平均对数偏差（$\Delta \lg \overline{C}$）（在计算平均数时，各个单样的对数偏差一律取绝对值参加计算）。3倍检出限以上平均对数偏差按$\Delta \lg \overline{C} \leq 0.1$，3倍检出限以内按$\Delta \lg \overline{C} \leq 0.12$为允许限。要求合格率为85%。

（2）精密度参数及允许限。根据需要可按分析批、1∶5万图幅、1∶10万图幅或整个图幅统计单元素的控制样的对数标准离差（$\lambda = \sqrt{\left[\sum_{n=1}^{n}(\lg C - \lg Cs)^2\right]/(n-1)}$），一般$\lambda$控制在10%以内。要求合格率为90%。

（3）控制样的测量值与试用值其他参数及允许限。统计单元素的测量值与试用值的相关系数γ、$\overline{X}$、X_{min}、X_{max}、中位值、S等参数并进行对比，同时进行测量值与试用值的双样本方差分析（即F检验）。要求相关系数$\gamma \geq 0.85$，F检验的所有元素的$F < F_{临界值}$。

4）虚拟地球化学图相似性的控制

（1）标准虚拟地球化学图的绘制。根据插入的控制样各元素的试用值，按1∶5万图幅进行排位并绘制排位点位图，以SURFER制图软件，绘制150件样品的各元素等值线虚拟地球化学图，作为相似性比较的标准图。

（2）实际测量值虚拟地球化学图的绘制。从实验室提供的分析报告数据中，摘出配制的150件控制样，并以此测量值，按标准虚拟地球化学图的方法绘制各元素的虚拟地球化学图。

（3）相似性的判别。采用目视比较法并结合所统计的配制控制样的准确度和精密度等参数，对实验室所提供的总体数据的分析质量作全面的评估。

3．元素地球化学图的控制

依据实验室提供的样品分析数据，按照规范的要求，绘制各元素的地球化学图，并根据地球化学图所反映的背景及异常情况，结合地质背景，对样品分析数据质量进行总体评价。

（六）质量评估

实验室内部质量控制及质量评估是对每一分析批次、每人、每天分析质量按控制界限要求，所进行的实时控制，以判断分析人员的素质、环境、试剂材料、仪器设备是否处于正常运行及受控状态等进行评估。

实验室外部质量控制及质量评估是送样单位即用户对实验室所报出的分析数据的可靠性、可利用性是否达到合同或协议规定的要求，是否符合有关规程、规范的要求进行的评估。

每个1∶5万图幅样品分析工作结束后，实验室及时地对最终报出的样品分析数据的可靠性和合理性进行全面的、综合的质量评估，并提交质量评估报告。

六、西北地区地球化学特征统计

（一）地球化学分区划分依据

综合研究区所处的大地构造环境、区域地球化学背景分布特征、局部地球化学场的差异、异常的分布规律等因素在研究区内从全区到局部以此划分出：地球化学域、地球化学区、地球化学亚区、地球化学异常带、异常集中区等不同级别的地球化学分区，不同级别具有不同的划分依据。

（1）地球化学域划分依据。

地球化学域作为最高一级分区，主要依据具有明显区域背景差异的常量元素的区域地球化学背景分布特征结合基础地质对大地构造单元划分研究成果，划分地球化学域。

归纳对比这些有明显背景差异元素所反映的区域地球化学场差异结合区域地质背景可以将研究区划分为4个地球化学域：Ⅰ西伯利亚地球化学域、Ⅱ塔里木地球化学域、Ⅲ华北板块地球化学域和Ⅳ华南（泛扬子）板块地球化学域。

（2）地球化学区划分。

在地球化学域内依据其局部地球化学背景结构特征的差异为主，适当结合构造地质背景在地球化学域内进行地球化学区的划分，见表6-1。

（3）在地球化学区内根据地球化学背景的局部差异，结合区域元素异常的分布、组合等特征，划分地球化学亚区。

（4）在亚区内，依据其异常内元素组合特征、异常空间展布方向及异常间的相互关系等，划分出综合异常带和综合异常。

（二）地球化学分区划分结果

依据上述原则，全区共划分出4个地球化学域、15个地球化学区、44个地球化学亚区。地球化学域、分区、亚区的相互关系见表6-1。

表6-1　西北地区地球化学分区一览表

序号	域	区	亚 区
1	Ⅰ 西伯利亚地球化学域	Ⅰ-1 准噶尔-阿尔泰地球化学区	Ⅰ-1-1 阿尔泰地球化学亚区
2			Ⅰ-1-2 准噶尔西缘地球化学亚区
3			Ⅰ-1-3 准噶尔东缘地球化学亚区
4			Ⅰ-1-4 准噶尔南缘地球化学亚区
5			Ⅰ-1-5 准噶尔盆地探空白区
6		Ⅰ-2 天山-北山地球化学区	Ⅰ-2-1 西天山北带地球化学亚区
7			Ⅰ-2-2 伊利盆地地球化学亚区
8			Ⅰ-2-3 伊利盆地南缘地球化学亚区
9			Ⅰ-2-4 那拉提地球化学亚区
10			Ⅰ-2-5 吐鲁番化探空白区
11			Ⅰ-2-6 东天山地球化学亚区
12			Ⅰ-2-7 北山地球化学亚区
13	Ⅱ 塔里木地球化学域	Ⅱ-1 塔里木克拉通北缘地球化学区	Ⅱ-1-1 西南天山地球化学亚区
14			Ⅱ-1-2 南天山东段地球化学亚区
15		Ⅱ-2 敦煌地块及周缘地球化学区	Ⅱ-2-1 敦煌（地块）地球化学亚区
16			Ⅱ-2-2 阿尔金（陆缘地块）地球化学亚区
17	Ⅲ 华北板块地球化学域	Ⅲ-1 阿拉善陆块及其南缘地球化学区	
18		Ⅲ-2 河西走廊地球化学区	Ⅲ-2-1 河西走廊北带地球化学亚区
19			Ⅲ-2-2 河西走廊南带地球化学亚区
20	Ⅳ 华南（泛扬子）板块地球化学域	Ⅳ-1 祁连地球化学区	Ⅳ-1-1 祁连山北部地球化学亚区
21			Ⅳ-1-2 祁连山南段地球化学亚区
22			Ⅳ-1-3 祁连山东段地球化学亚区
23		Ⅳ-2 秦岭地球化学区	Ⅳ-2-1 西秦岭北带地球化学亚区
24			Ⅳ-2-2 西秦岭中带地球化学亚区
25			Ⅳ-2-3 西昆仑南带地球化学亚区
26			Ⅳ-2-4 小秦岭地球化学亚区
27			Ⅳ-2-5 东秦岭北带地球化学亚区
28			Ⅳ-2-6 东秦岭南带地球化学亚区
29			Ⅳ-2-7 北大巴山地球化学亚区
30		Ⅳ-3 碧口地块地球化学区	
31		Ⅳ-4 汉南地球化学区	
32		Ⅳ-5 柴达木地块及其周缘地球化学区	Ⅳ-5-1 柴达木北缘地球化学亚区
33			Ⅳ-5-2 祁漫塔格地球化学亚区
34			Ⅳ-5-3 东昆仑地球化学亚区
35			Ⅳ-5-4 柴达木盆地探空白区
36		Ⅳ-6 木孜塔格-巴颜喀拉地球化学区	Ⅳ-6-1 木孜塔格地球化学亚区
37			Ⅳ-6-2 北巴颜喀拉地球化学亚区
38			Ⅳ-6-3 南巴颜喀拉地球化学亚区
39		Ⅳ-7 西昆仑地球化学区	Ⅳ-7-1 塔什库尔干地球化学亚区
40			Ⅳ-7-2 铁克里克地球化学亚区
41			Ⅳ-7-3 西昆仑东段地球化学亚区
42		Ⅳ-8 麻扎达坂-甜水海地球化学区	Ⅳ-8-1 麻扎达坂地球化学亚区
43			Ⅳ-8-2 甜水海地球化学亚区
44			Ⅳ-8-3 玉龙喀什河地球化学亚区
45		Ⅳ-9 青南三江地球化学区	Ⅳ-9-1 西金乌兰-玉树地球化学亚区
46			Ⅳ-9-2 唐古拉-囊谦地球化学亚区
47			Ⅳ-9-3 赤布张错-格拉丹东地球化学亚区

（三）地球化学域成矿元素评价

评价一个地球化学域的找矿条件，就是运用地球化学手段讨论该区各元素成矿物质的丰缺以及这些物质在样本间的贫富差别。

为了对比各地球化学域的地球化学特征，利用西北地球化学数据库对4个域12个成矿元素的全区平均值、单元素平均值（Avg）进行了统计，并计算了各地球化学域成矿元素的变异系数（Cv），结果见表6-2。

1. 成矿元素背景特征

为了便于各地球化学域元素背景对比，在表5-1的基础上计算了成矿元素在各地球化学域相对于整个西北地区富集系数（K_i）[各地球化学域元素平均值（X_i）与相应元素在整个西北地区平均值的比值]，并对各域元素依据富集系数大小进行了排序，见表6-3。

表6-2　西北地区地球化学分区划分表

域	区	地质、矿产特征
Ⅰ 西伯利亚地球化学域	Ⅰ-1 准噶尔-阿尔泰地球化学区	阿尔泰地区主体由寒武纪至中奥陶世的半深海相复理石组成；上奥陶统至志留系分布零星，为浅变质的绿色陆源碎屑岩。志留纪以后抬升，中泥盆统至石炭系是陆相磨拉石建造，与额尔齐斯断裂以南的同时代海相地槽型沉积形成鲜明对照。岩浆作用以中酸性岩浆活动强烈，花岗岩广为出露，可分为前志留纪、志留纪、泥盆纪、晚古生代中晚期及中—新生代等期。以志留纪、泥盆纪岩浆侵入岩为主，石炭纪晚期—二叠纪花岗岩侵入岩次之。主要矿产为稀有（RM）、Pb、Zn、Au、Cu、Ni、多金属、Mo、白云母-宝石等。准噶尔地区大致以准噶尔新生代盆地为界分为东、西两个地区，自二叠纪始全面转为陆相地层。西准噶尔中酸性侵入岩出露广泛，以晚古生代的中酸性侵入岩为主，可分为晚石炭世—早二叠世和中—晚二叠世两期。晚石炭世—早二叠世花岗岩类以钾长花岗岩为主。中—晚二叠世中酸性侵入岩均与早二叠世陆相火山岩相伴生，岩石类型包括二长闪长岩、斜长花岗岩、石英二长岩、花岗斑岩等。东准噶尔地区中酸性侵入岩划分为早古生代晚期和晚古生代两期。早古生代晚期主要岩石组合为石英闪长岩-花岗闪长岩-二长花岗岩。晚古生代岩性主要为斜长花岗岩、石英闪长岩。主要矿产为Cu、Mo、Au、W、Fe、Cr、Mn、Pt、U、盐类及石油、天然气、煤等
	Ⅰ-2 天山-北山地球化学区	北天山地区主要由显生宙地层组成，中、晚二叠世全面转为陆相地层。前寒武系仅有中元古代变质岩呈断块零星出露于东、北部，其组成与中天山及准噶尔地区相同，中新生界主要分布在伊宁盆地。晚古生代中酸性岩浆作用最为强烈，基性—超基性侵入岩以东天山黄山基性—超基性侵入杂岩最为著名。中天山地区石炭纪—二叠纪花岗岩主要出露在天山中段的各微地块中，西部那拉提微地块内主要以钾长花岗岩为主，中部巴仑台微地块内主要以二长花岗岩、钾长花岗岩为主。北天山主要矿产为Cu、Ni、F、Au、Ag、Mo、W、煤等；伊犁地区主要矿产为Au、Ag、Pb、Zn、Fe、W、Sn、U、煤、油气、磷、宝石等；中天山主要矿产为Fe、Cu、Ni、Au、Mn、Pb、Zn等。北山地区前寒武系及古生界广泛发育，太古宇—古元古界下部高绿片岩-低角闪岩相，上部以高绿片岩相为主。蓟县系—青白口系为大理岩、结晶灰岩、白云岩。震旦系为碎屑岩、冰碛岩。寒武系主要为碎屑岩夹硅质岩及碳酸盐岩。奥陶系分布广泛，有硅质岩、碎屑岩、灰岩及基性火山岩、酸性火山岩。志留系主要为中基性火山岩、中酸性火山岩、火山碎屑岩、砂砾岩等。泥盆系为海陆交互相—滨海相碎屑岩夹中酸性火山岩、灰岩。石炭系为碎屑岩夹碳酸盐岩和中基性火山岩。二叠系为中酸性火山熔岩和火山碎屑岩为主，局部有少量的基性火山岩。前寒武中酸性侵入岩主要分布于马鬃山地区。早古生代中酸性侵入岩较少，晚古生代中酸性侵入岩大面积出露，主要为石炭纪—早二叠世。岩石类型主要为石英闪长岩、英云闪长岩、花岗闪长岩、二长花岗岩。中生代侵入岩零星出露。晚古生代基性—超基性侵入岩浆作用在新疆北山地区较为发育。主要矿产以Fe、Au、W、Sn、Pb、Zn等金属矿产为主
Ⅱ 塔里木地球化学域	Ⅱ-1 塔里木克拉通北缘地球化学区	以古生代地层为主，中二叠世由海陆相全面转为陆相地层。前寒武纪地层零散出露，未见青白口纪地层。南华纪—震旦纪由海相碎屑岩夹陆相冰成岩组成。寒武纪—奥陶地层出露零星，主要由陆源碎屑岩-碳酸盐岩序列组成。志留地层分布较广，主要由成熟度低陆源碎屑岩-凝灰碎屑岩-碳酸盐岩组成。晚古生代泥盆纪—早二叠世为海相地层，中二叠世始转为陆相地层。三叠纪—侏罗纪为河流-湖泊相碎屑岩-含煤碎屑岩序列组合，白垩纪—新近纪由山麓-河湖相碎屑岩-蒸发岩和古近纪陆相含石膏泥质岩、碎屑岩夹泥灰岩组成；西南天山侏罗纪为含煤碎屑岩。古—元古代古代花岗岩体出露较少。早古生代—泥盆纪中酸性侵入岩主要岩石类型为斜长花岗岩、片麻状花岗岩及钾长花岗岩。二叠纪花岗岩为闪长岩、似斑状花岗岩、二云母花岗岩和碱长花岗岩四种类型。主要矿产以Fe、Ti、Mn、Cu、Ni、Mo、Pb、Zn、Au、Sb、RM、REE、菱镁矿、铝土矿、石油、天然气、煤及石墨、白云母、盐类为主
	Ⅱ-2 敦煌地块及周缘地球化学区	太古宙—古元古代地层由变粒岩、斜长角闪岩、片麻岩等组成，具TTG片麻岩特征；中元古代—青白口纪地层由绿片岩相变质火山岩-碎屑岩-碳酸盐岩序列组成。南华纪—震旦纪地层由杂砾岩-泥质岩-碳酸盐岩组成。寒武纪—奥陶纪由复成分碎屑岩、碳硅质板岩、碳酸盐岩及火山岩组成，出އ蛇绿构造混杂岩。志留系由碎屑岩、碳硅质（板）岩、火山岩等组成。泥盆系为滨海-河湖相杂色粗碎屑岩-陆相中基性火山岩序列组成。石炭系主要由海相陆源碎屑岩、火山碎屑岩、火岩熔岩不等厚相间组成。二叠系主要为海相-海陆相碎屑岩、火山岩组成。中生代地层为山间盆地沉积。新生代地层为山麓、河流、湖泊等不同环境沉积。古古古代晚期构造岩浆活动广泛发育，从花岗片麻岩、石英闪长岩、花岗闪长岩、二长花岗岩到富铝花岗岩组合均有。中元古代早期发育双峰式的岩浆侵入活动，包括辉长岩-斜长岩组合和巨斑状的钾质花岗岩。海西中期和晚期的侵入岩体花岗岩、二长花岗岩、石英闪长岩、钾长花岗岩、英云闪长岩、闪长岩等。中新生代本区陆内造山活动强烈，发育陆相含煤建造、岩浆侵入活动和推覆、走滑构造。矿产主要为有色金属（铜、铅、锌、钨、锡、镍、锑、汞等）、贵金属（金、银、铂、钯）、铁、稀有金属（锂、铍、铌、钽）、玉石、石棉、石膏等

续表6-2

域	区	地质、矿产特征
Ⅲ 华北板块地球化学域	Ⅲ-1 阿拉善陆块及其南缘地球化学区 Ⅲ-2 河西走廊地球化学区	阿拉善-华北板块上出露的基底岩系主要集中在阿拉善地块上，中太古代乌拉山群、新太古代—古元古代的龙首山岩群构成深变质结晶基底，而蓟县纪墩子沟群属古克拉通盆地相白云质碳酸盐岩建造，它们共同构成基底岩系。寒武纪—早中奥陶世主要是克拉通盆地相生碳酸盐岩沉积。晚奥陶世在阿拉善陆块南、北两侧出露有弧盆系沉积组合。这一时期的侵入岩浆活动主要集中在南北陆缘地带，从晋宁期到加里东期都有活动，以花岗质侵入岩为主，其性质属俯冲型和碰撞型。中泥盆世—三叠纪整体上处于隆起剥蚀状态，仅在阿拉善右旗雅布赖东南马莲泉山东段出露有少量的晚石炭世海相火山岩为主的建造，其中夹有浅海相碎屑岩，呈断块出露或者被二叠纪花岗质侵入体侵入。石炭纪和二叠纪岩浆活动极其发育，岩石类型有花岗岩、花岗闪长岩、闪长岩、石英闪长岩，少量辉长岩和二叠纪辉长岩。中—新生代走廊盆地基本上继承了晚石炭世晚期—二叠纪内陆盆地特征，岩浆活动不发育。晚三叠世—白垩纪以内陆湖相沉积为主；渐新世—新近纪剥蚀夷平后的准平原化河湖相碎屑沉积。更新世以来的多成因陆相沉积。主要金属矿产有Fe、Cu、Au、Pb、Zn、Cu、Mo、Mn、Ge、铝土矿等，能源矿产以石油、煤为主，非金属矿产主要有萤石、盐类、凹凸棒石、芒硝等
Ⅳ 华南（泛扬子）板块地球化学域	Ⅳ-1 祁连地球化学区	各时代地层较为发育，但变化较大，太古宙—古元古代地层组成复杂，主要由片麻岩、变粒岩、石英片岩、大理岩、斜长角闪（片）岩等变质岩类组成。中元古代地层北祁连以朱龙关群（Ch）为代表。祁连东端兰州以东以兴隆山群油火山岩、碎屑岩-碳酸盐岩组成。新元古代青白口纪地层，由震旦源碎屑岩、泥质岩、碳酸盐岩夹互组成。南华纪—震旦纪地层不整合于青白口系之上，由杂砾岩-碳酸盐岩组成。早古生代地层较为发育，寒武纪南、北祁连地区由基性、中基性火山岩、泥硅质岩、细碎屑岩、碳酸盐岩不同岩类组成。奥陶纪地层北祁连地区由火山岩夹硅质大理岩、碎屑岩、碳酸盐岩、火山岩组成。南祁连主要由震旦源碎屑岩、中、中基性火山岩组成。志留纪地层分布于南、北祁连、中祁连地区，主要由陆源泥质岩、碎屑岩为主，夹少数火山岩类、凝灰岩。北部泥盆纪为陆相，石炭纪为海相，二叠纪始为陆相；南部大部缺失泥盆纪—石炭纪沉积，二叠纪—三叠纪为海相-海陆相。此后以山间湖盆沉积为主。中酸性侵入岩从古元古代至中生代均有分布，但以早古生代为主，主要为一套英云闪长岩-花岗闪长岩-二长花岗岩组合的侵入体。晚古生代中酸性侵入岩主要形成于泥盆纪至早石炭世，岩石组合为一套英云闪长岩-花岗闪长岩-二长花岗岩-钾长花岗岩。三叠纪花岗岩主要岩石类型亦为英云闪长岩-花岗闪长岩-二长花岗岩-钾长花岗岩。侏罗纪—白垩纪花岗岩仅有零星分布。此外带内普遍发育中元古代的基性—超基性岩，在南祁连还发育青白口纪及奥陶纪的基性—超基性岩浆作用，形成橄榄岩-辉石岩-闪长岩杂岩体。北祁连主要矿产为Cu、Pb、Zn、Fe、Cr、Au、Ag、硫铁矿、石棉等，中祁连主要矿产为Au、硫、重晶石、磷等，南祁连主要矿产为Au、Ni、REE、煤、磷等
	Ⅳ-2 秦岭地球化学区	东秦岭地区地层经历多期构造改造和大规模的位移，形成若干叠置构造岩片结构，致使各地层单位之间多数以断裂相接触。古元古代称秦岭岩群，由泥质-长英质变质岩、基性变质岩和钙质变质岩三种基本变质岩石组成。中-新元古代地层称宽坪岩群，位于秦岭岩群北侧，由绿片岩、斜长角闪（片）岩、石英片岩、片麻岩；石英大理岩、黑云母片状大理岩的低级变质火山-沉积岩系组成。晚古生代地层多数沿断裂带零星分布，属山间-山间盆地海-陆相地层。中-新元古代地层分布零星，发育不全，缺失早-中三叠纪地层为主；中秦岭地区以晚古生代地层发育较全；北大巴山地区主要由新元古代—早古生代地层组成。太古宙—古元古代地层由高级变质片麻岩、片岩及不同时代变质侵入岩组成。中元古代称武当岩群，由超基性变质火山-沉积岩组成。青白口纪地层以耀岭河组为代表，由绿片岩和变质火山-正常沉积岩组成。南华纪—早古生代地层由一套连续以海相正常沉积岩为主的岩石组成。晚古生代—三叠纪地层除北大巴地区缺失沉积记录外，中秦岭和南秦岭地区，主要由海相泥质岩、碎屑岩和碳酸盐岩。古近纪—新近纪地层主要由内陆湖相沉积。南秦岭新太古代—古元古代岩浆主要岩性为黑云二长片麻岩、黑云斜长片麻岩。新元古代花岗岩出露于北秦岭、陇岭、小磨岭及勉略地区，岩石类型以灰白色或灰色中粒—中粗粒二长花岗岩、二云母花岗岩和花岗闪长岩为主。新元古代基性侵入岩主要分布在安康牛山一带，岩石类型主要由辉长辉绿岩和辉绿岩组成。早古生代是秦岭造山带主要中酸性岩浆活动期，集中分布于北秦岭，岩石类相对多样，以肉红色和灰白色中粒—中粗粒黑云母花岗岩、二长花岗岩和花岗闪长岩为主，其次有少量石英闪长岩。北秦岭早古生代基性侵入岩体出露于北秦岭商丹裂带北侧，一般规模不大，呈岩墙、岩瘤产出。晚古生代花岗岩活动很弱，在北秦岭有少量二长花岗岩-钾长花岗岩侵入体，在南秦岭有石英闪长岩、黑云花岗闪长岩及二长花岗岩侵入体。三叠纪是强烈活动期，花岗岩出露面积很大，集中分布在商州以西地区，岩石类型主要为二长花岗岩、花岗闪长岩及奥长环斑花岗岩。由于印支期后，华北、秦岭、扬子板块已经拼合，形成统一的大陆地块，秦岭地区整个进入陆内构造演化阶段，因此秦岭地区侏罗纪—白垩纪及其以后的花岗岩均应为板内花岗岩。西秦岭矿产以Pb、Zn、Cu（Fe）、Au、Hg、Sb为主，东秦岭矿产以Au、Ag、Mo、Cu、Pb、Zn、Sb及非金属为主
	Ⅳ-3 碧口地块地球化学区	太古宙地层呈构造岩块，出露于勉略构造混杂岩带东南侧，主要由斜长角闪岩、变粒岩、绿片岩、石英片岩等组成，具花岗—绿岩带组成特征，时代以新太古代为主。尚未发现古元古代沉积记录，长城纪—青白口纪地层指碧口岩群（Pt$_{2-3}$），主要为变质火山岩，其次为变质泥质岩、碎屑岩组成。南华纪—震旦纪地层既具汉南地区层序列结构特征，又具南秦岭某些岩组合特点。早古生代地层出露少，由碳质、泥质碎屑岩夹少数碳酸盐岩组成。晚古生代地层总体与南秦岭中西段相近似，主要由泥盆纪、石炭纪地层组成。侏罗纪—白垩纪地层仅有少数沿断裂带分布，其地层组成与南秦岭中、西段相同。主要矿产为Au、Ag、Pb、Zn、Cu、Fe、Mn、Cr、Ni及磷、石棉等
	Ⅳ-4 汉南地球化学区	太古宙—古元古代地层由中高级变质岩组成（后河岩群Ar$_3$Pt$_1$），构成结晶基底。中元古代地层由变质泥质岩、碎屑岩、碳酸盐岩和火山岩组成。青白口纪地层由海陆相火山岩组成，分布局限，岩石类型较为复杂，有基性、中性和酸性。南华纪—早古生代地层主体由陆棚浅海-台地相泥质岩、碎屑岩、碳酸盐岩组成。晚古生晚泥盆世由石英砂岩、砾岩、灰岩夹板岩含赤铁矿层。石炭纪地层由含碳质板岩、碳酸盐岩组成。二叠纪地层覆盖全区，主要由铁质页岩夹劣质煤层，铝土质页岩、碳硅质板岩夹灰质岩组成。早—中三叠世主要由生物灰岩、泥灰岩、白云岩等组成。晚三叠世为海陆交互含煤碎屑岩地层。侏罗纪地层为陆相紫红、灰绿色碎屑岩、泥质岩夹煤线。白垩盆地向南迁移，后本区为剥蚀区。古元古代花岗岩体出露于图幅东南部良心河—柿树坪一带，主要岩性为花岗片麻岩、黑云斜长片麻岩、黑云二长片麻岩等再造高级片麻系。发育新元古代—古生代，中生代的碱性—偏碱性侵入岩类，属A型花岗岩。基性杂岩体以汉南杂岩最为著名。主要矿产为Fe、Cu、煤等

续表6-2

域	区	地质、矿产特征
Ⅳ 华南（泛扬子）板块地球化学域	Ⅳ-5 柴达木地块及其周缘地球化学区	柴达木盆地属Li-B-K-Na-Mg盐类-石膏-石油-天然气成矿区，该盆地原是秦祁昆造山系中的一个中间地块，在中-新生代时，因周缘昆仑、阿尔金和祁连诸古生代造山带的隆升而成为断陷盆地。柴达木北缘地区古元古代地层由片麻岩、斜长角闪（片）岩、变粒岩、石英片岩、大理岩等组成。长城纪—青白口纪地层由碎屑岩、泥质岩、碳酸盐岩夹碎屑岩组成。南华纪—震旦纪地层以石英岩、砂岩夹薄层玄武岩、白云岩、灰岩为主。早古生代地层稳定类型沉积由白云岩、碳板岩、杂砾岩、砂岩、灰岩、白云岩组成；活动类型沉积由变质火山岩、火山碎屑岩及泥质岩、碎屑岩、碳酸盐岩组成。晚古生代地层以石炭系—二叠系分布较广，北部由低级变质泥质岩、碎屑岩、碳酸盐岩和火山岩组成，南部缺失二叠纪沉积记录。泥盆纪地层分布零星。三叠纪地层主要由复成分碎屑岩、泥质岩夹薄层灰岩、少数火山岩等组成。侏罗纪地层为陆相杂色含煤碎屑岩、泥质岩组成。白垩纪仅有早白垩世沉积，由砖红色砾岩夹砂岩、泥岩组成。柴达木北缘属Pb-Zn-Mn-Cr-Au-云母成矿带，并以锡铁山大型火山岩型铅锌矿床为代表。 祁漫塔格地区主体为一套早古生代沉积的碎屑岩、火山岩和碳酸盐岩组成的地层，且以晚奥陶世沉积地层最发育，在祁漫塔格地区西北部零星产出有与火山岩关系密切的超基性岩和基性岩侵入体，带内还包含有新太古代—古元古代古陆块体。中酸性侵入岩比较发育，以海西中、晚期二长花岗岩和花岗闪长岩为主，次为加里东晚期的二长花岗岩、花岗闪长岩和闪长岩。主要矿产为W、Sn、Pb、Zn、Fe、V、Ti、Cu、石墨、REE、稀土等。 东昆仑中结晶岩带为一基本连续展布的古陆块体，其主体由新太古代—古元古代和中—新元古代构成。其中新太古代—元古宙为一套原岩为泥砂质碎屑岩-基性火山岩-碳酸盐岩建造的变质岩系，包含有二长花岗岩、花岗闪长岩和闪长岩变质侵入体，同时也有稀散的以辉长岩为主的基性岩侵入体。中—新元古界为绿片岩相变质的稳定型滨海相碎屑岩建造、低绿片岩相变质的硅铁质碳酸盐岩-碎屑岩建造、碎屑岩-镁质碳酸盐岩建造。缺失早古生代沉积，晚古生代主要为板内裂陷盆地沉积。岩浆岩广泛发育，除中元古宙变质侵入体外，主要形成于加里东期、海西期—印支期。昆南增生带分布最广的是中新元古代形成的火山-沉积建造，次为早古生代晚期裂陷火山-沉积建造，其岩性组合为活动型海相碎屑岩-基性火山岩-镁质碳酸盐岩组合。石炭纪—早二叠世为海相碎屑岩及碳酸盐岩和酸性火山岩、火山碎屑岩组合。晚二叠世—早中三叠世前陆盆地沉积岩系零星分布，自东向西零星分布晚三叠世陆相磨拉石和火山岩建造。侵入岩主要有加里东期和海西—印支两个时期。主要矿产为Cu、Co、Au、W、Sn、Pb、Zn、Fe等金属矿产
	Ⅳ-6 木孜塔格-巴颜喀拉地球化学区	整体为发育在华南陆块群中晚泥盆世—早中二叠世裂谷裂陷盆地体系基础之上卷入的石炭系—下中二叠统，整体区内几乎没有前泥盆纪地层出露，仅沿西金乌兰-金沙江缝合带中发现前泥盆纪的变质岩。晚石炭世—早二叠世沉积底部为底砾岩，下部为碎屑岩，上部为生物碳酸盐岩、角砾状灰岩及灰质砾岩。晚二叠世晚期—早三叠世早期沉积未见出露。下三叠统，为一套浅变质的陆源细碎屑岩组合，中三叠统主体为一套陆源碎屑浊流沉积，上三叠统出露广泛，为一套厚度巨大的陆源碎屑浊流沉积。侏罗纪及早白垩纪为陆相盆地沉积。古新世以来的高原隆升，在造山带中发育了新生代山间盆地沉积。出露有印支期、燕山期和喜马拉雅期花岗质侵入岩体。主要矿产为Au、Pb、Ag、Sb、REE、W、Sn、Hg、Cu、Ni、煤等
	Ⅳ-7 西昆仑地球化学区	西昆仑地区地层发育较齐全，在太古宙和元古宙的众多层位中有绿岩系花岗绿岩系及硅铁岩系；古生代的活动陆缘及裂谷带中有基性火山岩分布；在大陆深断裂带有高原玄武岩及超镁铁质及超碱性岩展布；晚古生代早到中生代在塔里木盆地边缘有陆源碎屑岩和碳酸盐岩的稳定沉积，其后在昆仑山北缘及山间盆地有中新生代红色岩系沉积。岩浆活动频繁，时限始于晋宁期终止于喜马拉雅期。超基性—超碱性岩均有出露，但以中酸性花岗岩和花岗闪长岩为主。在燕山期和喜马拉雅期有不少深源岩体。晚古生代以来本区发育着与区域构造线呈大角度斜交的横跨性构造带它们多成为地幔热流体上升的通道，对超基性岩、超碱性岩、金伯利岩起到了控制或联合控制的作用。金属矿产主要为Fe、Au、Pb、Zn、Cu等，非金属矿产有水晶、煤、自然硫、白云母、玉石、石棉等
	Ⅳ-8 麻扎达坂-甜水海地球化学区	麻扎达坂-甜水海地块，基底为前寒武系，发育古生界盖层。长城系甜水海群为正常沉积岩系，寒武系—奥陶系为碳酸盐岩。志留系为半深海相碎屑岩-碳酸盐岩建。下中泥盆系为汇聚阶段的陆源碎屑岩-碳酸盐岩建造，上泥盆统转为磨拉石。石炭系为残余海盆的次稳定型碳酸盐岩建造。二叠系南部为残余海盆沉积，北部陆相火山磨拉石。三叠系为海陆交互相陆源碎屑沉积。侵入岩主要分布在北部地区，以海西期为主。加里东期为片麻状石英闪长岩、碱性正长岩。海西期为闪长岩—钾长花岗岩组成。印支期为花岗闪长岩-钾长花岗岩组合。燕山期为花岗岩-二长花岗岩组合。属Fe-Cu-Au-Pb-Zn-RM-Sn-Sb-白云母-宝玉石-石墨-硫铁矿-自然硫成矿带。 喀喇昆仑地块包括喀喇昆仑中生代陆缘盆地和乔戈里地块。喀喇昆仑中生代陆缘盆地成分较复杂，有加里东褶皱基底，二叠纪裂谷，还有中生代陆缘盆地的构造成分。志留系为复理石建造。下二叠统属基性火山岩为主的准双峰式火山-复理石建造。三叠纪时转为浅海相复理石建造沉积。侏罗纪至今近纪属含膏碳酸盐岩建造，含火山岩夹层。新近纪隆起为陆。该带侵入岩主要发育于北段，为燕山期花岗闪长岩-二长花岗岩。褶皱构造较紧闭，断裂构造较发育。乔戈里地块位于喀喇昆仑主脊乔戈里峰一带，主要出露下元古界和下二叠统。下元古界为黑云母斜长片麻岩夹黑云石英片岩、大理岩，原岩为碎屑岩建造，变质作用类型为面型区域动力热流变质。下二叠统空喀山口组为灰岩夹石英砂岩、粉砂岩的碳酸盐建造，为陆棚浅海沉积，有含砾板岩、含冷水型单通道蜓，具冈瓦纳大陆的沉积和生物特征。该区侵入岩为燕山早期的花岗闪长岩，为钙碱系。主要金属矿产为Fe、Au、Bi、Sn，非金属矿产有S、石膏、水晶等
	Ⅳ-9 青南三江地球化学区	区域地层主要为上三叠统上巴颜喀拉山群、巴塘群和结扎群。其中，上三叠统巴塘群分布最广的岩层，岩性以石英砂岩、中基—中酸性火山岩及火山碎屑岩、灰岩、暗绿色安山岩、中基性熔岩为主。区内断裂构造发育，且规模较大，多为北西—南东向展布的压扭性逆断层。受断裂构造影响，区内岩浆岩分布较广泛。侵入岩的时代以印支期为主，燕山期较少。侵入岩主要为石英闪长岩体和似斑状花岗岩体，火山活动从三叠纪到古近纪均有。主要金属矿产为Au、Ag、Pb、Zn、Fe、Cu、Sn、Hg、Sb、W等，非金属矿产有石膏、菱镁矿、盐类等

表6-3 西北地区各地球化学域元素特征参数一览表

元素	全区 Avg	Ⅰ Avg	Ⅰ Cv	Ⅱ Avg	Ⅱ Cv	Ⅲ Avg	Ⅲ Cv	Ⅳ Avg	Ⅳ Cv
Ag	50.48	69.81	0.813	62.43	2.35	46.21	0.89	39.56	2.36
Au	1.69	1.64	12.26	1.49	5.69	1.94	2.77	1.75	3.7
Cu	23.7	27.84	0.98	19.65	1.98	21.02	1.08	23.27	0.98
La	32.29	28.18	0.41	29.49	1.01	34.89	0.34	34.57	0.39
Mo	0.96	1.21	1.29	1.00	1.59	0.97	1.67	0.84	5.64
Ni	25.93	24.11	1.25	20.05	1.15	24.6	0.76	28.41	1.22
Pb	21.52	16.04	1.45	15.79	1.08	22.56	0.53	25.32	3.02
Sb	0.89	0.66	2.56	0.62	7.39	0.81	2.19	1.08	5.75
Sn	2.4	2.208	10.22	1.9	0.75	2.36	0.62	2.6	0.84
W	1.66	1.64	2.75	1.14	1.71	1.42	0.65	1.82	2.95
Y	22.5	25.97	0.4	19.69	0.84	20.06	0.23	21.96	0.28
Zn	66.11	68.89	0.49	50.72	0.58	55.18	0.48	69.86	0.95

注：Ⅰ-西伯利亚地球化学域，Ⅱ-塔里木地球化学域，Ⅲ-华北板块地球化学域，Ⅳ-华南（泛扬子）板块地球化学域，Avg-平均值，Cv-变异系数。（下同）

表6-4 各地球化学域元素富集系数排序表

Ⅰ 元素	K_1	Ⅱ 元素	K_2	Ⅲ 元素	K_3	Ⅳ 元素	K_4
Ag	1.38	Ag	1.24	Au	1.15	Sb	1.21
Mo	1.26	Mo	1.04	La	1.08	Pb	1.18
Cu	1.17	La	0.91	Pb	1.05	W	1.10
Y	1.15	Au	0.88	Mo	1.01	Ni	1.10
Zn	1.04	Y	0.88	Sn	0.98	Sn	1.08
W	0.99	Cu	0.83	Ni	0.95	La	1.07
Au	0.97	Sn	0.79	Ag	0.92	Zn	1.06
Ni	0.93	Ni	0.77	Sb	0.91	Au	1.04
Sn	0.92	Zn	0.77	Y	0.89	Cu	0.98
La	0.87	Pb	0.73	Cu	0.89	Y	0.98
Pb	0.75	Sb	0.70	W	0.86	Mo	0.88
Sb	0.74	W	0.69	Zn	0.83	Ag	0.78

注：K_i-富集系数，$K_i \geq 1.5$为强富集，$1.5 > K_i \geq 1.3$为富集，$1.3 > K_i \geq 1.1$为弱富集，$1.1 > K_i \geq 0.9$为背景，$0.9 \geq K_i \geq 0.7$为弱贫乏，$0.7 \geq K_i > 0.5$贫乏。

富集系数表述的是元素在各地球化学域的背景值与整个西天山背景值的比较，若K值大于1，表示元素在其所在域的平均含量大于全区的平均值。

在西伯利亚地球化学域（Ⅰ），成矿元素中有Ag、Mo、Cu、Y、Zn等5个元素平均值大于全区平均值，其中Ag、Mo、Cu、Y等4个元素富集系数（K_1）大于1.1，相对于全区具有一定的富集，占12个元素的33%。表明与全区相比这些元素的成矿物质条件较好，有利于成矿。

在塔里木地球化学域（Ⅱ），有Ag、Mo等2个元素的平均值大于全区的平均值，仅Ag元素的富集系数大于1.1。排在第三位的La元素呈背景值分布特征。Au、Y、Cu、Sn、Ni、Zn、Pb、Sb、W等9个元素呈低背景。

华北板块地球化学域（Ⅲ），有Au、La、Pb、Mo等4个元素平均值大于全区平均值，其中Au元素富集系数大于1.1，相对于全区具有一定的富集，大部分元素为背景值范围内，其中Y、Cu、W、Zn相对较贫。

华南（泛扬子）板块地球化学域（Ⅳ），有Sb、Pb、W、Ni、Sn、La、Zn、Au等8个元素的平均值大于全区的平均值，其中Sb、Pb、W、Ni等4个元素富集系数大于1.1，占12个成矿元素的34%。表明与全区相比这些元素的成矿物质条件相对好，有利于成矿。

综合对比上述4个地球化学域，单从成矿物质条件角度看，华南（泛扬子）板块地球化学域最好，其余依次为西伯利亚地球化学域、华北板块地球化学域，最差为塔里木地球化学域。

2．成矿元素分异特征

成矿物质的丰缺（元素富集系数大小）是判断一个区域各元素成矿条件优劣的重要地球化学指标，而这些物质在样本间的贫富差别（变异系数大小），是衡量一个评价区域地质因素复杂程度和所经受成矿地质作用强弱的重要的地球化学指标，是判断一个元素成矿有利程度的重要参数。表6-5是西北各地球化学域元素变异系数排序表。

表6-5 各地球化学域元素变异系数一览表

Ⅰ 元素	Cv	Ⅱ 元素	Cv	Ⅲ 元素	Cv	Ⅳ 元素	Cv
Au	12.26	Sb	7.39	Au	2.77	Sb	5.75
Sn	10.22	Au	5.69	Sb	2.19	Mo	5.64
W	2.75	Ag	2.35	Mo	1.67	Au	3.70
Sb	2.56	Cu	1.98	Cu	1.08	Pb	3.02

续表6-5

I		II		III		IV	
元素	Cv	元素	Cv	元素	Cv	元素	Cv
Pb	1.45	W	1.71	Ag	0.89	W	2.95
Mo	1.29	Mo	1.59	Ni	0.76	Ag	2.36
Ni	1.25	Ni	1.15	W	0.65	Ni	1.22
Cu	0.98	Pb	1.08	Sn	0.62	Cu	0.98
Ag	0.813	La	1.01	Pb	0.53	Zn	0.95
Zn	0.49	Y	0.84	Zn	0.48	Sn	0.84
La	0.41	Sn	0.75	La	0.34	La	0.39
Y	0.40	Zn	0.58	Y	0.23	Y	0.28

七、地球化学系列图件编制

地球化学系列图是以地球化学数据为基础，为满足推断解释的需要，而编制的各类地球化学图件，包括单元素地球化学含量分级图，单元素异常图、组合异常图和综合异常图。区域地球化学图用新的大区数据库重新编制，单元素异常图、组合异常图和综合异常图用各省的成果汇编而成。

（一）地球化学分区图

（1）参考资料。①新编西北地区单元素地球化学图、地球化学异常图，多元素均一化数据累加地球化学图；②潜力评价构造组构造单元划分图。

（2）地球化学区划分依据。①域划分：依据具有明显区域背景差异的常量元素的区域地球化学背景分布特征结合基础地质对大地构造单元划分研究成果；②区划分：在地球化学域内依据其地球化学背景结构特征的差异适当参照构造地质背景；③亚区划分：在地球化学区内根据地球化学背景的局部差异，结合区域元素异常的分布、组合等特征，划分地球化学亚区；④异常带划分：在亚区内，依据其异常内元素组合特征，异常空间展布方向及异常间的相互关系等，划分出综合异常带和综合异常。

（二）单元素地球化学图

单元素地球化学含量分级图，通常叫作单元素地球化学图，简称地球化学图。单元素含量分级图的编制要涉及数据网格化、含量分级以及色标设计等级等问题。

1．编图范围

西北地区地球化学图的编图范围为：东经73°50′—111°00′；北纬31°50′—49°30′，东西经度差37°10′，南北纬度差17°40′。

西北地区区域面积297.5万km²，包括新疆维吾尔自治区、甘肃省、宁夏回族自治区、陕西省、青海省。

2．地理底图资料

编图所涉及的地理内容来自中国地质调查局发展研究中心统一下发的西北地区1：150万地理底图（电子版），按照本专业组的应用要求，对部分内容进行了整理。在专题图层的基础上建立了地理图层及图例、责任表等辅助图层。

3．数据网格化

编图区化探数据有两种空间分布类型：规则网格分布和非规则网格分布。规则网格数据主要来源于1：20万组合样数据，非规则网数据主要来源于1：20万单点样分析数据，为了编图的统一性，采用距离幂函数反比加权法进行数据网格化（图7-1）。

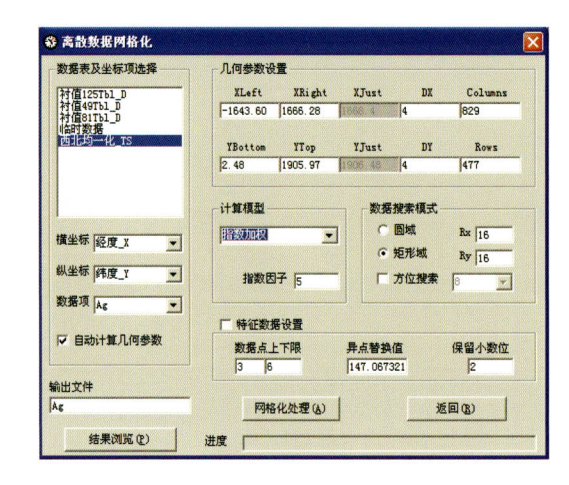

图7-1 数据网格化参数设置图

全部数据调平后，采用4 km×4 km的网格距、16 km搜索半径，对数据网格化处理，处理采用指数距离倒数加权的方法。各元素含量单位：Au、Ag、Hg、Cd 4个元素为ng/g，Al_2O_3等7个氧化物为%，其余元素或氧化物均为μg/g。

4．含量分级方案

单元素含量等值线图中，含量等级的划分直接影响到地球化学的图面效果、地球化学空间分布规律和反映的地质特征等因素。考虑到这些因素，项目编图采用了累计频率含量分级方法，数据共分为19级，按0.5%、1.2%、2%、3%、4.5%、8%、15%、25%、40%、60%、75%、85%、92%、95.5%、97%、98%、98.8%、99.5%、100%相对应的含量勾绘等值线。

地球化学含量等量线累积频率的频数及对应的地球化学背景及异常分带频数对

应情况见表7-1。

表7-1 地球化学含量等量线累积频率分级频数及对应异常分带频数对照表

序号	1	2	3	4	5	6	7	8	9	10	11	12	13	14	15	16	17	18	19	20
频数(%)	0	0.5	1.2	2.0	3.0	4.5	8.0	15.0	25.0	40.0	60.0	75.0	85.0	92.0	95.5	97.0	98.0	98.8	99.5	100
分级	内带		中带		外带			低背景			背景			高背景		外带		中带		内带
异常	负异常							背景								正异常				

色阶划分，分级色阶的选取方式为：以冷色调（蓝色）作为低值区，随着数据的增大，颜色变暖，即由蓝—绿—黄—红—深红变化（图7-2）。

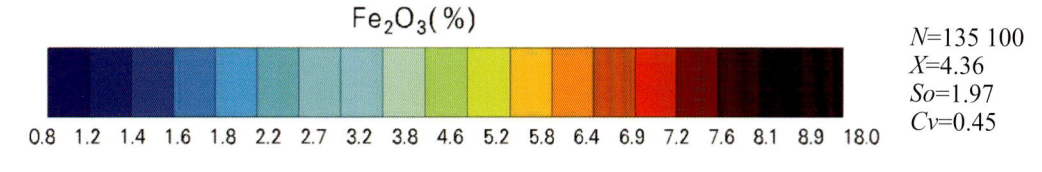

图7-2 单元素含量等值线图面文件色阶设置示意图

5．图面要素

图件包括地球化学等值区图层、等值线图层，线、区图层按不同分级采用从冷色到暖色（蓝—绿—红）的19阶过渡色表示。在MapGIS色表中对应颜色号范围为：3881～3899，等值线线宽为0.1的实线。等值线、区地球化学专题图层的主要属性内容有：元素组分、含量值等。其他图层为地理图层和辅助图层，地理图层包括居民地、道路、水系等，辅助图层包括图名、比例尺、图框、图例等。

直方图，为了解元素在成矿带内的分布情况，对西北地区42个成矿带的区域化探数据作对数直方图，组距及组端值规定组距为0.1 lg μg/g或0.1 lg ng/g，分组数为20。每个直方图上都标注了成矿带代号、样本数、算术平均值、标准离差S和变异系数Cv。

经检查图层完整，属性正确，图层套合准确，图形参数设置合理，图素质量高，实体完整性好；图示、图例、标注齐全正确，符合要求。

编图引用的相关标准如下：

全国重要矿产资源潜力评价项目办发《化探资料应用技术要求》和《全国矿产资源潜力评价数据模型》

GB/T 14496—1993 地球化学勘查术语

GB/T 17694—1999 地理信息技术基本术语

DZ/T 0197—1997 数字化地质图图层及属性文件格式

DZ/T 0167—2006 区域地球化学勘查规范

（三）单元素衬值地球化学图和异常图

由于各省单元素异常圈定方法不一致，同时各省编图比例尺较大，数据网格化窗口较小且大小不一致，在大区层面上异常显得特别细碎，不利于在大区层面上对比研究。为了开展大区范围内成矿环境及成矿条件以及典型地质要素的地球化学研究，我们在大区层面上针对研究目的编制了系列综合研究图件，下面介绍该类图件的数据处理、编图方法、研究目的及图件种类。

1．数据准备

编图采用大区地球化学编图所统一新建的数据库。使用西北新数据库编制了西北地区地球化学图，但由于地球化学景观、采样介质等多项综合因素影响，不同程度地影响了元素分布背景及分布规律的显示，特别是一些具一定规模的矿床没有相应元素的地球化学显示，例如铜元素。

为了消除这种影响，同时也为了消除各元素量纲，以便于累加处理在大区编制综合研究地球化学图件时我们对数据做了衬值处理。在做衬值处理时为了较好地保存地质背景信息，经过对比我们选用了小步长大窗口的处理办法。具体做法为：衬值处理内（小）窗口大小为"单点"，外（大）窗口125 km×125 km，滑动步长为"每点"。

经过大窗口小步长滑动平均衬值处理后数据编制的铜元素地球化学图与未经处理的原数据所做的地球化学图相比表现出以下几点优势：

（1）整个西北的构造地球化学格局更加清晰。

（2）东、西昆仑成矿带、阿尔金成矿带、东天山-北山成矿带等铜元素的背景上的铜元素异常显著度明显提高，而阿尔泰、准噶尔以及秦岭等成矿带大面积的铜元素高背景得到了抑制，突出了异常。

（3）东天山、北山、东昆仑铜矿聚集区无异常或异常很弱的情况得到了明显扭转。

2．单元素衬值地球化学图及异常图的编制

（1）编图元素的确定：单元素衬值地球化学图及异常图的编制是其他综合研究图件编制的基础，根据以上元素组合划分所涉及的元素确定编制：Au、Cu、Pb、Zn、W、Sn、Mo、Sb、Cr、Ni、Fe、F（萤石）、Hg、As、Be、B、La、Y、Zr等元素以及SiO_2、Na_2O、K_2O、Fe_2O_3、MgO等氧化物衬值地球化学图及衬值异常图。

（2）数据网格化：单元素（及氧化物）衬值地球化学图网格化采用6 km×6 km的网格距、15 km搜索半径，数据模型选用指数距离倒数加权的方法。

（3）等量线分级方案：为了方便对比研究，衬值地球化学图与常规数据单元素

地球化学图等量线分级方案一致，采用了累计频率含量分级方法，数据共分为19级。

（4）异常的确认及表述：采用了累计频率含量分级方法确定异常，正异常与负异常同时表达。累计频率大于92%为正异常，分为92%、95.5%、97%、98%、98.8%、99.5%六条等量线。累计频率小于8%为负异常，分为0.5%、1.2%、2%、3%、4.5%、8%六条等量线。

（5）底图内容：以西北地区地球化学分区线文件加矿产信息作为衬值地球化学图及异常图的底图。

（四）多元素累加地球化学图和异常图

多元素累加按照上述元素分组进行累加，元素组合分别为Cr、Ni、Co组合，Hg、Sb、As、Ba组合，Hg、Sb、As、Li组合，Na、K组合，Pb、Zn、Ag、Cd组合，Ti、P、Zr组合，U、Th、La、Y组合，W、Mo、F、Be、B组合等。其他方法技术、图面内容与单元素衬值编图相同，不再赘述。